郭保香　王灵艳　王安琪　编著

新编木材材积表

SPM 南方传媒
广东科技出版社
全国优秀出版社
·广州·

图书在版编目（CIP）数据

新编木材材积表 / 郭保香，王灵艳，王安琪编著. —广州：广东科技出版社，2024.5
ISBN 978-7-5359-8205-6

Ⅰ. ①新… Ⅱ. ①郭… ②王… ③王… Ⅲ. ①材积表 Ⅳ. ①S758.62

中国国家版本馆CIP数据核字（2024）第014313号

新编木材材积表
Xinbian Mucai Caiji Biao

出 版 人：严奉强
项目策划：尉义明
责任编辑：谢绮彤　区燕宜
封面设计：柳国雄
责任校对：李云柯
责任印制：彭海波
出版发行：广东科技出版社
（广州市环市东路水荫路11号　邮政编码：510075）
销售热线：020-37607413
https://www.gdstp.com.cn
E-mail：gdkjbw@nfcb.com.cn
经　　销：广东新华发行集团股份有限公司
排　　版：创溢文化
印　　刷：东莞市翔盈印务有限公司
（东莞市东城区莞龙路129号　邮政编码：523113）
规　　格：850 mm × 1 168 mm　1/64　印张7.25　字数200千
版　　次：2024年5月第1版
2024年5月第1次印刷
定　　价：29.80元

前　　言

木材是各类木材商品的总称，主要包括原木、原条、锯材、人造板等，并可按树种、品质、形状、规格等的差异进一步分类。树种及木材名称、木材种类及质量、木材材积及等级、木材价格及数量是木材生产相关人员和管理者最为关心的四大问题，而木材材积表则是核心内容。原木和原条材积表是通过研究与建立材积与其他各因子的相关关系，把难以测定的木材材积指标表示为容易测量的直径、长度等因子的函数形式，列出相关数据，供计量材积时查用。木材是重要的国际大宗商品之一，我国是世界上最大的木业加工、木制品生产基地和最主要的木制品加工出口国，木材交易量巨大，木材材积表已经成为木材生产、流通、加工和管理各环节相关人士必备的资料和工具。

为了满足木材生产、流通、加工和管理各环节相关人士的需求，我们通过收集大量参考资料，按现行最新标准和公式编程汇编了这本《新编木材材积表》。该书主要有三大特点：一是全，书中包括中国常见木材的木材材积表；二是新，书中所有的木材材积表都更新到现行的标准或版本；三是便，书中表格规范、准确、易懂，做到一书在手，使用无忧。

虽然木材材积表的计算和编制已经成形，但有时也会有细微变动或修订新的标准，使用者在使用本书时需要注意对照查阅。

本书可供木材生产、流通、加工和管理各环节相关人士使用。

编　者

2023年10月1日

目　　录

一、木材尺寸检量 / 001

二、木材材积表 / 019

三、材积换算表 / 399

四、材积计算简式 / 435

附录 / 445

一、木材尺寸检量

（一）原木尺寸检量

现行原木检尺长与检尺径按GB/T 144—2013（代替GB/T 144—2003）《原木检验》有关尺寸检量的规定执行。

（1）原木的检尺长、检尺径进级及公差，均按原木产品标准的规定执行。

（2）检量原木的材长以米（m）为单位，量至厘米（cm），不足1 cm的舍去。原木的材长是在大小头两端断面之间相距最短处取直检量，见图1。如检量的材长小于原木产品标准规定的检尺长，但不超过下偏差，仍按标准规定的检尺长计算；如超过下偏差，则按下一级检尺长计算。

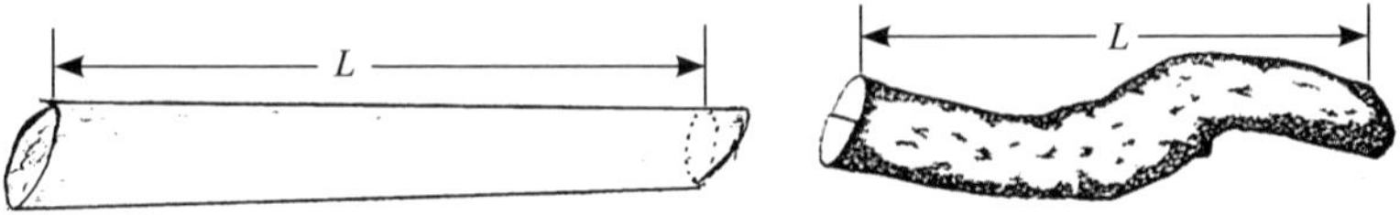

L——材长。

图1　材长

（3）伐木下楂断面的短径经进舍后大于等于检尺径的，材长自大头端部量起；小于检尺径的，材长应让去小于检尺径部分的长度（图2）。

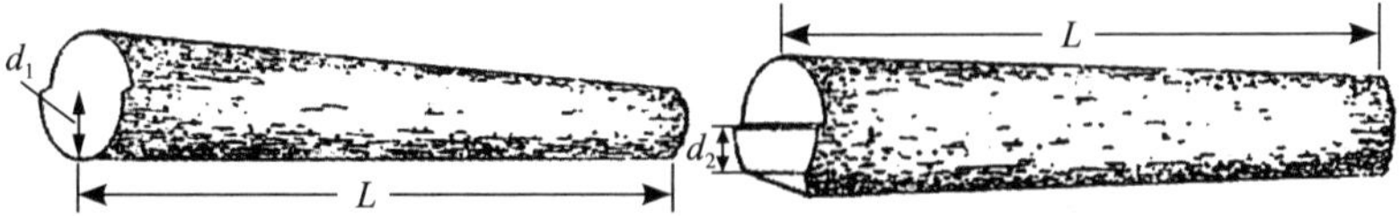

L——材长；d_1——下楂面短径，$d_1 \geq$检尺径；d_2——下楂面短径，$d_2 <$检尺径。

图2　下楂面短径

（4）检量原木的直径以厘米为单位，量至毫米（mm），不足1 mm的舍去，小于等于14 cm的，四舍五入至厘米。检尺径的确定，是通过小头断面中心先量短径，再通过短径垂直检量长径，见图3。其长短径之差自2 cm以上，以其长短径的平均数经进舍后为检尺径；长短径之差小于2 cm，以短径经进舍后为检尺径。

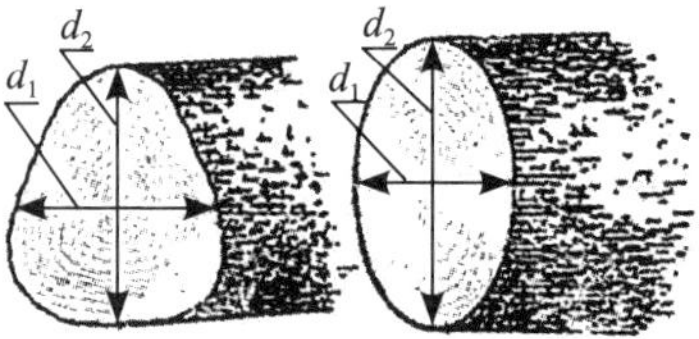

d_1——短径；d_2——长径。

图3　长短径

（5）检量原木的直径、短径、长径，一律扣除树皮和根部肥大部分。

（6）检尺径的进级：原木的检尺径小于等于14 cm的，以1 cm进级，尺寸不足1 cm时，足0.5 cm进级，不足0.5 cm舍去；检尺径大于14 cm的，以2 cm进级，尺寸不足2 cm时，足1 cm进级，不足1 cm舍去。

（7）原木小头断面偏斜，检量直径时，应将钢板尺保持与材长成垂直的方向检量，见图4。

D——直径。

图4　断面偏斜

（8）实际材长超过检尺长的原木，其直径仍在小头断面检量，见图5。

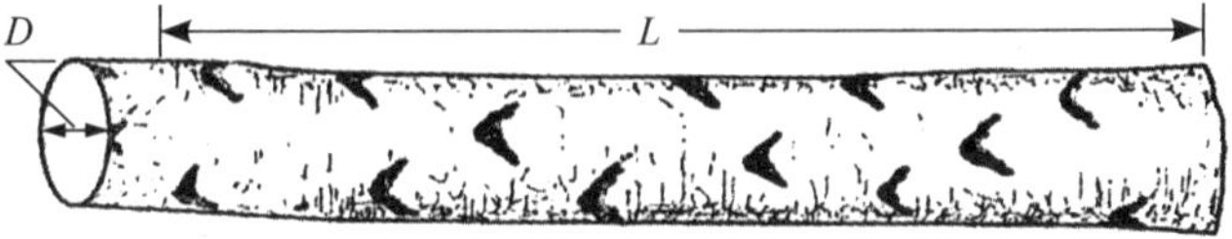

L——检尺长；D——直径。

图5　尺寸超长

（9）小头断面有偏枯、外夹皮的，检量直径如需通过偏枯、外夹皮处时，可用钢板尺横贴原木表面检量，见图6。

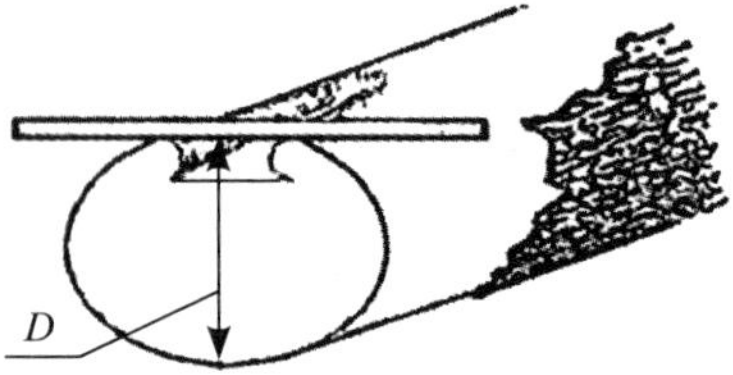

D——直径。

图6　小头断面偏枯

（10）小头断面节子脱落的，检量直径时，应恢复原形检量。

（11）双心材、三心材及中间细、两头粗的原木，其直径应在原木正常部位（最细处）检量，见图7。

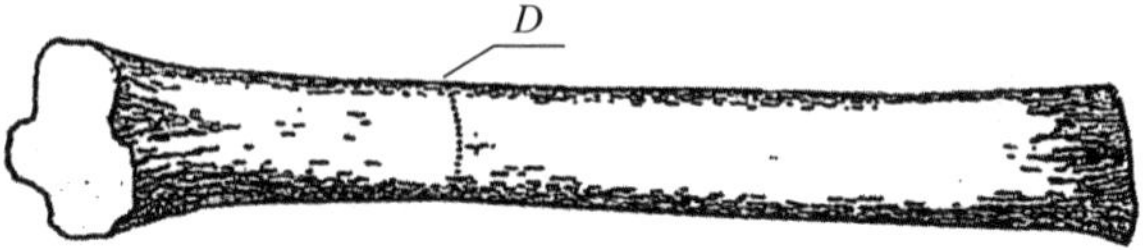

D——最细处直径。

图7　三心材

（12）双丫材的尺寸检量，以较大断面的一个干岔检量直径和材长；另一个干岔按节子处理，见图8。

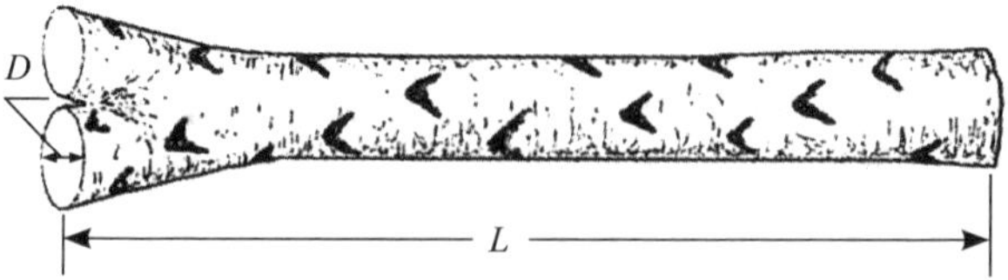

L——材长；D——直径。

图8　双丫材

（13）两根原木干身连在一起的，应分别检量计算，见图9。

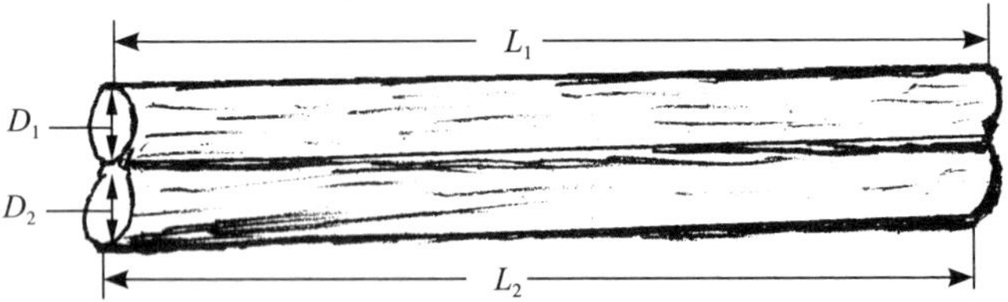

L_1、L_2——材长；D_1、D_2——直径。

图9　材身相连

（14）劈裂材（含撞裂）检量分以下4种情况。

①未脱落的劈裂材，检量直径如需通过裂缝，其裂缝与检量方向形成的最小夹角大于等于45°者，应减去通过裂缝长二分之一处的垂直宽度；最小夹角小于45°者，应减去通过裂缝长二分之一处的垂直宽度的一半，见图10。

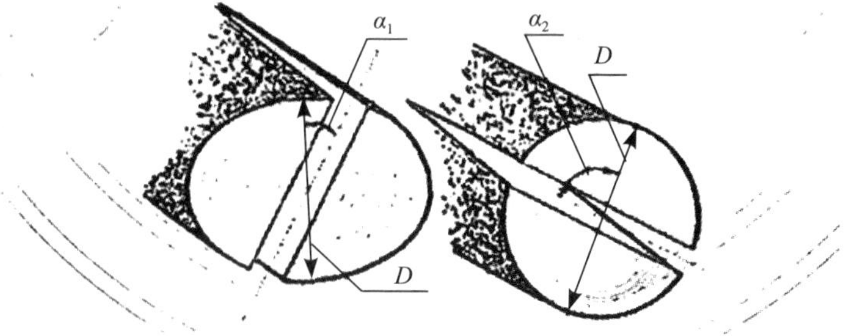

α_1——最小夹角，$\alpha_1<45°$；α_2——最小夹角，$\alpha_2\geq45°$；D——直径。

图10 劈裂材

②小头已脱落的劈裂材，劈裂的厚度不超过小头同方向原有直径10%的不计；超过10%的应予让检尺径。让检尺径：先量短径，再通过短径垂直检量最长径，以其长短径的平均数经进舍后为检尺径。2块以上劈裂脱落的劈裂材应分别计算。见图11。

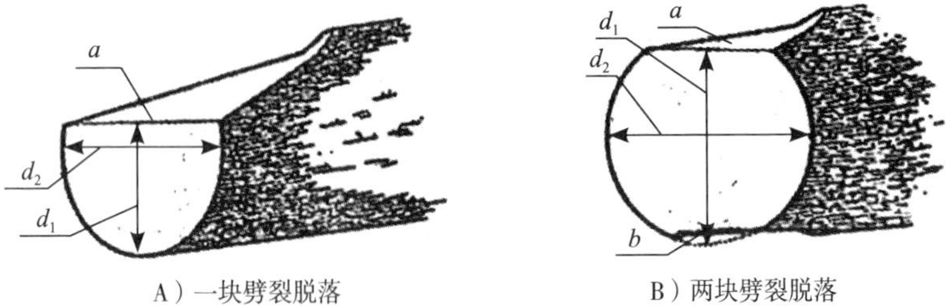

a——劈裂厚度，*a*＞原有直径的10%；*b*——劈裂厚度，*b*≤原有直径的10%；d_1——短径；d_2——最长径。

图11　小头劈裂脱落

③大头已脱落的劈裂材，如该断面短径经进舍后，大于等于检尺径的不计；小于检尺径的，以大头短径经进舍后为检尺径。

④大小头断面同时存在劈裂的，应分别按上述各项情况处理。

（15）原木端头或材身磨损检量分以下3种情况。

①原木小头磨损，按劈裂材检量第2种情况处理。

②原木大头磨损，按劈裂材检量第3种情况处理。

③原木材身磨损的，按外伤处理。

（二）原条尺寸检量

现行杉原条、马尾松原条、阔叶树原条检尺长与检尺径的确定均按GB/T 5039—2022（代替GB/T 5039—1999）《杉原条》有关尺寸检量的规定执行。

1. 长度检量

从大头锯口（或斧口）量至梢端短径足6 cm处的最短距离取直检量，以1 m进级，不足1 m的由梢端舍去，经进舍后的长度为检尺长。长度检量以米为单位，量至厘米。

2. 直径检量

（1）在距大头锯口（或斧口）最短侧到2.5 m处去皮检量。自

14 cm以上的以2 cm进级，不足2 cm时，凡足1 cm的进级，不足1 cm的舍去；不足14 cm的以1 cm进级，凡足0.5 cm进级，不足0.5 cm舍去，经进舍后的直径为检尺径。直径检量以厘米为单位，量至毫米。

（2）检量直径处遇有节子、树瘤等不正常现象时，应向梢端方向移至正常部位检量；如直径检量部位遇有夹皮、偏枯、外伤和节子脱落而形成凹陷部分时，应将直径恢复其原形检量。

（3）如用卡尺检量直径时，其长径、短径均量至厘米，以其长径、短径的平均数经进舍后为检尺径。

3. 劈裂材尺寸检量

（1）大头劈裂未脱落的，其中最大劈裂端头断面厚度（指进舍后尺寸）相当于检尺径的不计；小于检尺径的，材长应扣除劈裂全长的二分之一后量起，重新确定检尺长，原检尺径不变。

（2）大头劈裂已脱落的，其端头断面厚度（指进舍后尺寸）相当于检尺径的不计；小于检尺径的，材长应扣除到相当于检尺径处的长度量起，重新确定检尺长，原检尺径不变。

（3）大头劈裂长度自2.5 m以上的，其检尺径仍在离大头2.5 m处检量。劈裂未脱落的，仍以原直径（扣除裂隙后的直径）经进舍后为检尺径，材长应扣除劈裂全长二分之一后量起，重新确定检尺长；劈裂已脱落的，以其长径、短径的平均数，经进舍后为检尺径，原检尺长不变。

（4）梢端劈裂，不论是否脱落，其材长均量至所余最大一块厚度（实足尺寸）不小于6 cm处为止。

（三）小原条尺寸检量

现行小原条检尺长与检尺径的确定按LY/T 1079—2015（代替LY/T 1078—2006）《小原条》有关尺寸检量的规定执行。

1. 检尺长

自3 m以上。从根端锯口（或斧口）处量至梢端短径足3 cm处止。

以0.5 m进级，不足0.5 m的由梢端舍去，经进舍后的长度为检尺长。

2. 检尺径

自4 cm以上，从根端锯口（或斧口）2.5 m处检量，短径足4 cm以上，以1 cm进级，实际尺寸不足1 cm时，足0.5 cm进级，不足0.5 cm的舍去，经进舍后的直径为检尺径。

如检尺径自8 cm以上，检尺长从大头量至梢部5 cm处的短径不足6 cm者，应分别按杉原条、马尾松原条、阔叶树原条检验。

3. 梢径

梢端直径范围：3～5 cm（3 cm为实足尺寸）。

（四）锯材尺寸检量

1. 相关名词

锯材：以原木为原料，根据实际加工需要锯切成一定规格形状的板材。

整边锯材：相对宽材面相互平行，相邻材面互相垂直，材棱上钝棱不超过允许限度。

毛边锯材：宽材面相互平行，窄材面未着锯，或虽着锯而钝棱超过允许限度。

板材：宽度尺寸为厚度尺寸的2倍以上者。

方材：宽度尺寸小于厚度尺寸2倍者。

径切板：沿着原木半径方向锯割的板材，年轮纹切线与宽材面夹角在45°以上者。

弦切板：沿着原木年轮切线方向锯割的板材，年轮纹切线与宽材面夹角不足45°者。

钝棱：指部分或全部材棱未着锯，残留的原木表面部分。

标准尺寸：锯材标准中规定的尺寸。

实际尺寸：按锯材长实际量得的尺寸。

锯材长度：沿材长方向检量两端面间的最短距离。

锯材的宽度和厚度：在材长范围内除去两端各15 cm的任意无钝棱部位检量。“任意”是指在哪一处都可以，意味着需材部门或个人即使选择最薄、最窄处，也要保证达到标准尺寸。

2. 尺寸检量

检量长度以米为单位，量至厘米，不足1 cm的舍去；检量宽度、厚度以毫米为单位，不足1 mm的舍去。

3. 公差处理

如实际材长小于标准长度但不超过负偏差，仍按标准长度计算；如超过负偏差，则按下一级长度计算，其多余部分不计。板材厚度材和方材宽度、厚度的正负偏差，允许同时存在并分别计算。当板材的实际宽度小于标准宽度，但不超过负偏差时，仍按标准宽度计算；如超过负偏差限度时，则按下一级宽度计算。

二、木材材积表

木材材积表包括原木材积表、原条材积表、小原条材积表、锯材材积表、椽材材积表和檩材材积表。

原木是根据需要将原条截成一定尺码的木段，其形状近似于圆柱体，其材积是依据圆柱体公式计算的，即材积$V=\pi R^2L$（π为圆周率，R为小头半径，L为长度）。首先测量原木长度和小头直径的实际大小，再确定检尺长和检尺径的值，最后用材积计算公式计算或查材积表得出原木材积。

原条是指经过打枝、剥皮而没有加工造材的伐倒木。杉原条、马尾松原条指经过打枝、剥皮后的未进行横截造材的杉木（含水杉、柳杉）和马尾松伐倒木。

小原条是森林采伐、抚育间伐产出的只经打枝、未经造材加工的小径树干材。

锯材是以原木为原料，根据实际加工需要锯切成定规格形状的板材。

椽材是在民用建筑房屋屋顶结构中，位于檩材之上，用于辅助承载屋面材料的直接用原木。

檩材是在民用建筑房屋屋顶结构中，用于承载椽材等屋面材料的直接用原木。

（一）原木材积表

原木材积表是在原国家质量监督检验检疫总局和中国国家标准化管理委员会于2013年11月12日发布、2014年4月11日实施的GB/T 4814—2013《原木材积表》的基础上，按该表规定的材积计算公式计算补充单厘米径级材积，适用于所有树种的原木材积计算。包括短原木、小径原木、超长原木的材积表和原“原木材积表”，为检尺长0.5～20 cm、检尺径4～120 cm的原木材积值（表1至表4）。

1. 材积计算公式

（1）检尺长0.5～1.9 m的短原木材积计算公式。

检尺径为8～120 cm，检尺长为0.5～1.9 m的短原木材积计算公式：

$V=0.8L(D+0.5L)^2/10000$

（2）检尺长2.0～10.0 m的原木材积计算公式。

①检尺径为4～13 cm，检尺长2.0～10.0 m的小径原木材积计算公式：

$V=0.7854L(D+0.45L+0.2)^2/10000$

②检尺径为14～120 cm，检尺长2.0～10.0 m的原木材积计算公式：

$V=0.7854L[D+0.5L+0.005L^2+0.000125L(14-L)^2(D-10)]^2/10000$

（3）检尺长大于10.0 m的超长原木材积计算公式。

检尺径为14～120 cm，检尺长大于10.0 m的超长原木材积计算公式：

$V=0.8L(D+0.5L)^2/10000$

以上公式中：V——原木的材积（单位为m^3）；L——原木的检尺长（单位为m）；D——原木的检尺径（单位为cm）。

2. 检尺长和检尺径的进级

检尺径按1 cm进级。

检尺长按0.1 m进级。

3. 材积数字保留位数

（1）检尺径4～7 cm的原木材积数字保留4位小数，第5位小数四舍五入。

（2）检尺径自8 cm以上的原木材积数字保留3位小数，第4位小数四舍五入。

表1　短原木材积（检尺径8～120 cm，检尺长0.5～1.9 m）

检尺径/cm	检尺长/m							
	0.5	0.6	0.7	0.8	0.9	1.0	1.1	1.2
	材积/m^3							
8	0.003	0.003	0.004	0.005	0.005	0.006	0.006	0.007
9	0.003	0.004	0.005	0.006	0.006	0.007	0.008	0.009
10	0.004	0.005	0.006	0.007	0.008	0.009	0.010	0.011
11	0.005	0.006	0.007	0.008	0.009	0.011	0.012	0.013
12	0.006	0.007	0.009	0.010	0.011	0.013	0.014	0.015
13	0.007	0.008	0.010	0.011	0.013	0.015	0.016	0.018
14	0.008	0.010	0.012	0.013	0.015	0.017	0.019	0.020
15	0.009	0.011	0.013	0.015	0.017	0.019	0.021	0.023
16	0.011	0.013	0.015	0.017	0.019	0.022	0.024	0.026
17	0.012	0.014	0.017	0.019	0.022	0.025	0.027	0.030
18	0.013	0.016	0.019	0.022	0.025	0.027	0.030	0.033
19	0.015	0.018	0.021	0.024	0.027	0.030	0.034	0.037
20	0.016	0.020	0.023	0.027	0.030	0.034	0.037	0.041
21	0.018	0.022	0.026	0.029	0.033	0.037	0.041	0.045
22	0.020	0.024	0.028	0.032	0.036	0.041	0.045	0.049
23	0.022	0.026	0.031	0.035	0.040	0.044	0.049	0.053

续表1

检尺径/cm	检尺长/m							
	0.5	0.6	0.7	0.8	0.9	1.0	1.1	1.2
	材积/m^3							
24	0.024	0.028	0.033	0.038	0.043	0.048	0.053	0.058
25	0.026	0.031	0.036	0.041	0.047	0.052	0.057	0.063
26	0.028	0.033	0.039	0.045	0.050	0.056	0.062	0.068
27	0.030	0.036	0.042	0.048	0.054	0.061	0.067	0.073
28	0.032	0.038	0.045	0.052	0.058	0.065	0.072	0.079
29	0.034	0.041	0.048	0.055	0.062	0.070	0.077	0.084
30	0.037	0.044	0.052	0.059	0.067	0.074	0.082	0.090
31	0.039	0.047	0.055	0.063	0.071	0.079	0.088	0.096
32	0.042	0.050	0.059	0.067	0.076	0.085	0.093	0.102
33	0.044	0.053	0.062	0.071	0.081	0.090	0.099	0.108
34	0.047	0.056	0.066	0.076	0.085	0.095	0.105	0.115
35	0.050	0.060	0.070	0.080	0.090	0.101	0.111	0.122
36	0.053	0.063	0.074	0.085	0.096	0.107	0.118	0.129
37	0.056	0.067	0.078	0.090	0.101	0.113	0.124	0.136
38	0.059	0.070	0.082	0.094	0.106	0.119	0.131	0.143
39	0.062	0.074	0.087	0.099	0.112	0.125	0.138	0.151
40	0.065	0.078	0.091	0.104	0.118	0.131	0.145	0.158

续表1

检尺径/cm	检尺长/m							
	0.5	0.6	0.7	0.8	0.9	1.0	1.1	1.2
	材积/m^3							
41	0.068	0.082	0.096	0.110	0.124	0.138	0.152	0.166
42	0.071	0.086	0.100	0.115	0.130	0.145	0.159	0.174
43	0.075	0.090	0.105	0.121	0.136	0.151	0.167	0.182
44	0.078	0.094	0.110	0.126	0.142	0.158	0.175	0.191
45	0.082	0.099	0.115	0.132	0.149	0.166	0.183	0.200
46	0.086	0.103	0.120	0.138	0.155	0.173	0.191	0.208
47	0.089	0.107	0.126	0.144	0.162	0.181	0.199	0.218
48	0.093	0.112	0.131	0.150	0.169	0.188	0.207	0.227
49	0.097	0.117	0.136	0.156	0.176	0.196	0.216	0.236
50	0.101	0.121	0.142	0.163	0.183	0.204	0.225	0.246
51	0.105	0.126	0.148	0.169	0.191	0.212	0.234	0.256
52	0.109	0.131	0.153	0.176	0.198	0.221	0.243	0.266
53	0.113	0.136	0.159	0.182	0.206	0.229	0.252	0.276
54	0.118	0.142	0.165	0.189	0.213	0.238	0.262	0.286
55	0.122	0.147	0.172	0.196	0.221	0.246	0.272	0.297
56	0.127	0.152	0.178	0.204	0.229	0.255	0.281	0.308
57	0.131	0.158	0.184	0.211	0.238	0.265	0.291	0.319

续表1

检尺径/cm	检尺长/m							
	0.5	0.6	0.7	0.8	0.9	1.0	1.1	1.2
	材积/m^3							
58	0.136	0.163	0.191	0.218	0.246	0.274	0.302	0.330
59	0.140	0.169	0.197	0.226	0.254	0.283	0.312	0.341
60	0.145	0.175	0.204	0.233	0.263	0.293	0.323	0.353
61	0.150	0.180	0.211	0.241	0.272	0.303	0.333	0.364
62	0.155	0.186	0.218	0.249	0.281	0.313	0.344	0.376
63	0.160	0.192	0.225	0.257	0.290	0.323	0.355	0.388
64	0.165	0.198	0.232	0.265	0.299	0.333	0.367	0.401
65	0.170	0.205	0.239	0.274	0.308	0.343	0.378	0.413
66	0.176	0.211	0.247	0.282	0.318	0.354	0.390	0.426
67	0.181	0.217	0.254	0.291	0.328	0.365	0.402	0.439
68	0.186	0.224	0.262	0.299	0.337	0.375	0.414	0.452
69	0.192	0.231	0.269	0.308	0.347	0.386	0.426	0.465
70	0.197	0.237	0.277	0.317	0.357	0.398	0.438	0.478
71	0.203	0.244	0.285	0.326	0.368	0.409	0.451	0.492
72	0.209	0.251	0.293	0.335	0.378	0.421	0.463	0.506
73	0.215	0.258	0.301	0.345	0.388	0.432	0.476	0.520
74	0.221	0.265	0.310	0.354	0.399	0.444	0.489	0.534

续表1

检尺径/cm	检尺长/m							
	0.5	0.6	0.7	0.8	0.9	1.0	1.1	1.2
	材积/m^3							
75	0.227	0.272	0.318	0.364	0.410	0.456	0.502	0.549
76	0.233	0.279	0.326	0.374	0.421	0.468	0.516	0.563
77	0.239	0.287	0.335	0.383	0.432	0.481	0.529	0.578
78	0.245	0.294	0.344	0.393	0.443	0.493	0.543	0.593
79	0.251	0.302	0.353	0.403	0.454	0.506	0.557	0.608
80	0.258	0.310	0.362	0.414	0.466	0.518	0.571	0.624
81	0.264	0.317	0.371	0.424	0.478	0.531	0.585	0.639
82	0.271	0.325	0.380	0.435	0.489	0.545	0.600	0.655
83	0.277	0.333	0.389	0.445	0.501	0.558	0.614	0.671
84	0.284	0.341	0.398	0.456	0.513	0.571	0.629	0.687
85	0.291	0.349	0.408	0.467	0.526	0.585	0.644	0.703
86	0.298	0.357	0.418	0.478	0.538	0.599	0.659	0.720
87	0.305	0.366	0.427	0.489	0.551	0.613	0.675	0.737
88	0.312	0.374	0.437	0.500	0.563	0.627	0.690	0.754
89	0.319	0.383	0.447	0.512	0.576	0.641	0.706	0.771
90	0.326	0.391	0.457	0.523	0.589	0.655	0.722	0.788
91	0.333	0.400	0.467	0.535	0.602	0.670	0.738	0.805

续表1

检尺径/cm	检尺长/m							
	0.5	0.6	0.7	0.8	0.9	1.0	1.1	1.2
	材积/m³							
92	0.340	0.409	0.478	0.546	0.615	0.685	0.754	0.823
93	0.348	0.418	0.488	0.558	0.629	0.699	0.770	0.841
94	0.355	0.427	0.499	0.570	0.642	0.714	0.787	0.859
95	0.363	0.436	0.509	0.582	0.656	0.730	0.803	0.877
96	0.371	0.445	0.520	0.595	0.670	0.745	0.820	0.896
97	0.378	0.454	0.531	0.607	0.684	0.761	0.837	0.914
98	0.386	0.464	0.542	0.620	0.698	0.776	0.855	0.933
99	0.394	0.473	0.553	0.632	0.712	0.792	0.872	0.952
100	0.402	0.483	0.564	0.645	0.726	0.808	0.890	0.972
101	0.410	0.493	0.575	0.658	0.741	0.824	0.907	0.991
102	0.418	0.502	0.587	0.671	0.756	0.841	0.925	1.011
103	0.426	0.512	0.598	0.684	0.771	0.857	0.944	1.030
104	0.435	0.522	0.610	0.698	0.786	0.874	0.962	1.050
105	0.443	0.532	0.622	0.711	0.801	0.890	0.980	1.071
106	0.452	0.542	0.633	0.725	0.816	0.907	0.999	1.091
107	0.460	0.553	0.645	0.738	0.831	0.925	1.018	1.111
108	0.469	0.563	0.657	0.752	0.847	0.942	1.037	1.132

续表1

检尺径/cm	检尺长/m							
	0.5	0.6	0.7	0.8	0.9	1.0	1.1	1.2
	材积/m³							
109	0.477	0.573	0.670	0.766	0.863	0.959	1.056	1.153
110	0.486	0.584	0.682	0.780	0.878	0.977	1.075	1.174
111	0.495	0.595	0.694	0.794	0.894	0.995	1.095	1.196
112	0.504	0.605	0.707	0.809	0.910	1.013	1.115	1.217
113	0.513	0.616	0.720	0.823	0.927	1.031	1.135	1.239
114	0.522	0.627	0.732	0.838	0.943	1.049	1.155	1.261
115	0.531	0.638	0.745	0.852	0.960	1.067	1.175	1.283
116	0.541	0.649	0.758	0.867	0.976	1.086	1.195	1.305
117	0.550	0.660	0.771	0.882	0.993	1.105	1.216	1.328
118	0.559	0.672	0.784	0.897	1.010	1.123	1.237	1.350
119	0.569	0.683	0.798	0.912	1.027	1.142	1.258	1.373
120	0.578	0.695	0.811	0.928	1.045	1.162	1.279	1.396

续表1

检尺径/cm	检尺长/m						
	1.3	1.4	1.5	1.6	1.7	1.8	1.9
	材积/m^3						
8	0.008	0.008	0.009	0.010	0.011	0.011	0.012
9	0.010	0.011	0.011	0.012	0.013	0.014	0.015
10	0.012	0.013	0.014	0.015	0.016	0.017	0.018
11	0.014	0.015	0.017	0.018	0.019	0.020	0.022
12	0.017	0.018	0.020	0.021	0.022	0.024	0.025
13	0.019	0.021	0.023	0.024	0.026	0.028	0.030
14	0.022	0.024	0.026	0.028	0.030	0.032	0.034
15	0.025	0.028	0.030	0.032	0.034	0.036	0.039
16	0.029	0.031	0.034	0.036	0.039	0.041	0.044
17	0.032	0.035	0.038	0.041	0.043	0.046	0.049
18	0.036	0.039	0.042	0.045	0.048	0.051	0.055
19	0.040	0.043	0.047	0.050	0.054	0.057	0.060
20	0.044	0.048	0.052	0.055	0.059	0.063	0.067
21	0.049	0.053	0.057	0.061	0.065	0.069	0.073
22	0.053	0.058	0.062	0.067	0.071	0.076	0.080
23	0.058	0.063	0.068	0.073	0.077	0.082	0.087
24	0.063	0.068	0.074	0.079	0.084	0.089	0.095

续表1

检尺径/cm	检尺长/m						
	1.3	1.4	1.5	1.6	1.7	1.8	1.9
	材积/m³						
25	0.068	0.074	0.080	0.085	0.091	0.097	0.102
26	0.074	0.080	0.086	0.092	0.098	0.104	0.110
27	0.080	0.086	0.092	0.099	0.105	0.112	0.119
28	0.085	0.092	0.099	0.106	0.113	0.120	0.127
29	0.091	0.099	0.106	0.114	0.121	0.129	0.136
30	0.098	0.106	0.113	0.121	0.129	0.137	0.146
31	0.104	0.113	0.121	0.129	0.138	0.147	0.155
32	0.111	0.120	0.129	0.138	0.147	0.156	0.165
33	0.118	0.127	0.137	0.146	0.156	0.165	0.175
34	0.125	0.135	0.145	0.155	0.165	0.175	0.186
35	0.132	0.143	0.153	0.164	0.175	0.186	0.196
36	0.140	0.151	0.162	0.173	0.185	0.196	0.208
37	0.147	0.159	0.171	0.183	0.195	0.207	0.219
38	0.155	0.168	0.180	0.193	0.205	0.218	0.231
39	0.164	0.177	0.190	0.203	0.216	0.229	0.243
40	0.172	0.186	0.199	0.213	0.227	0.241	0.255
41	0.180	0.195	0.209	0.224	0.238	0.253	0.267

续表1

检尺径/cm	检尺长/m						
	1.3	1.4	1.5	1.6	1.7	1.8	1.9
	材积/m^3						
42	0.189	0.204	0.219	0.234	0.250	0.265	0.280
43	0.198	0.214	0.230	0.246	0.262	0.278	0.294
44	0.207	0.224	0.240	0.257	0.274	0.290	0.307
45	0.217	0.234	0.251	0.268	0.286	0.303	0.321
46	0.226	0.244	0.262	0.280	0.299	0.317	0.335
47	0.236	0.255	0.274	0.292	0.311	0.330	0.349
48	0.246	0.266	0.285	0.305	0.325	0.344	0.364
49	0.256	0.277	0.297	0.317	0.338	0.359	0.379
50	0.267	0.288	0.309	0.330	0.352	0.373	0.395
51	0.277	0.299	0.321	0.343	0.366	0.388	0.410
52	0.288	0.311	0.334	0.357	0.380	0.403	0.426
53	0.299	0.323	0.347	0.370	0.394	0.418	0.442
54	0.311	0.335	0.360	0.384	0.409	0.434	0.459
55	0.322	0.347	0.373	0.399	0.424	0.450	0.476
56	0.334	0.360	0.386	0.413	0.440	0.466	0.493
57	0.346	0.373	0.400	0.428	0.455	0.483	0.510
58	0.358	0.386	0.414	0.443	0.471	0.500	0.528

续表1

检尺径/cm	检尺长/m						
	1.3	1.4	1.5	1.6	1.7	1.8	1.9
	材积/m³						
59	0.370	0.399	0.428	0.458	0.487	0.517	0.546
60	0.383	0.413	0.443	0.473	0.504	0.534	0.565
61	0.395	0.426	0.458	0.489	0.520	0.552	0.583
62	0.408	0.440	0.473	0.505	0.537	0.570	0.602
63	0.421	0.454	0.488	0.521	0.554	0.588	0.622
64	0.435	0.469	0.503	0.537	0.572	0.607	0.641
65	0.448	0.483	0.519	0.554	0.590	0.625	0.661
66	0.462	0.498	0.535	0.571	0.608	0.644	0.681
67	0.476	0.513	0.551	0.588	0.626	0.664	0.702
68	0.490	0.529	0.567	0.606	0.645	0.684	0.723
69	0.505	0.544	0.584	0.624	0.664	0.704	0.744
70	0.519	0.560	0.601	0.642	0.683	0.724	0.765
71	0.534	0.576	0.618	0.660	0.702	0.744	0.787
72	0.549	0.592	0.635	0.678	0.722	0.765	0.809
73	0.564	0.608	0.653	0.697	0.742	0.786	0.831
74	0.580	0.625	0.671	0.716	0.762	0.808	0.854
75	0.595	0.642	0.689	0.735	0.782	0.830	0.877

续表1

检尺径/cm	检尺长/m						
	1.3	1.4	1.5	1.6	1.7	1.8	1.9
	材积/m^3						
76	0.611	0.659	0.707	0.755	0.803	0.852	0.900
77	0.627	0.676	0.725	0.775	0.824	0.874	0.924
78	0.643	0.694	0.744	0.795	0.846	0.896	0.947
79	0.660	0.711	0.763	0.815	0.867	0.919	0.972
80	0.676	0.729	0.782	0.836	0.889	0.942	0.996
81	0.693	0.748	0.802	0.856	0.911	0.966	1.021
82	0.710	0.766	0.822	0.878	0.934	0.990	1.046
83	0.728	0.785	0.842	0.899	0.956	1.014	1.071
84	0.745	0.803	0.862	0.920	0.979	1.038	1.097
85	0.763	0.823	0.882	0.942	1.002	1.063	1.123
86	0.781	0.842	0.903	0.964	1.026	1.087	1.149
87	0.799	0.861	0.924	0.987	1.050	1.113	1.176
88	0.817	0.881	0.945	1.009	1.074	1.138	1.203
89	0.836	0.901	0.967	1.032	1.098	1.164	1.230
90	0.855	0.921	0.988	1.055	1.123	1.190	1.257
91	0.874	0.942	1.010	1.079	1.147	1.216	1.285
92	0.893	0.962	1.032	1.102	1.172	1.243	1.313

续表1

检尺径/cm	检尺长/m						
	1.3	1.4	1.5	1.6	1.7	1.8	1.9
	材积/m^3						
93	0.912	0.983	1.055	1.126	1.198	1.270	1.342
94	0.932	1.004	1.077	1.150	1.224	1.297	1.370
95	0.951	1.026	1.100	1.175	1.249	1.324	1.399
96	0.971	1.047	1.123	1.199	1.276	1.352	1.429
97	0.992	1.069	1.147	1.224	1.302	1.380	1.458
98	1.012	1.091	1.170	1.249	1.329	1.408	1.488
99	1.033	1.113	1.194	1.275	1.356	1.437	1.518
100	1.054	1.136	1.218	1.301	1.383	1.466	1.549
101	1.075	1.158	1.242	1.326	1.411	1.495	1.580
102	1.096	1.181	1.267	1.353	1.439	1.525	1.611
103	1.117	1.204	1.292	1.379	1.467	1.555	1.642
104	1.139	1.228	1.317	1.406	1.495	1.585	1.674
105	1.161	1.251	1.342	1.433	1.524	1.615	1.706
106	1.183	1.275	1.367	1.460	1.553	1.646	1.739
107	1.205	1.299	1.393	1.487	1.582	1.677	1.771
108	1.228	1.323	1.419	1.515	1.611	1.708	1.804
109	1.250	1.348	1.445	1.543	1.641	1.739	1.838

续表1

检尺径/cm	检尺长/m						
	1.3	1.4	1.5	1.6	1.7	1.8	1.9
	材积/m^3						
110	1.273	1.373	1.472	1.571	1.671	1.771	1.871
111	1.296	1.397	1.499	1.600	1.701	1.803	1.905
112	1.320	1.423	1.526	1.629	1.732	1.835	1.939
113	1.343	1.448	1.553	1.658	1.763	1.868	1.974
114	1.367	1.473	1.580	1.687	1.794	1.901	2.008
115	1.391	1.499	1.608	1.716	1.825	1.934	2.044
116	1.415	1.525	1.636	1.746	1.857	1.968	2.079
117	1.440	1.552	1.664	1.776	1.889	2.002	2.115
118	1.464	1.578	1.692	1.807	1.921	2.036	2.151
119	1.489	1.605	1.721	1.837	1.954	2.070	2.187
120	1.514	1.632	1.750	1.868	1.986	2.105	2.224

表2　小径原木材积（检尺径4～13 cm，检尺长2.0～10.0 m）

检尺径/cm	检尺长/m									
	2.0	2.1	2.2	2.3	2.4	2.5	2.6	2.7	2.8	2.9
	材积/m³									
4	0.0041	0.0044	0.0047	0.0050	0.0053	0.0056	0.0059	0.0062	0.0066	0.0069
5	0.0058	0.0062	0.0066	0.0070	0.0074	0.0079	0.0083	0.0087	0.0092	0.0096
6	0.0079	0.0084	0.0089	0.0095	0.0100	0.0105	0.0111	0.0117	0.0122	0.0128
7	0.0103	0.0109	0.0116	0.0123	0.0129	0.0136	0.0143	0.0150	0.0157	0.0165
8	0.013	0.014	0.015	0.015	0.016	0.017	0.018	0.019	0.020	0.021
9	0.016	0.017	0.018	0.019	0.020	0.021	0.022	0.023	0.024	0.025
10	0.019	0.021	0.022	0.023	0.024	0.025	0.026	0.028	0.029	0.030
11	0.023	0.024	0.026	0.027	0.028	0.030	0.031	0.033	0.034	0.036
12	0.027	0.029	0.030	0.032	0.033	0.035	0.037	0.038	0.040	0.042
13	0.031	0.033	0.035	0.037	0.038	0.040	0.042	0.044	0.046	0.048

续表2

检尺径/cm	检尺长/m									
	3.0	3.1	3.2	3.3	3.4	3.5	3.6	3.7	3.8	3.9
	材积/m³									
4	0.0073	0.0076	0.0080	0.0084	0.0088	0.0092	0.0096	0.0100	0.0104	0.0109
5	0.0101	0.0106	0.0111	0.0116	0.0121	0.0126	0.0132	0.0137	0.0143	0.0148
6	0.0134	0.0140	0.0147	0.0153	0.0160	0.0166	0.0173	0.0180	0.0187	0.0194
7	0.0172	0.0180	0.0188	0.0195	0.0204	0.0212	0.0220	0.0228	0.0237	0.0246
8	0.022	0.022	0.023	0.024	0.025	0.026	0.027	0.028	0.029	0.030
9	0.026	0.027	0.029	0.030	0.031	0.032	0.033	0.034	0.036	0.037
10	0.031	0.033	0.034	0.035	0.037	0.038	0.040	0.041	0.042	0.044
11	0.037	0.039	0.040	0.042	0.043	0.045	0.047	0.048	0.050	0.051
12	0.043	0.045	0.047	0.049	0.050	0.052	0.054	0.056	0.058	0.060
13	0.050	0.052	0.054	0.056	0.058	0.060	0.062	0.064	0.066	0.069

续表2

检尺径/cm	检尺长/m									
	4.0	4.1	4.2	4.3	4.4	4.5	4.6	4.7	4.8	4.9
	材积/m^3									
4	0.0113	0.0118	0.0122	0.0127	0.0132	0.0137	0.0142	0.0147	0.0152	0.0158
5	0.0154	0.0160	0.0166	0.0172	0.0178	0.0184	0.0191	0.0198	0.0204	0.0211
6	0.0201	0.0208	0.0216	0.0223	0.0231	0.0239	0.0247	0.0255	0.0263	0.0272
7	0.0254	0.0263	0.0273	0.0282	0.0291	0.0301	0.0310	0.0320	0.0330	0.0340
8	0.031	0.033	0.034	0.035	0.036	0.037	0.038	0.039	0.041	0.042
9	0.038	0.039	0.041	0.042	0.043	0.045	0.046	0.047	0.049	0.050
10	0.045	0.047	0.048	0.050	0.051	0.053	0.054	0.056	0.058	0.059
11	0.053	0.055	0.057	0.058	0.060	0.062	0.064	0.065	0.067	0.069
12	0.062	0.064	0.066	0.068	0.070	0.072	0.074	0.076	0.078	0.080
13	0.071	0.073	0.075	0.077	0.080	0.082	0.084	0.087	0.089	0.091

续表2

检尺径/cm	检尺长/m									
	5.0	5.1	5.2	5.3	5.4	5.5	5.6	5.7	5.8	5.9
	材积/m^3									
4	0.0163	0.0169	0.0175	0.0181	0.0186	0.0192	0.0199	0.0205	0.0211	0.0218
5	0.0218	0.0225	0.0232	0.0239	0.0247	0.0254	0.0262	0.0270	0.0278	0.0286
6	0.0280	0.0289	0.0298	0.0307	0.0316	0.0325	0.0334	0.0344	0.0354	0.0363
7	0.0351	0.0361	0.0372	0.0382	0.0393	0.0404	0.0416	0.0427	0.0438	0.0450
8	0.043	0.044	0.045	0.047	0.048	0.049	0.051	0.052	0.053	0.055
9	0.052	0.053	0.054	0.056	0.057	0.059	0.060	0.062	0.064	0.065
10	0.061	0.063	0.064	0.066	0.068	0.069	0.071	0.073	0.075	0.077
11	0.071	0.073	0.075	0.077	0.079	0.081	0.083	0.085	0.087	0.089
12	0.082	0.084	0.086	0.089	0.091	0.093	0.095	0.098	0.100	0.102
13	0.094	0.096	0.099	0.101	0.104	0.106	0.109	0.111	0.114	0.117

续表2

检尺径/cm	检尺长/m									
	6.0	6.1	6.2	6.3	6.4	6.5	6.6	6.7	6.8	6.9
	材积/m³									
4	0.0224	0.0231	0.0238	0.0245	0.0252	0.0259	0.0266	0.0274	0.0281	0.0289
5	0.0294	0.0302	0.0311	0.0319	0.0328	0.0337	0.0346	0.0355	0.0364	0.0374
6	0.0373	0.0383	0.0394	0.0404	0.0414	0.0425	0.0436	0.0447	0.0458	0.0469
7	0.0462	0.0474	0.0486	0.0498	0.0511	0.0523	0.0536	0.0549	0.0562	0.0575
8	0.056	0.057	0.059	0.060	0.062	0.063	0.065	0.066	0.068	0.069
9	0.067	0.068	0.070	0.072	0.073	0.075	0.077	0.079	0.080	0.082
10	0.078	0.080	0.082	0.084	0.086	0.088	0.090	0.092	0.094	0.096
11	0.091	0.093	0.095	0.098	0.100	0.102	0.104	0.106	0.109	0.111
12	0.105	0.107	0.109	0.112	0.114	0.117	0.119	0.122	0.124	0.127
13	0.119	0.122	0.125	0.127	0.130	0.133	0.136	0.138	0.141	0.144

续表2

检尺径/cm	检尺长/m									
	7.0	7.1	7.2	7.3	7.4	7.5	7.6	7.7	7.8	7.9
	材积/m³									
4	0.0297	0.0305	0.0313	0.0321	0.0330	0.0338	0.0347	0.0355	0.0364	0.0373
5	0.0383	0.0393	0.0403	0.0413	0.0423	0.0433	0.0444	0.0454	0.0465	0.0476
6	0.0481	0.0492	0.0504	0.0516	0.0528	0.0540	0.0552	0.0565	0.0578	0.0590
7	0.0589	0.0603	0.0616	0.0630	0.0644	0.0659	0.0673	0.0688	0.0703	0.0718
8	0.071	0.072	0.074	0.076	0.077	0.079	0.081	0.082	0.084	0.086
9	0.084	0.086	0.088	0.089	0.091	0.093	0.095	0.097	0.099	0.101
10	0.098	0.100	0.102	0.104	0.106	0.109	0.111	0.113	0.115	0.117
11	0.113	0.116	0.118	0.120	0.123	0.125	0.128	0.130	0.133	0.135
12	0.130	0.132	0.135	0.138	0.140	0.143	0.146	0.148	0.151	0.154
13	0.147	0.150	0.153	0.156	0.159	0.162	0.165	0.168	0.171	0.174

续表2

检尺径/cm	检尺长/m									
	8.0	8.1	8.2	8.3	8.4	8.5	8.6	8.7	8.8	8.9
	材积/m^3									
4	0.0382	0.0392	0.0401	0.0410	0.0420	0.0430	0.0440	0.0450	0.0460	0.0471
5	0.0487	0.0498	0.0509	0.0520	0.0532	0.0544	0.0556	0.0568	0.0580	0.0592
6	0.0603	0.0617	0.0630	0.0643	0.0657	0.0671	0.0685	0.0699	0.0713	0.0728
7	0.0733	0.0748	0.0764	0.0779	0.0795	0.0811	0.0828	0.0844	0.0861	0.0878
8	0.088	0.089	0.091	0.093	0.095	0.097	0.098	0.100	0.102	0.104
9	0.103	0.105	0.107	0.109	0.111	0.113	0.115	0.118	0.120	0.122
10	0.120	0.122	0.124	0.127	0.129	0.131	0.134	0.136	0.139	0.141
11	0.138	0.140	0.143	0.145	0.148	0.151	0.153	0.156	0.159	0.162
12	0.157	0.160	0.163	0.166	0.169	0.171	0.174	0.177	0.181	0.184
13	0.177	0.181	0.184	0.187	0.190	0.194	0.197	0.200	0.204	0.207

续表2

检尺径/cm	检尺长/m										
	9.0	9.1	9.2	9.3	9.4	9.5	9.6	9.7	9.8	9.9	10.0
	材积/m^3										
4	0.0481	0.0492	0.0503	0.0514	0.0525	0.0536	0.0547	0.0559	0.0571	0.0582	0.0594
5	0.0605	0.0617	0.0630	0.0643	0.0657	0.0670	0.0683	0.0697	0.0711	0.0725	0.0739
6	0.0743	0.0758	0.0773	0.0788	0.0803	0.0819	0.0834	0.0850	0.0866	0.0883	0.0899
7	0.0895	0.0912	0.0929	0.0947	0.0965	0.0982	0.1001	0.1019	0.1037	0.1056	0.1075
8	0.106	0.108	0.110	0.112	0.114	0.116	0.118	0.120	0.122	0.125	0.127
9	0.124	0.126	0.129	0.131	0.133	0.136	0.138	0.140	0.143	0.145	0.147
10	0.144	0.146	0.149	0.151	0.154	0.156	0.159	0.162	0.164	0.167	0.170
11	0.164	0.167	0.170	0.173	0.176	0.179	0.182	0.185	0.188	0.191	0.194
12	0.187	0.190	0.193	0.196	0.199	0.203	0.206	0.209	0.212	0.216	0.219
13	0.210	0.214	0.217	0.221	0.224	0.228	0.231	0.235	0.239	0.242	0.246

表3 原木材积（检尺径14～120 cm，检尺长2.0～10.0 m）

检尺径/cm	检尺长/m									
	2.0	2.1	2.2	2.3	2.4	2.5	2.6	2.7	2.8	2.9
	材积/m^3									
14	0.036	0.038	0.040	0.042	0.045	0.047	0.049	0.051	0.054	0.056
15	0.041	0.044	0.046	0.048	0.051	0.053	0.056	0.058	0.061	0.064
16	0.047	0.049	0.052	0.055	0.058	0.060	0.063	0.066	0.069	0.072
17	0.052	0.055	0.058	0.062	0.065	0.068	0.071	0.074	0.077	0.081
18	0.059	0.062	0.065	0.069	0.072	0.076	0.079	0.083	0.086	0.090
19	0.065	0.069	0.072	0.076	0.080	0.084	0.088	0.092	0.095	0.099
20	0.072	0.076	0.080	0.084	0.088	0.092	0.097	0.101	0.105	0.110
21	0.079	0.083	0.088	0.092	0.097	0.101	0.106	0.111	0.116	0.120
22	0.086	0.091	0.096	0.101	0.106	0.111	0.116	0.121	0.126	0.131
23	0.094	0.099	0.105	0.110	0.115	0.121	0.126	0.132	0.138	0.143
24	0.102	0.108	0.114	0.120	0.125	0.131	0.137	0.143	0.149	0.155
25	0.111	0.117	0.123	0.129	0.136	0.142	0.149	0.155	0.161	0.168
26	0.120	0.126	0.133	0.140	0.146	0.153	0.160	0.167	0.174	0.181
27	0.129	0.136	0.143	0.150	0.158	0.165	0.172	0.180	0.187	0.195
28	0.138	0.146	0.154	0.161	0.169	0.177	0.185	0.193	0.201	0.209
29	0.148	0.156	0.164	0.173	0.181	0.190	0.198	0.206	0.215	0.224

续表3

检尺径/cm	检尺长/m									
	2.0	2.1	2.2	2.3	2.4	2.5	2.6	2.7	2.8	2.9
	材积/m³									
30	0.158	0.167	0.176	0.185	0.193	0.202	0.211	0.221	0.230	0.239
31	0.169	0.178	0.187	0.197	0.206	0.216	0.225	0.235	0.245	0.255
32	0.180	0.189	0.199	0.209	0.219	0.230	0.240	0.250	0.260	0.271
33	0.191	0.201	0.212	0.222	0.233	0.244	0.255	0.265	0.276	0.287
34	0.202	0.213	0.224	0.236	0.247	0.258	0.270	0.281	0.293	0.305
35	0.214	0.226	0.238	0.249	0.261	0.273	0.285	0.298	0.310	0.322
36	0.226	0.239	0.251	0.264	0.276	0.289	0.302	0.314	0.327	0.340
37	0.239	0.252	0.265	0.278	0.291	0.305	0.318	0.332	0.345	0.359
38	0.252	0.265	0.279	0.293	0.307	0.321	0.335	0.349	0.364	0.378
39	0.265	0.279	0.294	0.308	0.323	0.338	0.353	0.368	0.383	0.398
40	0.278	0.294	0.309	0.324	0.340	0.355	0.371	0.386	0.402	0.418
41	0.292	0.308	0.324	0.340	0.356	0.373	0.389	0.405	0.422	0.438
42	0.306	0.323	0.340	0.357	0.374	0.391	0.408	0.425	0.442	0.460
43	0.321	0.338	0.356	0.374	0.391	0.409	0.427	0.445	0.463	0.481
44	0.336	0.354	0.372	0.391	0.409	0.428	0.447	0.465	0.484	0.503
45	0.351	0.370	0.389	0.408	0.428	0.447	0.467	0.486	0.506	0.526
46	0.367	0.387	0.406	0.427	0.447	0.467	0.487	0.508	0.528	0.549

续表3

检尺径/cm	检尺长/m									
	2.0	2.1	2.2	2.3	2.4	2.5	2.6	2.7	2.8	2.9
	材积/m^3									
47	0.383	0.403	0.424	0.445	0.466	0.487	0.508	0.530	0.551	0.573
48	0.399	0.420	0.442	0.464	0.486	0.508	0.530	0.552	0.574	0.597
49	0.415	0.438	0.460	0.483	0.506	0.529	0.552	0.575	0.598	0.621
50	0.432	0.456	0.479	0.503	0.526	0.550	0.574	0.598	0.622	0.647
51	0.450	0.474	0.498	0.523	0.547	0.572	0.597	0.622	0.647	0.672
52	0.467	0.492	0.518	0.543	0.569	0.594	0.620	0.646	0.672	0.698
53	0.485	0.511	0.537	0.564	0.590	0.617	0.644	0.671	0.698	0.725
54	0.503	0.530	0.558	0.585	0.613	0.640	0.668	0.696	0.724	0.752
55	0.522	0.550	0.578	0.607	0.635	0.664	0.693	0.721	0.750	0.780
56	0.541	0.570	0.599	0.629	0.658	0.688	0.718	0.747	0.777	0.808
57	0.560	0.590	0.620	0.651	0.681	0.712	0.743	0.774	0.805	0.836
58	0.580	0.611	0.642	0.674	0.705	0.737	0.769	0.801	0.833	0.865
59	0.600	0.632	0.664	0.697	0.729	0.762	0.795	0.828	0.862	0.895
60	0.620	0.653	0.687	0.720	0.754	0.788	0.822	0.856	0.890	0.925
61	0.641	0.675	0.709	0.744	0.779	0.814	0.849	0.885	0.920	0.956
62	0.661	0.697	0.733	0.768	0.804	0.841	0.877	0.913	0.950	0.987
63	0.683	0.719	0.756	0.793	0.830	0.868	0.905	0.943	0.980	1.018

续表3

检尺径/cm	检尺长/m									
	2.0	2.1	2.2	2.3	2.4	2.5	2.6	2.7	2.8	2.9
	材积/m^3									
64	0.704	0.742	0.780	0.818	0.857	0.895	0.934	0.972	1.011	1.050
65	0.726	0.765	0.804	0.844	0.883	0.923	0.963	1.003	1.043	1.083
66	0.749	0.789	0.829	0.870	0.910	0.951	0.992	1.033	1.074	1.116
67	0.771	0.813	0.854	0.896	0.938	0.980	1.022	1.064	1.107	1.149
68	0.794	0.837	0.880	0.922	0.966	1.009	1.052	1.096	1.140	1.183
69	0.818	0.861	0.905	0.949	0.994	1.038	1.083	1.128	1.173	1.218
70	0.841	0.886	0.931	0.977	1.022	1.068	1.114	1.160	1.207	1.253
71	0.865	0.911	0.958	1.005	1.052	1.099	1.146	1.193	1.241	1.289
72	0.890	0.937	0.985	1.033	1.081	1.129	1.178	1.227	1.276	1.325
73	0.914	0.963	1.012	1.061	1.111	1.161	1.211	1.261	1.311	1.361
74	0.939	0.989	1.040	1.090	1.141	1.192	1.244	1.295	1.347	1.398
75	0.965	1.016	1.068	1.120	1.172	1.224	1.277	1.330	1.383	1.436
76	0.990	1.043	1.096	1.150	1.203	1.257	1.311	1.365	1.419	1.474
77	1.016	1.070	1.125	1.180	1.235	1.290	1.345	1.401	1.456	1.512
78	1.043	1.098	1.154	1.210	1.267	1.323	1.380	1.437	1.494	1.551
79	1.069	1.126	1.184	1.241	1.299	1.357	1.415	1.474	1.532	1.591
80	1.096	1.155	1.214	1.273	1.332	1.391	1.451	1.511	1.571	1.631

续表3

检尺径/cm	检尺长/m									
	2.0	2.1	2.2	2.3	2.4	2.5	2.6	2.7	2.8	2.9
	材积/m^3									
81	1.124	1.184	1.244	1.304	1.365	1.426	1.487	1.548	1.610	1.671
82	1.151	1.213	1.274	1.336	1.399	1.461	1.523	1.586	1.649	1.712
83	1.179	1.242	1.305	1.369	1.432	1.496	1.560	1.625	1.689	1.754
84	1.208	1.272	1.337	1.402	1.467	1.532	1.598	1.664	1.730	1.796
85	1.236	1.302	1.369	1.435	1.502	1.569	1.636	1.703	1.771	1.838
86	1.265	1.333	1.401	1.469	1.537	1.605	1.674	1.743	1.812	1.881
87	1.295	1.364	1.433	1.503	1.573	1.643	1.713	1.783	1.854	1.925
88	1.325	1.395	1.466	1.537	1.609	1.680	1.752	1.824	1.896	1.969
89	1.355	1.427	1.499	1.572	1.645	1.718	1.792	1.865	1.939	2.013
90	1.385	1.459	1.533	1.607	1.682	1.757	1.832	1.907	1.983	2.058
91	1.416	1.491	1.567	1.643	1.719	1.796	1.872	1.949	2.027	2.104
92	1.447	1.524	1.601	1.679	1.757	1.835	1.913	1.992	2.071	2.150
93	1.478	1.557	1.636	1.715	1.795	1.875	1.955	2.035	2.116	2.196
94	1.510	1.590	1.671	1.752	1.833	1.915	1.997	2.079	2.161	2.243
95	1.542	1.624	1.706	1.789	1.872	1.955	2.039	2.123	2.207	2.291
96	1.574	1.658	1.742	1.827	1.911	1.996	2.082	2.167	2.253	2.339
97	1.607	1.693	1.779	1.865	1.951	2.038	2.125	2.212	2.300	2.387

续表3

检尺径/cm	检尺长/m									
	2.0	2.1	2.2	2.3	2.4	2.5	2.6	2.7	2.8	2.9
	材积/m³									
98	1.640	1.728	1.815	1.903	1.991	2.080	2.169	2.258	2.347	2.436
99	1.674	1.763	1.852	1.942	2.032	2.122	2.213	2.303	2.394	2.486
100	1.707	1.798	1.889	1.981	2.073	2.165	2.257	2.350	2.443	2.536
101	1.742	1.834	1.927	2.020	2.114	2.208	2.302	2.397	2.491	2.586
102	1.776	1.870	1.965	2.060	2.156	2.252	2.348	2.444	2.540	2.637
103	1.811	1.907	2.004	2.101	2.198	2.296	2.393	2.492	2.590	2.689
104	1.846	1.944	2.042	2.141	2.240	2.340	2.440	2.540	2.640	2.740
105	1.881	1.981	2.082	2.182	2.283	2.385	2.486	2.588	2.691	2.793
106	1.917	2.019	2.121	2.224	2.327	2.430	2.534	2.637	2.742	2.846
107	1.953	2.057	2.161	2.266	2.371	2.476	2.581	2.687	2.793	2.899
108	1.990	2.095	2.202	2.308	2.415	2.522	2.629	2.737	2.845	2.953
109	2.027	2.134	2.242	2.351	2.459	2.568	2.678	2.788	2.898	3.008
110	2.064	2.173	2.283	2.394	2.504	2.615	2.727	2.839	2.950	3.063
111	2.101	2.213	2.325	2.437	2.550	2.663	2.776	2.890	3.004	3.118
112	2.139	2.253	2.367	2.481	2.596	2.711	2.826	2.942	3.058	3.174
113	2.177	2.293	2.409	2.525	2.642	2.759	2.876	2.994	3.112	3.230
114	2.216	2.333	2.451	2.570	2.688	2.808	2.927	3.047	3.167	3.287

续表3

检尺径/cm	检尺长/m									
	2.0	2.1	2.2	2.3	2.4	2.5	2.6	2.7	2.8	2.9
	材积/m^3									
115	2.254	2.374	2.494	2.615	2.736	2.857	2.978	3.100	3.222	3.345
116	2.294	2.415	2.537	2.660	2.783	2.906	3.030	3.154	3.278	3.403
117	2.333	2.457	2.581	2.706	2.831	2.956	3.082	3.208	3.334	3.461
118	2.373	2.499	2.625	2.752	2.879	3.007	3.135	3.263	3.391	3.520
119	2.413	2.541	2.670	2.798	2.928	3.057	3.188	3.318	3.448	3.579
120	2.454	2.584	2.714	2.845	2.977	3.109	3.241	3.373	3.506	3.639

续表3

检尺径/cm	检尺长/m									
	3.0	3.1	3.2	3.3	3.4	3.5	3.6	3.7	3.8	3.9
	材积/m^3									
14	0.058	0.061	0.063	0.065	0.068	0.070	0.073	0.075	0.078	0.081
15	0.066	0.069	0.072	0.074	0.077	0.080	0.083	0.086	0.088	0.091
16	0.075	0.078	0.081	0.084	0.087	0.090	0.093	0.096	0.100	0.103
17	0.084	0.087	0.091	0.094	0.097	0.101	0.104	0.108	0.111	0.115
18	0.093	0.097	0.101	0.105	0.108	0.112	0.116	0.120	0.124	0.128
19	0.103	0.107	0.112	0.116	0.120	0.124	0.128	0.133	0.137	0.141
20	0.114	0.118	0.123	0.127	0.132	0.137	0.141	0.146	0.151	0.155
21	0.125	0.130	0.135	0.140	0.145	0.150	0.155	0.160	0.165	0.170
22	0.137	0.142	0.147	0.153	0.158	0.164	0.169	0.175	0.180	0.186
23	0.149	0.155	0.160	0.166	0.172	0.178	0.184	0.190	0.196	0.202
24	0.161	0.168	0.174	0.180	0.186	0.193	0.199	0.206	0.212	0.219
25	0.175	0.181	0.188	0.195	0.202	0.208	0.215	0.222	0.229	0.236
26	0.188	0.195	0.203	0.210	0.217	0.225	0.232	0.239	0.247	0.254
27	0.203	0.210	0.218	0.226	0.233	0.241	0.249	0.257	0.265	0.273
28	0.217	0.225	0.234	0.242	0.250	0.259	0.267	0.276	0.284	0.293
29	0.232	0.241	0.250	0.259	0.268	0.277	0.286	0.295	0.304	0.313
30	0.248	0.257	0.267	0.276	0.286	0.295	0.305	0.315	0.324	0.334

续表3

检尺径/cm	检尺长/m									
	3.0	3.1	3.2	3.3	3.4	3.5	3.6	3.7	3.8	3.9
	材积/m^3									
31	0.264	0.274	0.284	0.294	0.304	0.314	0.325	0.335	0.345	0.356
32	0.281	0.292	0.302	0.313	0.324	0.334	0.345	0.356	0.367	0.378
33	0.298	0.310	0.321	0.332	0.343	0.355	0.366	0.378	0.389	0.401
34	0.316	0.328	0.340	0.352	0.364	0.376	0.388	0.400	0.412	0.424
35	0.335	0.347	0.359	0.372	0.385	0.397	0.410	0.423	0.436	0.449
36	0.353	0.366	0.380	0.393	0.406	0.420	0.433	0.446	0.460	0.474
37	0.373	0.386	0.400	0.414	0.428	0.442	0.456	0.471	0.485	0.499
38	0.393	0.407	0.422	0.436	0.451	0.466	0.481	0.495	0.510	0.525
39	0.413	0.428	0.443	0.459	0.474	0.490	0.505	0.521	0.537	0.552
40	0.434	0.450	0.466	0.482	0.498	0.514	0.531	0.547	0.564	0.580
41	0.455	0.472	0.489	0.506	0.523	0.540	0.557	0.574	0.591	0.608
42	0.477	0.495	0.512	0.530	0.548	0.565	0.583	0.601	0.619	0.637
43	0.499	0.518	0.536	0.555	0.573	0.592	0.611	0.629	0.648	0.667
44	0.522	0.542	0.561	0.580	0.599	0.619	0.638	0.658	0.678	0.697
45	0.546	0.566	0.586	0.606	0.626	0.647	0.667	0.687	0.708	0.728
46	0.570	0.591	0.612	0.633	0.654	0.675	0.696	0.717	0.739	0.760
47	0.594	0.616	0.638	0.660	0.682	0.704	0.726	0.748	0.770	0.793

续表3

检尺径/cm	检尺长/m									
	3.0	3.1	3.2	3.3	3.4	3.5	3.6	3.7	3.8	3.9
	材积/m^3									
48	0.619	0.642	0.665	0.687	0.710	0.733	0.756	0.779	0.802	0.826
49	0.645	0.668	0.692	0.716	0.739	0.763	0.787	0.811	0.835	0.859
50	0.671	0.695	0.720	0.744	0.769	0.794	0.819	0.844	0.869	0.894
51	0.697	0.723	0.748	0.774	0.799	0.825	0.851	0.877	0.903	0.929
52	0.724	0.751	0.777	0.804	0.830	0.857	0.884	0.911	0.938	0.965
53	0.752	0.779	0.807	0.834	0.862	0.890	0.917	0.945	0.973	1.001
54	0.780	0.808	0.837	0.865	0.894	0.923	0.951	0.980	1.009	1.038
55	0.809	0.838	0.867	0.897	0.927	0.956	0.986	1.016	1.046	1.076
56	0.838	0.868	0.899	0.929	0.960	0.991	1.021	1.052	1.083	1.114
57	0.867	0.899	0.930	0.962	0.994	1.025	1.057	1.089	1.121	1.153
58	0.898	0.930	0.963	0.995	1.028	1.061	1.094	1.127	1.160	1.193
59	0.928	0.962	0.996	1.029	1.063	1.097	1.131	1.165	1.199	1.234
60	0.959	0.994	1.029	1.064	1.099	1.134	1.169	1.204	1.239	1.275
61	0.991	1.027	1.063	1.099	1.135	1.171	1.207	1.244	1.280	1.317
62	1.023	1.060	1.097	1.134	1.172	1.209	1.246	1.284	1.321	1.359
63	1.056	1.094	1.132	1.171	1.209	1.248	1.286	1.325	1.364	1.402
64	1.089	1.129	1.168	1.207	1.247	1.287	1.326	1.366	1.406	1.446

续表3

检尺径/cm	检尺长/m									
	3.0	3.1	3.2	3.3	3.4	3.5	3.6	3.7	3.8	3.9
	材积/m^3									
65	1.123	1.164	1.204	1.245	1.286	1.326	1.367	1.408	1.450	1.491
66	1.157	1.199	1.241	1.283	1.325	1.367	1.409	1.451	1.493	1.536
67	1.192	1.235	1.278	1.321	1.364	1.408	1.451	1.495	1.538	1.582
68	1.227	1.272	1.316	1.360	1.405	1.449	1.494	1.539	1.583	1.628
69	1.263	1.309	1.354	1.400	1.446	1.491	1.537	1.583	1.629	1.676
70	1.300	1.346	1.393	1.440	1.487	1.534	1.581	1.629	1.676	1.723
71	1.336	1.384	1.433	1.481	1.529	1.577	1.626	1.675	1.723	1.772
72	1.374	1.423	1.473	1.522	1.572	1.621	1.671	1.721	1.771	1.821
73	1.412	1.462	1.513	1.564	1.615	1.666	1.717	1.768	1.820	1.871
74	1.450	1.502	1.554	1.606	1.659	1.711	1.764	1.816	1.869	1.922
75	1.489	1.542	1.596	1.649	1.703	1.757	1.811	1.865	1.919	1.973
76	1.528	1.583	1.638	1.693	1.748	1.803	1.859	1.914	1.969	2.025
77	1.568	1.624	1.681	1.737	1.794	1.850	1.907	1.964	2.021	2.078
78	1.609	1.666	1.724	1.782	1.840	1.898	1.956	2.014	2.073	2.131
79	1.650	1.709	1.768	1.827	1.887	1.946	2.006	2.065	2.125	2.185
80	1.691	1.752	1.812	1.873	1.934	1.995	2.056	2.117	2.178	2.240
81	1.733	1.795	1.857	1.919	1.982	2.044	2.107	2.169	2.232	2.295

续表3

检尺径/cm	检尺长/m									
	3.0	3.1	3.2	3.3	3.4	3.5	3.6	3.7	3.8	3.9
	材积/m^3									
82	1.776	1.839	1.903	1.966	2.030	2.094	2.158	2.222	2.287	2.351
83	1.819	1.884	1.949	2.014	2.079	2.145	2.210	2.276	2.342	2.408
84	1.862	1.929	1.995	2.062	2.129	2.196	2.263	2.330	2.398	2.465
85	1.906	1.974	2.043	2.111	2.179	2.248	2.317	2.385	2.454	2.523
86	1.951	2.021	2.090	2.160	2.230	2.300	2.371	2.441	2.511	2.582
87	1.996	2.067	2.139	2.210	2.282	2.353	2.425	2.497	2.569	2.641
88	2.042	2.114	2.187	2.260	2.334	2.407	2.480	2.554	2.627	2.701
89	2.088	2.162	2.237	2.311	2.386	2.461	2.536	2.611	2.687	2.762
90	2.134	2.210	2.287	2.363	2.439	2.516	2.593	2.669	2.746	2.823
91	2.181	2.259	2.337	2.415	2.493	2.571	2.650	2.728	2.807	2.885
92	2.229	2.309	2.388	2.468	2.548	2.627	2.707	2.788	2.868	2.948
93	2.277	2.358	2.440	2.521	2.603	2.684	2.766	2.848	2.930	3.011
94	2.326	2.409	2.492	2.575	2.658	2.741	2.825	2.908	2.992	3.076
95	2.375	2.460	2.544	2.629	2.714	2.799	2.884	2.970	3.055	3.140
96	2.425	2.511	2.598	2.684	2.771	2.858	2.945	3.032	3.119	3.206
97	2.475	2.563	2.651	2.740	2.828	2.917	3.005	3.094	3.183	3.272
98	2.526	2.616	2.706	2.796	2.886	2.976	3.067	3.157	3.248	3.339

续表3

检尺径/cm	检尺长/m									
	3.0	3.1	3.2	3.3	3.4	3.5	3.6	3.7	3.8	3.9
	材积/m³									
99	2.577	2.669	2.761	2.852	2.945	3.037	3.129	3.221	3.314	3.406
100	2.629	2.722	2.816	2.910	3.004	3.098	3.192	3.286	3.380	3.474
101	2.681	2.776	2.872	2.967	3.063	3.159	3.255	3.351	3.447	3.543
102	2.734	2.831	2.928	3.026	3.123	3.221	3.319	3.417	3.515	3.613
103	2.787	2.886	2.985	3.085	3.184	3.284	3.383	3.483	3.583	3.683
104	2.841	2.942	3.043	3.144	3.246	3.347	3.449	3.550	3.652	3.754
105	2.896	2.998	3.101	3.204	3.308	3.411	3.514	3.618	3.722	3.825
106	2.950	3.055	3.160	3.265	3.370	3.475	3.581	3.686	3.792	3.897
107	3.006	3.112	3.219	3.326	3.433	3.541	3.648	3.755	3.863	3.970
108	3.062	3.170	3.279	3.388	3.497	3.606	3.716	3.825	3.934	4.044
109	3.118	3.229	3.339	3.450	3.561	3.673	3.784	3.895	4.007	4.118
110	3.175	3.288	3.400	3.513	3.626	3.740	3.853	3.966	4.080	4.193
111	3.232	3.347	3.462	3.577	3.692	3.807	3.922	4.038	4.153	4.269
112	3.290	3.407	3.524	3.641	3.758	3.875	3.992	4.110	4.227	4.345
113	3.349	3.468	3.586	3.705	3.825	3.944	4.063	4.183	4.302	4.422
114	3.408	3.529	3.650	3.771	3.892	4.013	4.135	4.256	4.378	4.499
115	3.467	3.590	3.713	3.836	3.960	4.083	4.207	4.330	4.454	4.578

续表3

检尺径/cm	检尺长/m									
	3.0	3.1	3.2	3.3	3.4	3.5	3.6	3.7	3.8	3.9
	材积/m^3									
116	3.527	3.652	3.777	3.903	4.028	4.154	4.279	4.405	4.531	4.657
117	3.588	3.715	3.842	3.970	4.097	4.225	4.353	4.480	4.608	4.736
118	3.649	3.778	3.908	4.037	4.167	4.297	4.426	4.556	4.686	4.816
119	3.711	3.842	3.973	4.105	4.237	4.369	4.501	4.633	4.765	4.897
120	3.773	3.906	4.040	4.174	4.308	4.442	4.576	4.710	4.845	4.979

续表3

检尺径/cm	检尺长/m									
	4.0	4.1	4.2	4.3	4.4	4.5	4.6	4.7	4.8	4.9
	材积/m^3									
14	0.083	0.086	0.089	0.091	0.094	0.097	0.100	0.103	0.105	0.108
15	0.094	0.097	0.100	0.103	0.106	0.110	0.113	0.116	0.119	0.122
16	0.106	0.109	0.113	0.116	0.120	0.123	0.126	0.130	0.134	0.137
17	0.119	0.122	0.126	0.130	0.133	0.137	0.141	0.145	0.149	0.153
18	0.132	0.136	0.140	0.144	0.148	0.152	0.156	0.161	0.165	0.169
19	0.146	0.150	0.155	0.159	0.164	0.168	0.173	0.177	0.182	0.187
20	0.160	0.165	0.170	0.175	0.180	0.185	0.190	0.195	0.200	0.205
21	0.175	0.181	0.186	0.191	0.197	0.202	0.207	0.213	0.218	0.224
22	0.191	0.197	0.203	0.209	0.214	0.220	0.226	0.232	0.238	0.244
23	0.208	0.214	0.220	0.227	0.233	0.239	0.245	0.252	0.258	0.265
24	0.225	0.232	0.239	0.245	0.252	0.259	0.266	0.273	0.279	0.286
25	0.243	0.250	0.258	0.265	0.272	0.279	0.287	0.294	0.301	0.309
26	0.262	0.270	0.277	0.285	0.293	0.301	0.308	0.316	0.324	0.332
27	0.281	0.290	0.298	0.306	0.314	0.323	0.331	0.339	0.348	0.356
28	0.302	0.310	0.319	0.328	0.337	0.345	0.354	0.363	0.372	0.381
29	0.322	0.332	0.341	0.350	0.360	0.369	0.379	0.388	0.398	0.407
30	0.344	0.354	0.364	0.373	0.383	0.393	0.404	0.414	0.424	0.434

续表3

检尺径/cm	检尺长/m									
	4.0	4.1	4.2	4.3	4.4	4.5	4.6	4.7	4.8	4.9
	材积/m³									
31	0.366	0.376	0.387	0.397	0.408	0.419	0.429	0.440	0.451	0.462
32	0.389	0.400	0.411	0.422	0.433	0.445	0.456	0.467	0.479	0.490
33	0.412	0.424	0.436	0.448	0.459	0.471	0.483	0.495	0.507	0.519
34	0.437	0.449	0.461	0.474	0.486	0.499	0.511	0.524	0.537	0.550
35	0.462	0.475	0.488	0.501	0.514	0.527	0.540	0.554	0.567	0.581
36	0.487	0.501	0.515	0.528	0.542	0.556	0.570	0.584	0.598	0.612
37	0.514	0.528	0.542	0.557	0.571	0.586	0.601	0.615	0.630	0.645
38	0.541	0.556	0.571	0.586	0.601	0.617	0.632	0.648	0.663	0.679
39	0.568	0.584	0.600	0.616	0.632	0.648	0.664	0.680	0.697	0.713
40	0.597	0.613	0.630	0.647	0.663	0.680	0.697	0.714	0.731	0.748
41	0.626	0.643	0.661	0.678	0.696	0.713	0.731	0.749	0.766	0.784
42	0.656	0.674	0.692	0.710	0.729	0.747	0.766	0.784	0.803	0.821
43	0.686	0.705	0.724	0.743	0.762	0.782	0.801	0.820	0.840	0.859
44	0.717	0.737	0.757	0.777	0.797	0.817	0.837	0.857	0.877	0.898
45	0.749	0.770	0.790	0.811	0.832	0.853	0.874	0.895	0.916	0.937
46	0.782	0.803	0.825	0.846	0.868	0.890	0.912	0.934	0.955	0.977
47	0.815	0.837	0.860	0.882	0.905	0.928	0.950	0.973	0.996	1.019

续表3

检尺径/cm	检尺长/m									
	4.0	4.1	4.2	4.3	4.4	4.5	4.6	4.7	4.8	4.9
	材积/m^3									
48	0.849	0.872	0.896	0.919	0.942	0.966	0.990	1.013	1.037	1.061
49	0.883	0.908	0.932	0.956	0.981	1.005	1.030	1.054	1.079	1.104
50	0.919	0.944	0.969	0.995	1.020	1.045	1.071	1.096	1.122	1.147
51	0.955	0.981	1.007	1.033	1.060	1.086	1.112	1.139	1.165	1.192
52	0.992	1.019	1.046	1.073	1.100	1.128	1.155	1.182	1.210	1.237
53	1.029	1.057	1.085	1.113	1.142	1.170	1.198	1.227	1.255	1.284
54	1.067	1.096	1.125	1.154	1.184	1.213	1.242	1.272	1.301	1.331
55	1.106	1.136	1.166	1.196	1.227	1.257	1.287	1.318	1.348	1.379
56	1.145	1.176	1.208	1.239	1.270	1.302	1.333	1.364	1.396	1.427
57	1.186	1.218	1.250	1.282	1.315	1.347	1.380	1.412	1.445	1.477
58	1.226	1.260	1.293	1.326	1.360	1.393	1.427	1.460	1.494	1.528
59	1.268	1.302	1.337	1.371	1.406	1.440	1.475	1.510	1.544	1.579
60	1.310	1.346	1.381	1.417	1.452	1.488	1.524	1.560	1.595	1.631
61	1.353	1.390	1.426	1.463	1.500	1.537	1.574	1.610	1.647	1.684
62	1.397	1.435	1.472	1.510	1.548	1.586	1.624	1.662	1.700	1.738
63	1.441	1.480	1.519	1.558	1.597	1.636	1.675	1.715	1.754	1.793
64	1.486	1.526	1.566	1.607	1.647	1.687	1.728	1.768	1.808	1.849

续表3

检尺径/cm	检尺长/m									
	4.0	4.1	4.2	4.3	4.4	4.5	4.6	4.7	4.8	4.9
	材积/m^3									
65	1.532	1.573	1.615	1.656	1.697	1.739	1.780	1.822	1.864	1.905
66	1.578	1.621	1.663	1.706	1.749	1.791	1.834	1.877	1.920	1.963
67	1.625	1.669	1.713	1.757	1.801	1.845	1.889	1.933	1.977	2.021
68	1.673	1.718	1.763	1.808	1.854	1.899	1.944	1.989	2.034	2.080
69	1.722	1.768	1.814	1.861	1.907	1.954	2.000	2.047	2.093	2.140
70	1.771	1.818	1.866	1.914	1.961	2.009	2.057	2.105	2.152	2.200
71	1.821	1.870	1.919	1.968	2.017	2.066	2.115	2.164	2.213	2.262
72	1.871	1.922	1.972	2.022	2.072	2.123	2.173	2.223	2.274	2.324
73	1.923	1.974	2.026	2.077	2.129	2.181	2.232	2.284	2.336	2.388
74	1.975	2.027	2.080	2.133	2.186	2.239	2.292	2.346	2.399	2.452
75	2.027	2.081	2.136	2.190	2.245	2.299	2.353	2.408	2.462	2.517
76	2.081	2.136	2.192	2.248	2.303	2.359	2.415	2.471	2.527	2.583
77	2.135	2.192	2.249	2.306	2.363	2.420	2.477	2.535	2.592	2.649
78	2.189	2.248	2.306	2.365	2.424	2.482	2.541	2.599	2.658	2.717
79	2.245	2.305	2.365	2.425	2.485	2.545	2.605	2.665	2.725	2.785
80	2.301	2.362	2.424	2.485	2.547	2.608	2.670	2.731	2.793	2.854
81	2.358	2.421	2.483	2.546	2.609	2.672	2.735	2.798	2.861	2.924

续表3

检尺径/cm	检尺长/m									
	4.0	4.1	4.2	4.3	4.4	4.5	4.6	4.7	4.8	4.9
	材积/m^3									
82	2.415	2.480	2.544	2.608	2.673	2.737	2.802	2.866	2.931	2.995
83	2.473	2.539	2.605	2.671	2.737	2.803	2.869	2.935	3.001	3.067
84	2.532	2.600	2.667	2.735	2.802	2.870	2.937	3.005	3.072	3.140
85	2.592	2.661	2.730	2.799	2.868	2.937	3.006	3.075	3.144	3.213
86	2.652	2.723	2.793	2.864	2.934	3.005	3.076	3.146	3.217	3.287
87	2.713	2.785	2.857	2.930	3.002	3.074	3.146	3.218	3.291	3.363
88	2.775	2.848	2.922	2.996	3.070	3.144	3.217	3.291	3.365	3.439
89	2.837	2.912	2.988	3.063	3.139	3.214	3.289	3.365	3.440	3.516
90	2.900	2.977	3.054	3.131	3.208	3.285	3.362	3.439	3.516	3.593
91	2.964	3.043	3.121	3.200	3.279	3.357	3.436	3.515	3.593	3.672
92	3.028	3.109	3.189	3.269	3.350	3.430	3.510	3.591	3.671	3.751
93	3.093	3.175	3.257	3.340	3.422	3.504	3.586	3.668	3.750	3.832
94	3.159	3.243	3.327	3.410	3.494	3.578	3.662	3.745	3.829	3.913
95	3.226	3.311	3.397	3.482	3.568	3.653	3.739	3.824	3.909	3.995
96	3.293	3.380	3.467	3.555	3.642	3.729	3.816	3.903	3.990	4.077
97	3.361	3.450	3.539	3.628	3.717	3.806	3.895	3.983	4.072	4.161
98	3.429	3.520	3.611	3.702	3.792	3.883	3.974	4.064	4.155	4.246

续表3

检尺径/cm	检尺长/m									
	4.0	4.1	4.2	4.3	4.4	4.5	4.6	4.7	4.8	4.9
	材积/m^3									
99	3.499	3.591	3.684	3.776	3.869	3.961	4.054	4.146	4.239	4.331
100	3.569	3.663	3.757	3.852	3.946	4.040	4.135	4.229	4.323	4.417
101	3.639	3.735	3.832	3.928	4.024	4.120	4.216	4.312	4.408	4.504
102	3.711	3.809	3.907	4.005	4.103	4.201	4.299	4.397	4.494	4.592
103	3.783	3.883	3.983	4.082	4.182	4.282	4.382	4.482	4.581	4.681
104	3.855	3.957	4.059	4.161	4.263	4.364	4.466	4.568	4.669	4.771
105	3.929	4.033	4.136	4.240	4.344	4.447	4.551	4.654	4.758	4.861
106	4.003	4.109	4.214	4.320	4.425	4.531	4.636	4.742	4.847	4.952
107	4.078	4.185	4.293	4.400	4.508	4.615	4.723	4.830	4.937	5.045
108	4.153	4.263	4.372	4.482	4.591	4.701	4.810	4.919	5.028	5.138
109	4.230	4.341	4.452	4.564	4.675	4.787	4.898	5.009	5.120	5.231
110	4.306	4.420	4.533	4.647	4.760	4.874	4.987	5.100	5.213	5.326
111	4.384	4.499	4.615	4.730	4.846	4.961	5.076	5.192	5.307	5.422
112	4.462	4.580	4.697	4.815	4.932	5.050	5.167	5.284	5.401	5.518
113	4.541	4.661	4.780	4.900	5.019	5.139	5.258	5.377	5.496	5.615
114	4.621	4.743	4.864	4.986	5.107	5.229	5.350	5.471	5.592	5.714
115	4.701	4.825	4.949	5.072	5.196	5.319	5.443	5.566	5.689	5.812

续表3

检尺径/cm	检尺长/m									
	4.0	4.1	4.2	4.3	4.4	4.5	4.6	4.7	4.8	4.9
	材积/m^3									
116	4.782	4.908	5.034	5.160	5.285	5.411	5.536	5.662	5.787	5.912
117	4.864	4.992	5.120	5.248	5.375	5.503	5.631	5.758	5.886	6.013
118	4.947	5.077	5.207	5.337	5.466	5.596	5.726	5.856	5.985	6.114
119	5.030	5.162	5.294	5.426	5.558	5.690	5.822	5.954	6.085	6.217
120	5.113	5.248	5.382	5.516	5.651	5.785	5.919	6.053	6.186	6.320

续表3

检尺径/cm	检尺长/m									
	5.0	5.1	5.2	5.3	5.4	5.5	5.6	5.7	5.8	5.9
	材积/m^3									
14	0.111	0.114	0.117	0.120	0.123	0.126	0.129	0.133	0.136	0.139
15	0.126	0.129	0.132	0.135	0.139	0.142	0.146	0.149	0.153	0.156
16	0.141	0.144	0.148	0.152	0.155	0.159	0.163	0.167	0.171	0.175
17	0.157	0.161	0.165	0.169	0.173	0.177	0.181	0.186	0.190	0.194
18	0.174	0.178	0.182	0.187	0.191	0.196	0.201	0.205	0.210	0.214
19	0.191	0.196	0.201	0.206	0.211	0.216	0.221	0.226	0.231	0.236
20	0.210	0.215	0.221	0.226	0.231	0.236	0.242	0.247	0.253	0.258
21	0.230	0.235	0.241	0.247	0.252	0.258	0.264	0.270	0.276	0.282
22	0.250	0.256	0.262	0.268	0.275	0.281	0.287	0.293	0.300	0.306
23	0.271	0.278	0.284	0.291	0.298	0.304	0.311	0.318	0.325	0.332
24	0.293	0.300	0.308	0.315	0.322	0.329	0.336	0.343	0.351	0.358
25	0.316	0.324	0.332	0.339	0.347	0.354	0.362	0.370	0.378	0.386
26	0.340	0.348	0.356	0.365	0.373	0.381	0.389	0.397	0.406	0.414
27	0.365	0.374	0.382	0.391	0.400	0.408	0.417	0.426	0.435	0.444
28	0.391	0.400	0.409	0.418	0.427	0.437	0.446	0.455	0.465	0.474
29	0.417	0.427	0.436	0.446	0.456	0.466	0.476	0.486	0.496	0.506
30	0.444	0.455	0.465	0.475	0.486	0.496	0.507	0.517	0.528	0.539

续表3

检尺径/cm	检尺长/m									
	5.0	5.1	5.2	5.3	5.4	5.5	5.6	5.7	5.8	5.9
	材积/m^3									
31	0.473	0.483	0.494	0.505	0.516	0.527	0.539	0.550	0.561	0.572
32	0.502	0.513	0.525	0.536	0.548	0.560	0.571	0.583	0.595	0.607
33	0.532	0.544	0.556	0.568	0.580	0.593	0.605	0.618	0.630	0.643
34	0.562	0.575	0.588	0.601	0.614	0.627	0.640	0.653	0.666	0.679
35	0.594	0.607	0.621	0.635	0.648	0.662	0.676	0.689	0.703	0.717
36	0.626	0.641	0.655	0.669	0.683	0.698	0.712	0.727	0.741	0.756
37	0.660	0.675	0.690	0.705	0.720	0.735	0.750	0.765	0.780	0.795
38	0.694	0.710	0.725	0.741	0.757	0.773	0.788	0.804	0.820	0.836
39	0.729	0.746	0.762	0.778	0.795	0.811	0.828	0.845	0.861	0.878
40	0.765	0.782	0.800	0.817	0.834	0.851	0.869	0.886	0.903	0.921
41	0.802	0.820	0.838	0.856	0.874	0.892	0.910	0.928	0.946	0.965
42	0.840	0.859	0.877	0.896	0.915	0.934	0.953	0.971	0.990	1.009
43	0.878	0.898	0.917	0.937	0.957	0.976	0.996	1.016	1.035	1.055
44	0.918	0.938	0.959	0.979	0.999	1.020	1.040	1.061	1.082	1.102
45	0.958	0.979	1.001	1.022	1.043	1.064	1.086	1.107	1.129	1.150
46	0.999	1.021	1.043	1.066	1.088	1.110	1.132	1.154	1.177	1.199
47	1.041	1.064	1.087	1.110	1.133	1.156	1.179	1.203	1.226	1.249

续表3

检尺径/cm	检尺长/m									
	5.0	5.1	5.2	5.3	5.4	5.5	5.6	5.7	5.8	5.9
	材积/m^3									
48	1.084	1.108	1.132	1.156	1.180	1.204	1.228	1.252	1.276	1.300
49	1.128	1.153	1.178	1.202	1.227	1.252	1.277	1.302	1.327	1.352
50	1.173	1.198	1.224	1.250	1.276	1.301	1.327	1.353	1.379	1.405
51	1.218	1.245	1.272	1.298	1.325	1.352	1.378	1.405	1.432	1.459
52	1.265	1.292	1.320	1.348	1.375	1.403	1.431	1.458	1.486	1.514
53	1.312	1.341	1.369	1.398	1.426	1.455	1.484	1.512	1.541	1.570
54	1.360	1.390	1.419	1.449	1.478	1.508	1.538	1.567	1.597	1.627
55	1.409	1.440	1.470	1.501	1.532	1.562	1.593	1.624	1.654	1.685
56	1.459	1.491	1.522	1.554	1.586	1.617	1.649	1.681	1.712	1.744
57	1.510	1.542	1.575	1.608	1.640	1.673	1.706	1.739	1.771	1.804
58	1.561	1.595	1.629	1.663	1.696	1.730	1.764	1.798	1.832	1.865
59	1.614	1.649	1.683	1.718	1.753	1.788	1.823	1.858	1.893	1.928
60	1.667	1.703	1.739	1.775	1.811	1.847	1.883	1.919	1.955	1.991
61	1.721	1.758	1.795	1.832	1.869	1.907	1.944	1.981	2.018	2.055
62	1.776	1.815	1.853	1.891	1.929	1.967	2.005	2.044	2.082	2.120
63	1.832	1.872	1.911	1.950	1.990	2.029	2.068	2.108	2.147	2.186
64	1.889	1.930	1.970	2.011	2.051	2.092	2.132	2.173	2.213	2.254

续表3

检尺径/cm	检尺长/m									
	5.0	5.1	5.2	5.3	5.4	5.5	5.6	5.7	5.8	5.9
	材积/m^3									
65	1.947	1.988	2.030	2.072	2.113	2.155	2.197	2.238	2.280	2.322
66	2.005	2.048	2.091	2.134	2.177	2.220	2.263	2.305	2.348	2.391
67	2.065	2.109	2.153	2.197	2.241	2.285	2.329	2.373	2.417	2.461
68	2.125	2.170	2.216	2.261	2.306	2.352	2.397	2.442	2.487	2.533
69	2.186	2.233	2.279	2.326	2.372	2.419	2.466	2.512	2.559	2.605
70	2.248	2.296	2.344	2.392	2.439	2.487	2.535	2.583	2.631	2.678
71	2.311	2.360	2.409	2.458	2.507	2.557	2.606	2.655	2.704	2.753
72	2.375	2.425	2.476	2.526	2.576	2.627	2.677	2.728	2.778	2.828
73	2.439	2.491	2.543	2.595	2.646	2.698	2.750	2.801	2.853	2.905
74	2.505	2.558	2.611	2.664	2.717	2.770	2.823	2.876	2.929	2.982
75	2.571	2.626	2.680	2.734	2.789	2.843	2.898	2.952	3.006	3.061
76	2.638	2.694	2.750	2.806	2.862	2.917	2.973	3.029	3.084	3.140
77	2.706	2.764	2.821	2.878	2.935	2.992	3.049	3.106	3.163	3.220
78	2.775	2.834	2.893	2.951	3.010	3.068	3.127	3.185	3.244	3.302
79	2.845	2.905	2.965	3.025	3.085	3.145	3.205	3.265	3.325	3.385
80	2.916	2.977	3.039	3.100	3.162	3.223	3.284	3.346	3.407	3.468
81	2.987	3.050	3.113	3.176	3.239	3.302	3.365	3.427	3.490	3.553

续表3

检尺径/cm	检尺长/m									
	5.0	5.1	5.2	5.3	5.4	5.5	5.6	5.7	5.8	5.9
	材积/m^3									
82	3.060	3.124	3.189	3.253	3.317	3.382	3.446	3.510	3.574	3.638
83	3.133	3.199	3.265	3.331	3.397	3.462	3.528	3.594	3.659	3.725
84	3.207	3.275	3.342	3.409	3.477	3.544	3.611	3.678	3.745	3.812
85	3.282	3.351	3.420	3.489	3.558	3.627	3.695	3.764	3.833	3.901
86	3.358	3.429	3.499	3.569	3.640	3.710	3.780	3.851	3.921	3.991
87	3.435	3.507	3.579	3.651	3.723	3.795	3.866	3.938	4.010	4.081
88	3.512	3.586	3.660	3.733	3.807	3.880	3.953	4.027	4.100	4.173
89	3.591	3.666	3.741	3.816	3.892	3.967	4.042	4.116	4.191	4.266
90	3.670	3.747	3.824	3.901	3.977	4.054	4.130	4.207	4.283	4.360
91	3.750	3.829	3.907	3.986	4.064	4.142	4.220	4.298	4.376	4.454
92	3.831	3.912	3.992	4.072	4.152	4.232	4.311	4.391	4.471	4.550
93	3.913	3.995	4.077	4.159	4.240	4.322	4.403	4.485	4.566	4.647
94	3.996	4.080	4.163	4.247	4.330	4.413	4.496	4.579	4.662	4.745
95	4.080	4.165	4.250	4.335	4.420	4.505	4.590	4.675	4.759	4.843
96	4.164	4.251	4.338	4.425	4.512	4.598	4.685	4.771	4.857	4.943
97	4.250	4.338	4.427	4.516	4.604	4.692	4.780	4.868	4.956	5.044
98	4.336	4.427	4.517	4.607	4.697	4.787	4.877	4.967	5.057	5.146

续表3

检尺径/cm	检尺长/m									
	5.0	5.1	5.2	5.3	5.4	5.5	5.6	5.7	5.8	5.9
	材积/m³									
99	4.423	4.515	4.608	4.700	4.791	4.883	4.975	5.066	5.158	5.249
100	4.511	4.605	4.699	4.793	4.887	4.980	5.073	5.167	5.260	5.353
101	4.600	4.696	4.792	4.887	4.983	5.078	5.173	5.268	5.363	5.458
102	4.690	4.787	4.885	4.982	5.080	5.177	5.274	5.371	5.467	5.564
103	4.780	4.880	4.979	5.078	5.177	5.276	5.375	5.474	5.572	5.671
104	4.872	4.973	5.074	5.175	5.276	5.377	5.478	5.578	5.679	5.779
105	4.964	5.067	5.170	5.273	5.376	5.479	5.581	5.684	5.786	5.888
106	5.058	5.163	5.267	5.372	5.477	5.581	5.686	5.790	5.894	5.998
107	5.152	5.259	5.365	5.472	5.579	5.685	5.791	5.897	6.003	6.109
108	5.247	5.355	5.464	5.573	5.681	5.789	5.898	6.006	6.113	6.221
109	5.342	5.453	5.564	5.674	5.785	5.895	6.005	6.115	6.225	6.334
110	5.439	5.552	5.664	5.777	5.889	6.001	6.113	6.225	6.337	6.448
111	5.537	5.651	5.766	5.880	5.995	6.109	6.223	6.336	6.450	6.563
112	5.635	5.752	5.868	5.985	6.101	6.217	6.333	6.449	6.564	6.679
113	5.734	5.853	5.972	6.090	6.208	6.326	6.444	6.562	6.679	6.797
114	5.834	5.955	6.076	6.196	6.316	6.437	6.556	6.676	6.795	6.915
115	5.935	6.058	6.181	6.303	6.426	6.548	6.670	6.791	6.913	7.034

续表3

检尺径/cm	检尺长/m									
	5.0	5.1	5.2	5.3	5.4	5.5	5.6	5.7	5.8	5.9
	材积/m^3									
116	6.037	6.162	6.287	6.411	6.536	6.660	6.784	6.907	7.031	7.154
117	6.140	6.267	6.394	6.520	6.647	6.773	6.899	7.025	7.150	7.275
118	6.244	6.373	6.502	6.630	6.759	6.887	7.015	7.143	7.270	7.398
119	6.348	6.479	6.610	6.741	6.872	7.002	7.132	7.262	7.392	7.521
120	6.453	6.587	6.720	6.853	6.985	7.118	7.250	7.382	7.514	7.645

续表3

检尺径/cm	检尺长/m									
	6.0	6.1	6.2	6.3	6.4	6.5	6.6	6.7	6.8	6.9
	材积/m^3									
14	0.142	0.145	0.149	0.152	0.156	0.159	0.162	0.166	0.169	0.173
15	0.160	0.164	0.167	0.171	0.175	0.178	0.182	0.186	0.190	0.194
16	0.179	0.183	0.187	0.191	0.195	0.199	0.203	0.207	0.211	0.216
17	0.198	0.203	0.207	0.212	0.216	0.220	0.225	0.230	0.234	0.239
18	0.219	0.224	0.229	0.233	0.238	0.243	0.248	0.253	0.258	0.263
19	0.241	0.246	0.251	0.257	0.262	0.267	0.272	0.278	0.283	0.289
20	0.264	0.269	0.275	0.281	0.286	0.292	0.298	0.304	0.309	0.315
21	0.288	0.294	0.300	0.306	0.312	0.318	0.324	0.331	0.337	0.343
22	0.313	0.319	0.326	0.332	0.339	0.345	0.352	0.359	0.365	0.372
23	0.339	0.346	0.352	0.360	0.367	0.374	0.381	0.388	0.395	0.403
24	0.366	0.373	0.380	0.388	0.396	0.403	0.411	0.418	0.426	0.434
25	0.394	0.402	0.410	0.418	0.426	0.434	0.442	0.450	0.458	0.467
26	0.423	0.431	0.440	0.448	0.457	0.465	0.474	0.483	0.491	0.500
27	0.453	0.462	0.471	0.480	0.489	0.498	0.507	0.517	0.526	0.535
28	0.484	0.493	0.503	0.513	0.522	0.532	0.542	0.552	0.561	0.571
29	0.516	0.526	0.536	0.547	0.557	0.567	0.577	0.588	0.598	0.609
30	0.549	0.560	0.571	0.582	0.592	0.603	0.614	0.625	0.636	0.647

续表3

检尺径/cm	检尺长/m									
	6.0	6.1	6.2	6.3	6.4	6.5	6.6	6.7	6.8	6.9
	材积/m^3									
31	0.583	0.595	0.606	0.618	0.629	0.641	0.652	0.664	0.675	0.687
32	0.619	0.631	0.643	0.655	0.667	0.679	0.691	0.703	0.715	0.728
33	0.655	0.668	0.680	0.693	0.706	0.718	0.731	0.744	0.757	0.770
34	0.692	0.706	0.719	0.732	0.746	0.759	0.772	0.786	0.799	0.813
35	0.731	0.745	0.759	0.773	0.787	0.801	0.815	0.829	0.843	0.857
36	0.770	0.785	0.799	0.814	0.829	0.844	0.858	0.873	0.888	0.903
37	0.811	0.826	0.841	0.857	0.872	0.888	0.903	0.919	0.934	0.950
38	0.852	0.868	0.884	0.900	0.916	0.933	0.949	0.965	0.981	0.998
39	0.895	0.911	0.928	0.945	0.962	0.979	0.996	1.013	1.030	1.047
40	0.938	0.956	0.973	0.991	1.008	1.026	1.044	1.061	1.079	1.097
41	0.983	1.001	1.019	1.038	1.056	1.075	1.093	1.111	1.130	1.149
42	1.028	1.047	1.067	1.086	1.105	1.124	1.143	1.163	1.182	1.201
43	1.075	1.095	1.115	1.135	1.155	1.175	1.195	1.215	1.235	1.255
44	1.123	1.143	1.164	1.185	1.206	1.226	1.247	1.268	1.289	1.310
45	1.172	1.193	1.215	1.236	1.258	1.279	1.301	1.323	1.344	1.366
46	1.221	1.244	1.266	1.288	1.311	1.333	1.356	1.378	1.401	1.424
47	1.272	1.295	1.319	1.342	1.365	1.389	1.412	1.435	1.459	1.482

续表3

检尺径/cm	检尺长/m									
	6.0	6.1	6.2	6.3	6.4	6.5	6.6	6.7	6.8	6.9
	材积/m^3									
48	1.324	1.348	1.372	1.396	1.421	1.445	1.469	1.493	1.518	1.542
49	1.377	1.402	1.427	1.452	1.477	1.502	1.527	1.552	1.578	1.603
50	1.431	1.457	1.483	1.509	1.535	1.561	1.587	1.613	1.639	1.665
51	1.486	1.512	1.539	1.566	1.593	1.620	1.647	1.674	1.701	1.728
52	1.542	1.569	1.597	1.625	1.653	1.681	1.709	1.737	1.765	1.793
53	1.599	1.627	1.656	1.685	1.714	1.743	1.772	1.800	1.829	1.858
54	1.657	1.686	1.716	1.746	1.776	1.806	1.835	1.865	1.895	1.925
55	1.716	1.747	1.777	1.808	1.839	1.870	1.901	1.931	1.962	1.993
56	1.776	1.808	1.839	1.871	1.903	1.935	1.967	1.999	2.030	2.062
57	1.837	1.870	1.903	1.935	1.968	2.001	2.034	2.067	2.100	2.133
58	1.899	1.933	1.967	2.001	2.035	2.069	2.102	2.136	2.170	2.204
59	1.962	1.997	2.032	2.067	2.102	2.137	2.172	2.207	2.242	2.277
60	2.027	2.063	2.099	2.135	2.171	2.207	2.243	2.279	2.315	2.351
61	2.092	2.129	2.166	2.203	2.240	2.277	2.315	2.352	2.389	2.426
62	2.158	2.197	2.235	2.273	2.311	2.349	2.388	2.426	2.464	2.502
63	2.226	2.265	2.304	2.344	2.383	2.422	2.462	2.501	2.540	2.580
64	2.294	2.335	2.375	2.416	2.456	2.496	2.537	2.577	2.618	2.658

续表3

检尺径/cm	检尺长/m									
	6.0	6.1	6.2	6.3	6.4	6.5	6.6	6.7	6.8	6.9
	材积/m^3									
65	2.363	2.405	2.447	2.488	2.530	2.572	2.613	2.655	2.696	2.738
66	2.434	2.477	2.520	2.562	2.605	2.648	2.691	2.734	2.776	2.819
67	2.505	2.549	2.594	2.638	2.681	2.725	2.769	2.813	2.857	2.901
68	2.578	2.623	2.668	2.714	2.759	2.804	2.849	2.894	2.939	2.984
69	2.652	2.698	2.744	2.791	2.837	2.884	2.930	2.976	3.023	3.069
70	2.726	2.774	2.822	2.869	2.917	2.965	3.012	3.060	3.107	3.155
71	2.802	2.851	2.900	2.949	2.998	3.046	3.095	3.144	3.193	3.242
72	2.879	2.929	2.979	3.029	3.079	3.129	3.180	3.230	3.280	3.330
73	2.956	3.008	3.059	3.111	3.162	3.214	3.265	3.316	3.368	3.419
74	3.035	3.088	3.141	3.193	3.246	3.299	3.352	3.404	3.457	3.509
75	3.115	3.169	3.223	3.277	3.331	3.385	3.439	3.493	3.547	3.601
76	3.196	3.251	3.307	3.362	3.417	3.473	3.528	3.583	3.639	3.694
77	3.277	3.334	3.391	3.448	3.505	3.561	3.618	3.675	3.731	3.788
78	3.360	3.419	3.477	3.535	3.593	3.651	3.709	3.767	3.825	3.883
79	3.444	3.504	3.564	3.623	3.683	3.742	3.801	3.861	3.920	3.979
80	3.529	3.590	3.651	3.712	3.773	3.834	3.895	3.955	4.016	4.077
81	3.615	3.678	3.740	3.802	3.865	3.927	3.989	4.051	4.113	4.175

续表3

检尺径/cm	检尺长/m									
	6.0	6.1	6.2	6.3	6.4	6.5	6.6	6.7	6.8	6.9
	材积/m^3									
82	3.702	3.766	3.830	3.894	3.958	4.021	4.085	4.148	4.212	4.275
83	3.790	3.856	3.921	3.986	4.051	4.117	4.182	4.247	4.311	4.376
84	3.879	3.946	4.013	4.080	4.146	4.213	4.279	4.346	4.412	4.478
85	3.970	4.038	4.106	4.174	4.243	4.311	4.378	4.446	4.514	4.582
86	4.061	4.131	4.200	4.270	4.340	4.409	4.479	4.548	4.617	4.686
87	4.153	4.224	4.296	4.367	4.438	4.509	4.580	4.651	4.721	4.792
88	4.246	4.319	4.392	4.465	4.537	4.610	4.682	4.755	4.827	4.899
89	4.340	4.415	4.489	4.564	4.638	4.712	4.786	4.860	4.934	5.007
90	4.436	4.512	4.588	4.664	4.739	4.815	4.891	4.966	5.041	5.116
91	4.532	4.610	4.687	4.765	4.842	4.919	4.996	5.073	5.150	5.227
92	4.629	4.709	4.788	4.867	4.946	5.025	5.103	5.182	5.260	5.339
93	4.728	4.809	4.890	4.970	5.051	5.131	5.211	5.292	5.372	5.451
94	4.827	4.910	4.992	5.075	5.157	5.239	5.321	5.402	5.484	5.565
95	4.928	5.012	5.096	5.180	5.264	5.347	5.431	5.514	5.598	5.681
96	5.029	5.115	5.201	5.287	5.372	5.457	5.542	5.627	5.712	5.797
97	5.132	5.219	5.307	5.394	5.481	5.568	5.655	5.742	5.828	5.915
98	5.235	5.325	5.414	5.503	5.592	5.680	5.769	5.857	5.945	6.033

续表3

检尺径/cm	检尺长/m									
	6.0	6.1	6.2	6.3	6.4	6.5	6.6	6.7	6.8	6.9
	材积/m³									
99	5.340	5.431	5.522	5.613	5.703	5.793	5.884	5.974	6.064	6.153
100	5.446	5.538	5.631	5.723	5.816	5.908	6.000	6.091	6.183	6.274
101	5.552	5.647	5.741	5.835	5.929	6.023	6.117	6.210	6.304	6.397
102	5.660	5.756	5.853	5.948	6.044	6.140	6.235	6.330	6.425	6.520
103	5.769	5.867	5.965	6.063	6.160	6.257	6.354	6.451	6.548	6.645
104	5.879	5.979	6.078	6.178	6.277	6.376	6.475	6.574	6.672	6.771
105	5.990	6.091	6.193	6.294	6.395	6.496	6.597	6.697	6.798	6.898
106	6.101	6.205	6.308	6.411	6.514	6.617	6.720	6.822	6.924	7.026
107	6.214	6.320	6.425	6.530	6.635	6.739	6.843	6.948	7.051	7.155
108	6.328	6.436	6.543	6.649	6.756	6.862	6.969	7.074	7.180	7.286
109	6.443	6.552	6.661	6.770	6.878	6.987	7.095	7.203	7.310	7.417
110	6.559	6.670	6.781	6.892	7.002	7.112	7.222	7.332	7.441	7.550
111	6.676	6.789	6.902	7.014	7.127	7.239	7.351	7.462	7.573	7.684
112	6.794	6.909	7.024	7.138	7.252	7.366	7.480	7.594	7.707	7.820
113	6.914	7.030	7.147	7.263	7.379	7.495	7.611	7.726	7.841	7.956
114	7.034	7.152	7.271	7.389	7.507	7.625	7.743	7.860	7.977	8.094
115	7.155	7.276	7.396	7.516	7.636	7.756	7.876	7.995	8.114	8.233

续表3

检尺径/cm	检尺长/m									
	6.0	6.1	6.2	6.3	6.4	6.5	6.6	6.7	6.8	6.9
	材积/m^3									
116	7.277	7.400	7.522	7.645	7.767	7.888	8.010	8.131	8.252	8.373
117	7.400	7.525	7.650	7.774	7.898	8.022	8.145	8.268	8.391	8.514
118	7.525	7.652	7.778	7.904	8.030	8.156	8.281	8.407	8.532	8.656
119	7.650	7.779	7.907	8.036	8.164	8.292	8.419	8.546	8.673	8.800
120	7.776	7.907	8.038	8.168	8.298	8.428	8.558	8.687	8.816	8.944

续表3

检尺径/cm	检尺长/m									
	7.0	7.1	7.2	7.3	7.4	7.5	7.6	7.7	7.8	7.9
	材积/m^3									
14	0.176	0.180	0.184	0.187	0.191	0.195	0.199	0.203	0.206	0.210
15	0.198	0.202	0.206	0.210	0.214	0.218	0.222	0.226	0.230	0.235
16	0.220	0.224	0.229	0.233	0.238	0.242	0.247	0.251	0.256	0.260
17	0.243	0.248	0.253	0.258	0.263	0.267	0.272	0.277	0.282	0.287
18	0.268	0.273	0.278	0.284	0.289	0.294	0.300	0.305	0.310	0.316
19	0.294	0.300	0.305	0.311	0.317	0.322	0.328	0.334	0.340	0.345
20	0.321	0.327	0.333	0.339	0.345	0.351	0.358	0.364	0.370	0.376
21	0.350	0.356	0.362	0.369	0.375	0.382	0.389	0.395	0.402	0.409
22	0.379	0.386	0.393	0.400	0.407	0.414	0.421	0.428	0.435	0.442
23	0.410	0.417	0.425	0.432	0.439	0.447	0.455	0.462	0.470	0.477
24	0.442	0.450	0.457	0.465	0.473	0.481	0.489	0.497	0.506	0.514
25	0.475	0.483	0.492	0.500	0.508	0.517	0.526	0.534	0.543	0.551
26	0.509	0.518	0.527	0.536	0.545	0.554	0.563	0.572	0.581	0.591
27	0.545	0.554	0.563	0.573	0.583	0.592	0.602	0.611	0.621	0.631
28	0.581	0.591	0.601	0.611	0.621	0.632	0.642	0.652	0.662	0.673
29	0.619	0.630	0.640	0.651	0.662	0.672	0.683	0.694	0.705	0.716
30	0.658	0.669	0.681	0.692	0.703	0.714	0.726	0.737	0.748	0.760

续表3

检尺径/cm	检尺长/m									
	7.0	7.1	7.2	7.3	7.4	7.5	7.6	7.7	7.8	7.9
	材积/m^3									
31	0.699	0.710	0.722	0.734	0.746	0.758	0.770	0.782	0.794	0.806
32	0.740	0.752	0.765	0.777	0.790	0.802	0.815	0.827	0.840	0.853
33	0.783	0.796	0.809	0.822	0.835	0.848	0.861	0.874	0.888	0.901
34	0.827	0.840	0.854	0.868	0.881	0.895	0.909	0.923	0.937	0.951
35	0.872	0.886	0.900	0.915	0.929	0.943	0.958	0.973	0.987	1.002
36	0.918	0.933	0.948	0.963	0.978	0.993	1.008	1.024	1.039	1.054
37	0.965	0.981	0.997	1.012	1.028	1.044	1.060	1.076	1.092	1.108
38	1.014	1.030	1.047	1.063	1.080	1.096	1.113	1.129	1.146	1.163
39	1.064	1.081	1.098	1.115	1.132	1.150	1.167	1.184	1.202	1.219
40	1.115	1.133	1.151	1.169	1.186	1.204	1.223	1.241	1.259	1.277
41	1.167	1.186	1.204	1.223	1.242	1.261	1.279	1.298	1.317	1.336
42	1.221	1.240	1.259	1.279	1.298	1.318	1.337	1.357	1.377	1.396
43	1.275	1.295	1.316	1.336	1.356	1.376	1.397	1.417	1.438	1.458
44	1.331	1.352	1.373	1.394	1.415	1.436	1.457	1.479	1.500	1.521
45	1.388	1.410	1.432	1.453	1.475	1.497	1.519	1.541	1.563	1.585
46	1.446	1.469	1.492	1.514	1.537	1.560	1.583	1.605	1.628	1.651
47	1.506	1.529	1.553	1.576	1.600	1.623	1.647	1.671	1.694	1.718

续表3

检尺径/cm	检尺长/m									
	7.0	7.1	7.2	7.3	7.4	7.5	7.6	7.7	7.8	7.9
	材积/m^3									
48	1.566	1.591	1.615	1.639	1.664	1.688	1.713	1.737	1.762	1.786
49	1.628	1.653	1.679	1.704	1.729	1.755	1.780	1.805	1.831	1.856
50	1.691	1.717	1.743	1.770	1.796	1.822	1.848	1.875	1.901	1.927
51	1.755	1.782	1.809	1.836	1.864	1.891	1.918	1.945	1.972	2.000
52	1.821	1.849	1.877	1.905	1.933	1.961	1.989	2.017	2.045	2.073
53	1.887	1.916	1.945	1.974	2.003	2.032	2.061	2.090	2.119	2.148
54	1.955	1.985	2.015	2.045	2.075	2.105	2.135	2.165	2.195	2.225
55	2.024	2.055	2.086	2.117	2.148	2.178	2.209	2.240	2.271	2.302
56	2.094	2.126	2.158	2.190	2.222	2.254	2.286	2.317	2.349	2.381
57	2.165	2.198	2.231	2.264	2.297	2.330	2.363	2.396	2.429	2.462
58	2.238	2.272	2.306	2.340	2.374	2.408	2.442	2.476	2.510	2.543
59	2.312	2.347	2.382	2.417	2.452	2.487	2.522	2.557	2.592	2.627
60	2.387	2.423	2.459	2.495	2.531	2.567	2.603	2.639	2.675	2.711
61	2.463	2.500	2.537	2.574	2.611	2.648	2.685	2.722	2.760	2.797
62	2.540	2.578	2.617	2.655	2.693	2.731	2.769	2.807	2.845	2.884
63	2.619	2.658	2.697	2.737	2.776	2.815	2.854	2.894	2.933	2.972
64	2.699	2.739	2.779	2.820	2.860	2.900	2.941	2.981	3.021	3.062

续表3

检尺径/cm	检尺长/m									
	7.0	7.1	7.2	7.3	7.4	7.5	7.6	7.7	7.8	7.9
	材积/m^3									
65	2.779	2.821	2.863	2.904	2.946	2.987	3.028	3.070	3.111	3.153
66	2.862	2.904	2.947	2.990	3.032	3.075	3.117	3.160	3.203	3.245
67	2.945	2.989	3.033	3.076	3.120	3.164	3.208	3.251	3.295	3.339
68	3.029	3.075	3.119	3.164	3.209	3.254	3.299	3.344	3.389	3.434
69	3.115	3.161	3.208	3.254	3.300	3.346	3.392	3.438	3.484	3.530
70	3.202	3.250	3.297	3.344	3.392	3.439	3.486	3.534	3.581	3.628
71	3.290	3.339	3.388	3.436	3.485	3.533	3.582	3.630	3.679	3.727
72	3.380	3.429	3.479	3.529	3.579	3.629	3.678	3.728	3.778	3.827
73	3.470	3.521	3.572	3.623	3.674	3.725	3.776	3.827	3.878	3.929
74	3.562	3.614	3.667	3.719	3.771	3.823	3.876	3.928	3.980	4.032
75	3.655	3.708	3.762	3.816	3.869	3.923	3.976	4.030	4.083	4.137
76	3.749	3.804	3.859	3.914	3.969	4.023	4.078	4.133	4.188	4.242
77	3.844	3.900	3.957	4.013	4.069	4.125	4.181	4.237	4.293	4.349
78	3.940	3.998	4.056	4.113	4.171	4.228	4.286	4.343	4.400	4.458
79	4.038	4.097	4.156	4.215	4.274	4.333	4.392	4.450	4.509	4.567
80	4.137	4.197	4.258	4.318	4.378	4.438	4.499	4.559	4.619	4.678
81	4.237	4.299	4.361	4.422	4.484	4.545	4.607	4.668	4.730	4.791

续表3

检尺径/cm	检尺长/m									
	7.0	7.1	7.2	7.3	7.4	7.5	7.6	7.7	7.8	7.9
	材积/m^3									
82	4.338	4.402	4.465	4.528	4.591	4.654	4.716	4.779	4.842	4.905
83	4.441	4.505	4.570	4.634	4.699	4.763	4.827	4.891	4.956	5.020
84	4.545	4.611	4.677	4.742	4.808	4.874	4.940	5.005	5.071	5.136
85	4.649	4.717	4.784	4.852	4.919	4.986	5.053	5.120	5.187	5.254
86	4.755	4.824	4.893	4.962	5.031	5.099	5.168	5.236	5.304	5.373
87	4.863	4.933	5.003	5.074	5.144	5.214	5.284	5.354	5.423	5.493
88	4.971	5.043	5.115	5.187	5.258	5.330	5.401	5.472	5.544	5.615
89	5.081	5.154	5.227	5.301	5.374	5.447	5.520	5.593	5.665	5.738
90	5.192	5.267	5.341	5.416	5.491	5.565	5.640	5.714	5.788	5.862
91	5.304	5.380	5.456	5.533	5.609	5.685	5.761	5.837	5.912	5.988
92	5.417	5.495	5.573	5.651	5.728	5.806	5.883	5.961	6.038	6.115
93	5.531	5.611	5.690	5.770	5.849	5.928	6.007	6.086	6.165	6.243
94	5.647	5.728	5.809	5.890	5.971	6.052	6.132	6.213	6.293	6.373
95	5.764	5.846	5.929	6.012	6.094	6.176	6.259	6.341	6.422	6.504
96	5.882	5.966	6.050	6.135	6.219	6.302	6.386	6.470	6.553	6.637
97	6.001	6.087	6.173	6.259	6.344	6.430	6.515	6.600	6.685	6.770
98	6.121	6.209	6.297	6.384	6.471	6.558	6.645	6.732	6.819	6.905

续表3

检尺径/cm	检尺长/m									
	7.0	7.1	7.2	7.3	7.4	7.5	7.6	7.7	7.8	7.9
	材积/m^3									
99	6.243	6.332	6.421	6.511	6.599	6.688	6.777	6.865	6.954	7.042
100	6.366	6.457	6.548	6.638	6.729	6.819	6.910	7.000	7.090	7.179
101	6.490	6.582	6.675	6.767	6.860	6.952	7.044	7.135	7.227	7.319
102	6.615	6.709	6.804	6.898	6.992	7.085	7.179	7.273	7.366	7.459
103	6.741	6.837	6.933	7.029	7.125	7.220	7.316	7.411	7.506	7.601
104	6.869	6.967	7.065	7.162	7.259	7.357	7.454	7.551	7.647	7.744
105	6.998	7.097	7.197	7.296	7.395	7.494	7.593	7.692	7.790	7.888
106	7.128	7.229	7.330	7.431	7.532	7.633	7.733	7.834	7.934	8.034
107	7.259	7.362	7.465	7.568	7.671	7.773	7.875	7.977	8.079	8.181
108	7.391	7.496	7.601	7.706	7.810	7.914	8.018	8.122	8.226	8.329
109	7.525	7.632	7.738	7.845	7.951	8.057	8.163	8.268	8.374	8.479
110	7.659	7.768	7.877	7.985	8.093	8.201	8.308	8.416	8.523	8.630
111	7.795	7.906	8.016	8.126	8.236	8.346	8.455	8.565	8.674	8.782
112	7.932	8.045	8.157	8.269	8.381	8.492	8.604	8.715	8.826	8.936
113	8.071	8.185	8.299	8.413	8.527	8.640	8.753	8.866	8.979	9.091
114	8.210	8.327	8.443	8.558	8.674	8.789	8.904	9.019	9.133	9.248
115	8.351	8.469	8.587	8.705	8.822	8.939	9.056	9.173	9.289	9.405

续表3

检尺径/cm	检尺长/m									
	7.0	7.1	7.2	7.3	7.4	7.5	7.6	7.7	7.8	7.9
	材积/m³									
116	8.493	8.613	8.733	8.852	8.972	9.091	9.210	9.328	9.446	9.564
117	8.636	8.758	8.880	9.001	9.123	9.244	9.364	9.485	9.605	9.725
118	8.780	8.904	9.028	9.152	9.275	9.398	9.520	9.643	9.765	9.887
119	8.926	9.052	9.178	9.303	9.428	9.553	9.678	9.802	9.926	10.050
120	9.073	9.201	9.328	9.456	9.583	9.710	9.836	9.962	10.088	10.214

续表3

检尺径/cm	检尺长/m									
	8.0	8.1	8.2	8.3	8.4	8.5	8.6	8.7	8.8	8.9
	材积/m^3									
14	0.214	0.218	0.222	0.226	0.230	0.234	0.239	0.243	0.247	0.251
15	0.239	0.243	0.248	0.252	0.256	0.261	0.266	0.270	0.275	0.279
16	0.265	0.270	0.274	0.279	0.284	0.289	0.294	0.299	0.304	0.309
17	0.292	0.297	0.303	0.308	0.313	0.318	0.324	0.329	0.334	0.340
18	0.321	0.327	0.332	0.338	0.343	0.349	0.355	0.361	0.366	0.372
19	0.351	0.357	0.363	0.369	0.375	0.381	0.387	0.394	0.400	0.406
20	0.383	0.389	0.395	0.402	0.408	0.415	0.422	0.428	0.435	0.442
21	0.416	0.422	0.429	0.436	0.443	0.450	0.457	0.464	0.471	0.479
22	0.450	0.457	0.464	0.472	0.479	0.487	0.494	0.502	0.509	0.517
23	0.485	0.493	0.501	0.509	0.517	0.524	0.532	0.541	0.549	0.557
24	0.522	0.530	0.539	0.547	0.555	0.564	0.572	0.581	0.589	0.598
25	0.560	0.569	0.578	0.587	0.596	0.605	0.614	0.623	0.632	0.641
26	0.600	0.609	0.618	0.628	0.637	0.647	0.656	0.666	0.676	0.685
27	0.641	0.651	0.660	0.670	0.680	0.690	0.700	0.711	0.721	0.731
28	0.683	0.693	0.704	0.714	0.725	0.735	0.746	0.757	0.767	0.778
29	0.727	0.737	0.749	0.760	0.771	0.782	0.793	0.804	0.816	0.827
30	0.771	0.783	0.795	0.806	0.818	0.830	0.842	0.853	0.865	0.877

续表3

检尺径/cm	检尺长/m									
	8.0	8.1	8.2	8.3	8.4	8.5	8.6	8.7	8.8	8.9
	材积/m^3									
31	0.818	0.830	0.842	0.854	0.867	0.879	0.891	0.904	0.916	0.929
32	0.865	0.878	0.891	0.904	0.917	0.930	0.943	0.956	0.969	0.982
33	0.914	0.928	0.941	0.955	0.968	0.982	0.996	1.009	1.023	1.037
34	0.965	0.979	0.993	1.007	1.021	1.035	1.050	1.064	1.078	1.093
35	1.016	1.031	1.046	1.061	1.076	1.090	1.105	1.120	1.135	1.150
36	1.069	1.085	1.100	1.116	1.131	1.147	1.162	1.178	1.194	1.210
37	1.124	1.140	1.156	1.172	1.188	1.205	1.221	1.237	1.254	1.270
38	1.180	1.196	1.213	1.230	1.247	1.264	1.281	1.298	1.315	1.332
39	1.237	1.254	1.272	1.289	1.307	1.325	1.342	1.360	1.378	1.396
40	1.295	1.313	1.332	1.350	1.368	1.387	1.405	1.424	1.442	1.461
41	1.355	1.374	1.393	1.412	1.431	1.450	1.469	1.489	1.508	1.527
42	1.416	1.436	1.456	1.475	1.495	1.515	1.535	1.555	1.575	1.595
43	1.478	1.499	1.520	1.540	1.561	1.581	1.602	1.623	1.644	1.665
44	1.542	1.564	1.585	1.606	1.628	1.649	1.671	1.692	1.714	1.736
45	1.607	1.630	1.652	1.674	1.696	1.718	1.741	1.763	1.786	1.808
46	1.674	1.697	1.720	1.743	1.766	1.789	1.812	1.835	1.859	1.882
47	1.742	1.766	1.789	1.813	1.837	1.861	1.885	1.909	1.933	1.957

续表3

检尺径/cm	检尺长/m									
	8.0	8.1	8.2	8.3	8.4	8.5	8.6	8.7	8.8	8.9
	材积/m^3									
48	1.811	1.836	1.860	1.885	1.910	1.935	1.959	1.984	2.009	2.034
49	1.882	1.907	1.933	1.958	1.984	2.010	2.035	2.061	2.087	2.113
50	1.954	1.980	2.006	2.033	2.059	2.086	2.112	2.139	2.166	2.192
51	2.027	2.054	2.081	2.109	2.136	2.164	2.191	2.219	2.246	2.274
52	2.101	2.130	2.158	2.186	2.214	2.243	2.271	2.300	2.328	2.356
53	2.177	2.207	2.236	2.265	2.294	2.323	2.353	2.382	2.411	2.441
54	2.255	2.285	2.315	2.345	2.375	2.405	2.436	2.466	2.496	2.526
55	2.333	2.364	2.395	2.427	2.458	2.489	2.520	2.551	2.582	2.614
56	2.413	2.445	2.477	2.509	2.542	2.574	2.606	2.638	2.670	2.702
57	2.495	2.528	2.561	2.594	2.627	2.660	2.693	2.726	2.759	2.793
58	2.577	2.611	2.645	2.680	2.714	2.748	2.782	2.816	2.850	2.884
59	2.662	2.697	2.732	2.767	2.802	2.837	2.872	2.907	2.942	2.977
60	2.747	2.783	2.819	2.855	2.891	2.927	2.963	3.000	3.036	3.072
61	2.834	2.871	2.908	2.945	2.982	3.019	3.056	3.094	3.131	3.168
62	2.922	2.960	2.998	3.036	3.074	3.113	3.151	3.189	3.227	3.266
63	3.011	3.050	3.090	3.129	3.168	3.207	3.247	3.286	3.325	3.365
64	3.102	3.142	3.183	3.223	3.263	3.304	3.344	3.384	3.425	3.465

续表3

检尺径/cm	检尺长/m									
	8.0	8.1	8.2	8.3	8.4	8.5	8.6	8.7	8.8	8.9
	材积/m^3									
65	3.194	3.236	3.277	3.318	3.360	3.401	3.443	3.484	3.526	3.567
66	3.288	3.330	3.373	3.415	3.458	3.500	3.543	3.586	3.628	3.671
67	3.383	3.426	3.470	3.514	3.557	3.601	3.645	3.688	3.732	3.776
68	3.479	3.524	3.568	3.613	3.658	3.703	3.748	3.792	3.837	3.882
69	3.576	3.622	3.668	3.714	3.760	3.806	3.852	3.898	3.944	3.990
70	3.675	3.722	3.770	3.817	3.864	3.911	3.958	4.005	4.052	4.100
71	3.775	3.824	3.872	3.920	3.969	4.017	4.065	4.114	4.162	4.210
72	3.877	3.927	3.976	4.026	4.075	4.125	4.174	4.224	4.273	4.323
73	3.980	4.031	4.082	4.132	4.183	4.234	4.285	4.335	4.386	4.437
74	4.084	4.136	4.188	4.240	4.292	4.344	4.396	4.448	4.500	4.552
75	4.190	4.243	4.296	4.350	4.403	4.456	4.509	4.563	4.616	4.669
76	4.297	4.351	4.406	4.460	4.515	4.569	4.624	4.678	4.733	4.787
77	4.405	4.461	4.517	4.573	4.628	4.684	4.740	4.796	4.851	4.907
78	4.515	4.572	4.629	4.686	4.743	4.800	4.857	4.914	4.971	5.028
79	4.626	4.684	4.743	4.801	4.860	4.918	4.976	5.034	5.093	5.151
80	4.738	4.798	4.858	4.918	4.977	5.037	5.096	5.156	5.216	5.275
81	4.852	4.913	4.974	5.035	5.096	5.157	5.218	5.279	5.340	5.401

续表3

检尺径/cm	检尺长/m									
	8.0	8.1	8.2	8.3	8.4	8.5	8.6	8.7	8.8	8.9
	材积/m^3									
82	4.967	5.030	5.092	5.154	5.217	5.279	5.341	5.404	5.466	5.528
83	5.084	5.147	5.211	5.275	5.339	5.402	5.466	5.530	5.593	5.657
84	5.201	5.267	5.332	5.397	5.462	5.527	5.592	5.657	5.722	5.787
85	5.320	5.387	5.454	5.520	5.587	5.653	5.720	5.786	5.852	5.918
86	5.441	5.509	5.577	5.645	5.713	5.781	5.848	5.916	5.984	6.052
87	5.563	5.632	5.702	5.771	5.840	5.910	5.979	6.048	6.117	6.186
88	5.686	5.757	5.828	5.899	5.969	6.040	6.111	6.181	6.252	6.322
89	5.810	5.883	5.955	6.027	6.100	6.172	6.244	6.316	6.388	6.460
90	5.936	6.010	6.084	6.158	6.231	6.305	6.379	6.452	6.525	6.599
91	6.063	6.139	6.214	6.289	6.365	6.440	6.515	6.590	6.664	6.739
92	6.192	6.269	6.346	6.423	6.499	6.576	6.652	6.729	6.805	6.881
93	6.322	6.400	6.479	6.557	6.635	6.713	6.791	6.869	6.947	7.025
94	6.453	6.533	6.613	6.693	6.773	6.852	6.932	7.011	7.090	7.170
95	6.586	6.667	6.749	6.830	6.911	6.992	7.073	7.154	7.235	7.316
96	6.720	6.803	6.886	6.969	7.052	7.134	7.217	7.299	7.382	7.464
97	6.855	6.940	7.024	7.109	7.193	7.277	7.361	7.446	7.529	7.613
98	6.992	7.078	7.164	7.250	7.336	7.422	7.508	7.593	7.679	7.764

续表3

检尺径/cm	检尺长/m									
	8.0	8.1	8.2	8.3	8.4	8.5	8.6	8.7	8.8	8.9
	材积/m^3									
99	7.130	7.218	7.305	7.393	7.481	7.568	7.655	7.742	7.830	7.917
100	7.269	7.359	7.448	7.537	7.626	7.715	7.804	7.893	7.982	8.070
101	7.410	7.501	7.592	7.683	7.774	7.864	7.955	8.045	8.135	8.226
102	7.552	7.645	7.737	7.830	7.922	8.015	8.107	8.199	8.291	8.383
103	7.695	7.790	7.884	7.978	8.072	8.166	8.260	8.354	8.447	8.541
104	7.840	7.936	8.032	8.128	8.224	8.319	8.415	8.510	8.605	8.701
105	7.986	8.084	8.182	8.279	8.377	8.474	8.571	8.668	8.765	8.862
106	8.134	8.233	8.333	8.432	8.531	8.630	8.729	8.827	8.926	9.024
107	8.282	8.384	8.485	8.586	8.687	8.787	8.888	8.988	9.088	9.189
108	8.433	8.536	8.638	8.741	8.844	8.946	9.048	9.150	9.252	9.354
109	8.584	8.689	8.793	8.898	9.002	9.106	9.210	9.314	9.418	9.521
110	8.737	8.843	8.950	9.056	9.162	9.268	9.374	9.479	9.585	9.690
111	8.891	8.999	9.108	9.216	9.323	9.431	9.539	9.646	9.753	9.860
112	9.047	9.157	9.267	9.377	9.486	9.596	9.705	9.814	9.923	10.032
113	9.203	9.316	9.427	9.539	9.650	9.762	9.873	9.983	10.094	10.205
114	9.362	9.476	9.589	9.703	9.816	9.929	10.042	10.154	10.267	10.379
115	9.521	9.637	9.752	9.868	9.983	10.098	10.212	10.327	10.441	10.555

续表3

检尺径/cm	检尺长/m									
	8.0	8.1	8.2	8.3	8.4	8.5	8.6	8.7	8.8	8.9
	材积/m^3									
116	9.682	9.800	9.917	10.034	10.151	10.268	10.384	10.501	10.617	10.733
117	9.845	9.964	10.083	10.202	10.321	10.439	10.558	10.676	10.794	10.912
118	10.008	10.130	10.251	10.371	10.492	10.613	10.733	10.853	10.973	11.092
119	10.173	10.296	10.419	10.542	10.665	10.787	10.909	11.031	11.153	11.274
120	10.339	10.465	10.590	10.714	10.839	10.963	11.087	11.211	11.334	11.458

续表3

检尺径/cm	检尺长/m										
	9.0	9.1	9.2	9.3	9.4	9.5	9.6	9.7	9.8	9.9	10.0
	材积/m³										
14	0.256	0.260	0.264	0.269	0.273	0.278	0.282	0.287	0.292	0.296	0.301
15	0.284	0.289	0.294	0.298	0.303	0.308	0.313	0.318	0.323	0.328	0.333
16	0.314	0.319	0.324	0.329	0.335	0.340	0.345	0.351	0.356	0.362	0.367
17	0.345	0.351	0.356	0.362	0.368	0.373	0.379	0.385	0.391	0.397	0.403
18	0.378	0.384	0.390	0.396	0.402	0.408	0.414	0.421	0.427	0.433	0.440
19	0.413	0.419	0.425	0.432	0.438	0.445	0.451	0.458	0.465	0.472	0.478
20	0.448	0.455	0.462	0.469	0.476	0.483	0.490	0.497	0.504	0.511	0.519
21	0.486	0.493	0.500	0.508	0.515	0.523	0.530	0.538	0.545	0.553	0.561
22	0.525	0.532	0.540	0.548	0.556	0.564	0.572	0.580	0.588	0.596	0.604
23	0.565	0.573	0.581	0.590	0.598	0.607	0.615	0.624	0.632	0.641	0.650
24	0.607	0.616	0.624	0.633	0.642	0.651	0.660	0.669	0.678	0.687	0.697
25	0.650	0.659	0.669	0.678	0.687	0.697	0.706	0.716	0.726	0.735	0.745
26	0.695	0.705	0.715	0.724	0.734	0.744	0.754	0.765	0.775	0.785	0.795
27	0.741	0.752	0.762	0.772	0.783	0.793	0.804	0.815	0.825	0.836	0.847
28	0.789	0.800	0.811	0.822	0.833	0.844	0.855	0.866	0.878	0.889	0.900
29	0.838	0.850	0.861	0.873	0.885	0.896	0.908	0.920	0.932	0.944	0.956
30	0.889	0.901	0.913	0.926	0.938	0.950	0.962	0.975	0.987	1.000	1.012

续表3

检尺径/cm	检尺长/m										
	9.0	9.1	9.2	9.3	9.4	9.5	9.6	9.7	9.8	9.9	10.0
	材积/m³										
31	0.941	0.954	0.967	0.980	0.992	1.005	1.018	1.031	1.044	1.057	1.071
32	0.995	1.009	1.022	1.035	1.049	1.062	1.076	1.089	1.103	1.117	1.131
33	1.051	1.064	1.078	1.092	1.106	1.121	1.135	1.149	1.163	1.178	1.192
34	1.107	1.122	1.136	1.151	1.166	1.181	1.195	1.210	1.225	1.240	1.255
35	1.166	1.181	1.196	1.211	1.227	1.242	1.258	1.273	1.289	1.305	1.320
36	1.225	1.241	1.257	1.273	1.289	1.305	1.321	1.338	1.354	1.370	1.387
37	1.287	1.303	1.320	1.337	1.353	1.370	1.387	1.404	1.421	1.438	1.455
38	1.349	1.367	1.384	1.401	1.419	1.436	1.454	1.471	1.489	1.507	1.525
39	1.414	1.432	1.450	1.468	1.486	1.504	1.522	1.541	1.559	1.578	1.596
40	1.479	1.498	1.517	1.536	1.555	1.574	1.593	1.612	1.631	1.650	1.669
41	1.547	1.566	1.586	1.605	1.625	1.644	1.664	1.684	1.704	1.724	1.744
42	1.615	1.636	1.656	1.676	1.697	1.717	1.737	1.758	1.779	1.799	1.820
43	1.686	1.707	1.728	1.749	1.770	1.791	1.812	1.834	1.855	1.877	1.898
44	1.757	1.779	1.801	1.823	1.845	1.867	1.889	1.911	1.933	1.955	1.978
45	1.831	1.853	1.876	1.898	1.921	1.944	1.967	1.990	2.013	2.036	2.059
46	1.905	1.929	1.952	1.976	1.999	2.023	2.046	2.070	2.094	2.118	2.142
47	1.981	2.006	2.030	2.054	2.079	2.103	2.128	2.152	2.177	2.201	2.226

续表3

检尺径/cm	检尺长/m										
	9.0	9.1	9.2	9.3	9.4	9.5	9.6	9.7	9.8	9.9	10.0
	材积/m^3										
48	2.059	2.084	2.109	2.135	2.160	2.185	2.210	2.236	2.261	2.287	2.312
49	2.138	2.164	2.190	2.216	2.242	2.268	2.295	2.321	2.347	2.374	2.400
50	2.219	2.246	2.273	2.300	2.327	2.354	2.381	2.408	2.435	2.462	2.489
51	2.301	2.329	2.357	2.384	2.412	2.440	2.468	2.496	2.524	2.552	2.580
52	2.385	2.414	2.442	2.471	2.500	2.528	2.557	2.586	2.615	2.644	2.673
53	2.470	2.500	2.529	2.559	2.588	2.618	2.648	2.678	2.707	2.737	2.767
54	2.557	2.587	2.618	2.648	2.679	2.709	2.740	2.771	2.802	2.832	2.863
55	2.645	2.676	2.708	2.739	2.771	2.802	2.834	2.865	2.897	2.929	2.961
56	2.735	2.767	2.799	2.832	2.864	2.897	2.929	2.962	2.995	3.027	3.060
57	2.826	2.859	2.892	2.926	2.959	2.993	3.026	3.060	3.093	3.127	3.161
58	2.918	2.953	2.987	3.021	3.056	3.090	3.125	3.159	3.194	3.229	3.263
59	3.013	3.048	3.083	3.118	3.154	3.189	3.225	3.260	3.296	3.332	3.368
60	3.108	3.144	3.181	3.217	3.254	3.290	3.327	3.363	3.400	3.436	3.473
61	3.205	3.243	3.280	3.317	3.355	3.392	3.430	3.467	3.505	3.543	3.581
62	3.304	3.342	3.381	3.419	3.458	3.496	3.535	3.573	3.612	3.651	3.690
63	3.404	3.443	3.483	3.522	3.562	3.601	3.641	3.681	3.721	3.760	3.800
64	3.506	3.546	3.587	3.627	3.668	3.708	3.749	3.790	3.831	3.872	3.912

续表3

检尺径/cm	检尺长/m										
	9.0	9.1	9.2	9.3	9.4	9.5	9.6	9.7	9.8	9.9	10.0
	材积/m^3										
65	3.609	3.650	3.692	3.734	3.775	3.817	3.859	3.901	3.942	3.984	4.026
66	3.713	3.756	3.799	3.841	3.884	3.927	3.970	4.013	4.056	4.099	4.142
67	3.819	3.863	3.907	3.951	3.995	4.039	4.083	4.127	4.171	4.215	4.259
68	3.927	3.972	4.017	4.062	4.107	4.152	4.197	4.242	4.287	4.333	4.378
69	4.036	4.082	4.128	4.174	4.220	4.267	4.313	4.359	4.405	4.452	4.498
70	4.147	4.194	4.241	4.288	4.336	4.383	4.430	4.478	4.525	4.573	4.620
71	4.259	4.307	4.356	4.404	4.452	4.501	4.549	4.598	4.647	4.695	4.744
72	4.372	4.422	4.471	4.521	4.571	4.620	4.670	4.720	4.770	4.820	4.869
73	4.487	4.538	4.589	4.640	4.691	4.741	4.792	4.843	4.894	4.945	4.996
74	4.604	4.656	4.708	4.760	4.812	4.864	4.916	4.968	5.020	5.073	5.125
75	4.722	4.775	4.828	4.882	4.935	4.988	5.041	5.095	5.148	5.202	5.255
76	4.842	4.896	4.950	5.005	5.059	5.114	5.168	5.223	5.278	5.332	5.387
77	4.963	5.018	5.074	5.130	5.185	5.241	5.297	5.353	5.409	5.465	5.521
78	5.085	5.142	5.199	5.256	5.313	5.370	5.427	5.484	5.541	5.599	5.656
79	5.209	5.267	5.326	5.384	5.442	5.500	5.559	5.617	5.676	5.734	5.793
80	5.335	5.394	5.454	5.513	5.573	5.632	5.692	5.752	5.811	5.871	5.931
81	5.462	5.523	5.583	5.644	5.705	5.766	5.827	5.888	5.949	6.010	6.071

续表3

检尺径/cm	检尺长/m										
	9.0	9.1	9.2	9.3	9.4	9.5	9.6	9.7	9.8	9.9	10.0
	材积/m^3										
82	5.590	5.652	5.715	5.777	5.839	5.901	5.963	6.026	6.088	6.150	6.213
83	5.720	5.784	5.847	5.911	5.974	6.038	6.101	6.165	6.229	6.292	6.356
84	5.852	5.917	5.981	6.046	6.111	6.176	6.241	6.306	6.371	6.436	6.501
85	5.985	6.051	6.117	6.183	6.250	6.316	6.382	6.448	6.515	6.581	6.648
86	6.119	6.187	6.254	6.322	6.390	6.457	6.525	6.593	6.660	6.728	6.796
87	6.255	6.324	6.393	6.462	6.531	6.600	6.669	6.738	6.807	6.877	6.946
88	6.393	6.463	6.534	6.604	6.674	6.745	6.815	6.886	6.956	7.027	7.097
89	6.532	6.604	6.675	6.747	6.819	6.891	6.963	7.034	7.106	7.178	7.250
90	6.672	6.745	6.819	6.892	6.965	7.038	7.112	7.185	7.258	7.332	7.405
91	6.814	6.889	6.964	7.038	7.113	7.188	7.262	7.337	7.412	7.487	7.561
92	6.958	7.034	7.110	7.186	7.262	7.338	7.415	7.491	7.567	7.643	7.719
93	7.102	7.180	7.258	7.335	7.413	7.491	7.568	7.646	7.724	7.801	7.879
94	7.249	7.328	7.407	7.486	7.566	7.645	7.724	7.803	7.882	7.961	8.040
95	7.397	7.478	7.558	7.639	7.720	7.800	7.881	7.961	8.042	8.123	8.203
96	7.546	7.629	7.711	7.793	7.875	7.957	8.039	8.121	8.204	8.286	8.368
97	7.697	7.781	7.865	7.948	8.032	8.116	8.199	8.283	8.367	8.450	8.534
98	7.850	7.935	8.020	8.105	8.191	8.276	8.361	8.446	8.531	8.617	8.702

续表3

检尺径/cm	检尺长/m										
	9.0	9.1	9.2	9.3	9.4	9.5	9.6	9.7	9.8	9.9	10.0
	材积/m^3										
99	8.004	8.090	8.177	8.264	8.351	8.438	8.524	8.611	8.698	8.785	8.871
100	8.159	8.247	8.336	8.424	8.513	8.601	8.689	8.778	8.866	8.954	9.043
101	8.316	8.406	8.496	8.586	8.676	8.766	8.856	8.946	9.035	9.125	9.215
102	8.474	8.566	8.658	8.749	8.841	8.932	9.024	9.115	9.207	9.298	9.390
103	8.634	8.727	8.821	8.914	9.007	9.100	9.193	9.286	9.379	9.473	9.566
104	8.796	8.890	8.985	9.080	9.175	9.270	9.364	9.459	9.554	9.649	9.743
105	8.958	9.055	9.152	9.248	9.344	9.441	9.537	9.633	9.730	9.826	9.923
106	9.123	9.221	9.319	9.417	9.515	9.613	9.711	9.809	9.907	10.005	10.103
107	9.289	9.389	9.488	9.588	9.688	9.788	9.887	9.987	10.087	10.186	10.286
108	9.456	9.558	9.659	9.761	9.862	9.964	10.065	10.166	10.268	10.369	10.470
109	9.625	9.728	9.832	9.935	10.038	10.141	10.244	10.347	10.450	10.553	10.656
110	9.795	9.900	10.005	10.110	10.215	10.320	10.425	10.529	10.634	10.739	10.843
111	9.967	10.074	10.181	10.287	10.394	10.500	10.607	10.713	10.820	10.926	11.033
112	10.140	10.249	10.357	10.466	10.574	10.682	10.791	10.899	11.007	11.115	11.223
113	10.315	10.426	10.536	10.646	10.756	10.866	10.976	11.086	11.196	11.306	11.416
114	10.492	10.604	10.716	10.828	10.939	11.051	11.163	11.275	11.386	11.498	11.610
115	10.669	10.783	10.897	11.011	11.124	11.238	11.351	11.465	11.578	11.692	11.805

续表3

检尺径/cm	检尺长/m										
	9.0	9.1	9.2	9.3	9.4	9.5	9.6	9.7	9.8	9.9	10.0
	材积/m^3										
116	10.849	10.964	11.080	11.196	11.311	11.426	11.542	11.657	11.772	11.887	12.002
117	11.030	11.147	11.265	11.382	11.499	11.616	11.733	11.850	11.967	12.084	12.201
118	11.212	11.331	11.451	11.570	11.689	11.808	11.927	12.045	12.164	12.283	12.402
119	11.396	11.517	11.638	11.759	11.880	12.001	12.121	12.242	12.363	12.483	12.604
120	11.581	11.704	11.827	11.950	12.073	12.195	12.318	12.440	12.563	12.685	12.808

表4　超长原木材积（检尺径14～120 cm，检尺长＞10.0 m）

检尺径/cm	检尺长/m								
	10.1	10.2	10.3	10.4	10.5	10.6	10.7	10.8	10.9
	材积/m^3								
14	0.293	0.298	0.302	0.307	0.311	0.316	0.321	0.325	0.330
15	0.325	0.330	0.335	0.339	0.344	0.349	0.354	0.360	0.365
16	0.358	0.363	0.369	0.374	0.379	0.385	0.390	0.396	0.401
17	0.393	0.399	0.404	0.410	0.416	0.422	0.428	0.434	0.439
18	0.429	0.435	0.442	0.448	0.454	0.460	0.467	0.473	0.480
19	0.467	0.474	0.481	0.487	0.494	0.501	0.508	0.514	0.521
20	0.507	0.514	0.521	0.528	0.536	0.543	0.550	0.557	0.565
21	0.548	0.556	0.563	0.571	0.579	0.587	0.594	0.602	0.610
22	0.591	0.599	0.607	0.616	0.624	0.632	0.640	0.649	0.657
23	0.636	0.644	0.653	0.662	0.670	0.679	0.688	0.697	0.706
24	0.682	0.691	0.700	0.709	0.719	0.728	0.737	0.747	0.756
25	0.730	0.739	0.749	0.759	0.769	0.779	0.788	0.798	0.809
26	0.779	0.789	0.800	0.810	0.820	0.831	0.841	0.852	0.862
27	0.830	0.841	0.852	0.863	0.874	0.885	0.896	0.907	0.918
28	0.883	0.894	0.906	0.917	0.929	0.940	0.952	0.964	0.976
29	0.937	0.949	0.961	0.973	0.985	0.998	1.010	1.022	1.035

续表4

检尺径/cm	检尺长/m								
	10.1	10.2	10.3	10.4	10.5	10.6	10.7	10.8	10.9
	材积/m³								
30	0.993	1.005	1.018	1.031	1.044	1.057	1.070	1.083	1.096
31	1.050	1.063	1.077	1.090	1.104	1.117	1.131	1.145	1.159
32	1.109	1.123	1.137	1.151	1.166	1.180	1.194	1.209	1.223
33	1.170	1.185	1.199	1.214	1.229	1.244	1.259	1.274	1.289
34	1.232	1.248	1.263	1.278	1.294	1.310	1.325	1.341	1.357
35	1.296	1.312	1.328	1.345	1.361	1.377	1.394	1.410	1.427
36	1.362	1.378	1.395	1.412	1.429	1.446	1.464	1.481	1.498
37	1.429	1.446	1.464	1.482	1.499	1.517	1.535	1.553	1.571
38	1.497	1.516	1.534	1.553	1.571	1.590	1.609	1.627	1.646
39	1.568	1.587	1.606	1.625	1.645	1.664	1.684	1.703	1.723
40	1.640	1.660	1.680	1.700	1.720	1.740	1.760	1.781	1.801
41	1.713	1.734	1.755	1.776	1.797	1.818	1.839	1.860	1.881
42	1.789	1.810	1.832	1.854	1.875	1.897	1.919	1.941	1.963
43	1.866	1.888	1.910	1.933	1.956	1.978	2.001	2.024	2.047
44	1.944	1.967	1.991	2.014	2.037	2.061	2.085	2.108	2.132
45	2.024	2.048	2.072	2.097	2.121	2.146	2.170	2.195	2.219
46	2.106	2.131	2.156	2.181	2.206	2.232	2.257	2.283	2.308

续表4

检尺径/cm	检尺长/m								
	10.1	10.2	10.3	10.4	10.5	10.6	10.7	10.8	10.9
	材积/m³								
47	2.189	2.215	2.241	2.267	2.293	2.320	2.346	2.372	2.399
48	2.274	2.301	2.328	2.355	2.382	2.409	2.436	2.464	2.491
49	2.360	2.388	2.416	2.444	2.472	2.500	2.529	2.557	2.585
50	2.449	2.477	2.506	2.535	2.564	2.593	2.622	2.652	2.681
51	2.538	2.568	2.598	2.628	2.658	2.688	2.718	2.748	2.779
52	2.630	2.660	2.691	2.722	2.753	2.784	2.815	2.847	2.878
53	2.723	2.754	2.786	2.818	2.850	2.882	2.914	2.947	2.979
54	2.817	2.850	2.883	2.916	2.949	2.982	3.015	3.049	3.082
55	2.914	2.947	2.981	3.015	3.049	3.083	3.118	3.152	3.186
56	3.011	3.046	3.081	3.116	3.151	3.187	3.222	3.257	3.293
57	3.111	3.147	3.183	3.219	3.255	3.291	3.328	3.364	3.401
58	3.212	3.249	3.286	3.323	3.360	3.398	3.435	3.473	3.511
59	3.315	3.353	3.391	3.429	3.468	3.506	3.545	3.583	3.622
60	3.419	3.458	3.497	3.537	3.576	3.616	3.656	3.695	3.735
61	3.525	3.565	3.606	3.646	3.687	3.728	3.768	3.809	3.850
62	3.633	3.674	3.716	3.757	3.799	3.841	3.883	3.925	3.967
63	3.742	3.784	3.827	3.870	3.913	3.956	3.999	4.042	4.086

续表4

检尺径/cm	检尺长/m								
	10.1	10.2	10.3	10.4	10.5	10.6	10.7	10.8	10.9
	材积/m³								
64	3.852	3.896	3.940	3.984	4.028	4.073	4.117	4.161	4.206
65	3.965	4.010	4.055	4.100	4.145	4.191	4.236	4.282	4.328
66	4.079	4.125	4.171	4.218	4.264	4.311	4.358	4.405	4.452
67	4.194	4.242	4.289	4.337	4.385	4.433	4.481	4.529	4.577
68	4.312	4.360	4.409	4.458	4.507	4.556	4.605	4.655	4.704
69	4.431	4.481	4.531	4.581	4.631	4.681	4.732	4.783	4.833
70	4.551	4.602	4.654	4.705	4.757	4.808	4.860	4.912	4.964
71	4.673	4.726	4.778	4.831	4.884	4.937	4.990	5.043	5.096
72	4.797	4.851	4.905	4.959	5.013	5.067	5.121	5.176	5.231
73	4.922	4.977	5.033	5.088	5.143	5.199	5.255	5.311	5.367
74	5.049	5.106	5.162	5.219	5.276	5.333	5.390	5.447	5.504
75	5.178	5.235	5.293	5.351	5.410	5.468	5.526	5.585	5.644
76	5.308	5.367	5.426	5.486	5.545	5.605	5.665	5.725	5.785
77	5.440	5.500	5.561	5.622	5.683	5.744	5.805	5.866	5.928
78	5.573	5.635	5.697	5.759	5.822	5.884	5.947	6.010	6.073
79	5.708	5.771	5.835	5.899	5.962	6.026	6.090	6.155	6.219
80	5.845	5.909	5.974	6.040	6.105	6.170	6.236	6.301	6.367

续表4

检尺径/cm	检尺长/m 10.1	10.2	10.3	10.4	10.5	10.6	10.7	10.8	10.9
	材积/m^3								
81	5.983	6.049	6.116	6.182	6.249	6.316	6.383	6.450	6.517
82	6.123	6.191	6.258	6.326	6.395	6.463	6.531	6.600	6.669
83	6.264	6.333	6.403	6.472	6.542	6.612	6.682	6.752	6.822
84	6.407	6.478	6.549	6.620	6.691	6.762	6.834	6.905	6.977
85	6.552	6.624	6.697	6.769	6.842	6.915	6.988	7.061	7.134
86	6.698	6.772	6.846	6.920	6.994	7.069	7.143	7.218	7.293
87	6.846	6.922	6.997	7.073	7.148	7.224	7.300	7.377	7.453
88	6.996	7.073	7.150	7.227	7.304	7.382	7.459	7.537	7.615
89	7.147	7.226	7.304	7.383	7.462	7.541	7.620	7.699	7.779
90	7.300	7.380	7.460	7.540	7.621	7.702	7.782	7.863	7.945
91	7.454	7.536	7.618	7.700	7.782	7.864	7.947	8.029	8.112
92	7.610	7.694	7.777	7.861	7.944	8.028	8.112	8.197	8.281
93	7.768	7.853	7.938	8.023	8.109	8.194	8.280	8.366	8.452
94	7.927	8.014	8.101	8.187	8.274	8.362	8.449	8.537	8.624
95	8.088	8.176	8.265	8.353	8.442	8.531	8.620	8.709	8.799
96	8.251	8.341	8.431	8.521	8.611	8.702	8.793	8.884	8.975
97	8.415	8.506	8.598	8.690	8.782	8.875	8.967	9.060	9.153

续表4

检尺径/cm	检尺长/m								
	10.1	10.2	10.3	10.4	10.5	10.6	10.7	10.8	10.9
	材积/m^3								
98	8.580	8.674	8.767	8.861	8.955	9.049	9.143	9.238	9.332
99	8.748	8.843	8.938	9.034	9.129	9.225	9.321	9.417	9.513
100	8.917	9.014	9.111	9.208	9.305	9.403	9.500	9.598	9.696
101	9.087	9.186	9.285	9.384	9.483	9.582	9.682	9.781	9.881
102	9.259	9.360	9.460	9.561	9.662	9.763	9.865	9.966	10.068
103	9.433	9.535	9.638	9.740	9.843	9.946	10.049	10.152	10.256
104	9.609	9.713	9.817	9.921	10.026	10.131	10.236	10.341	10.446
105	9.786	9.892	9.998	10.104	10.210	10.317	10.424	10.531	10.638
106	9.964	10.072	10.180	10.288	10.396	10.505	10.613	10.722	10.831
107	10.145	10.254	10.364	10.474	10.584	10.694	10.805	10.916	11.026
108	10.326	10.438	10.550	10.661	10.773	10.886	10.998	11.111	11.223
109	10.510	10.623	10.737	10.851	10.965	11.079	11.193	11.307	11.422
110	10.695	10.810	10.926	11.042	11.157	11.273	11.390	11.506	11.623
111	10.882	10.999	11.116	11.234	11.352	11.470	11.588	11.706	11.825
112	11.070	11.189	11.309	11.428	11.548	11.668	11.788	11.908	12.029
113	11.260	11.381	11.503	11.624	11.746	11.868	11.990	12.112	12.235
114	11.452	11.575	11.698	11.822	11.945	12.069	12.193	12.317	12.442

续表4

检尺径/cm	检尺长/m								
	10.1	10.2	10.3	10.4	10.5	10.6	10.7	10.8	10.9
	材积/m³								
115	11.645	11.770	11.895	12.021	12.146	12.272	12.398	12.525	12.651
116	11.840	11.967	12.094	12.222	12.349	12.477	12.605	12.734	12.862
117	12.036	12.165	12.295	12.424	12.554	12.684	12.814	12.944	13.075
118	12.234	12.365	12.497	12.628	12.760	12.892	13.024	13.157	13.289
119	12.434	12.567	12.700	12.834	12.968	13.102	13.236	13.371	13.505
120	12.635	12.770	12.906	13.042	13.178	13.314	13.450	13.587	13.723

续表4

检尺径/cm	检尺长/m									
	11.0	11.1	11.2	11.3	11.4	11.5	11.6	11.7	11.8	11.9
	材积/m^3									
14	0.335	0.339	0.344	0.349	0.354	0.359	0.364	0.369	0.374	0.379
15	0.370	0.375	0.380	0.385	0.391	0.396	0.401	0.407	0.412	0.418
16	0.407	0.412	0.418	0.424	0.429	0.435	0.441	0.447	0.453	0.459
17	0.446	0.452	0.458	0.464	0.470	0.476	0.482	0.489	0.495	0.501
18	0.486	0.492	0.499	0.506	0.512	0.519	0.526	0.532	0.539	0.546
19	0.528	0.535	0.542	0.549	0.556	0.564	0.571	0.578	0.585	0.593
20	0.572	0.580	0.587	0.595	0.602	0.610	0.618	0.625	0.633	0.641
21	0.618	0.626	0.634	0.642	0.650	0.658	0.667	0.675	0.683	0.691
22	0.665	0.674	0.683	0.691	0.700	0.708	0.717	0.726	0.735	0.744
23	0.715	0.724	0.733	0.742	0.751	0.760	0.770	0.779	0.788	0.798
24	0.766	0.775	0.785	0.795	0.804	0.814	0.824	0.834	0.844	0.854
25	0.819	0.829	0.839	0.849	0.860	0.870	0.880	0.891	0.901	0.912
26	0.873	0.884	0.895	0.906	0.916	0.927	0.938	0.949	0.961	0.972
27	0.929	0.941	0.952	0.964	0.975	0.987	0.998	1.010	1.022	1.034
28	0.988	1.000	1.012	1.024	1.036	1.048	1.060	1.072	1.085	1.097
29	1.047	1.060	1.073	1.085	1.098	1.111	1.124	1.137	1.150	1.163
30	1.109	1.122	1.136	1.149	1.162	1.176	1.189	1.203	1.217	1.230

续表4

检尺径/cm	检尺长/m									
	11.0	11.1	11.2	11.3	11.4	11.5	11.6	11.7	11.8	11.9
	材积/m^3									
31	1.172	1.186	1.200	1.214	1.228	1.243	1.257	1.271	1.285	1.300
32	1.238	1.252	1.267	1.281	1.296	1.311	1.326	1.341	1.356	1.371
33	1.304	1.320	1.335	1.350	1.366	1.381	1.397	1.413	1.428	1.444
34	1.373	1.389	1.405	1.421	1.437	1.454	1.470	1.486	1.503	1.519
35	1.443	1.460	1.477	1.494	1.511	1.528	1.545	1.562	1.579	1.596
36	1.516	1.533	1.551	1.568	1.586	1.604	1.621	1.639	1.657	1.675
37	1.590	1.608	1.626	1.644	1.663	1.681	1.700	1.719	1.737	1.756
38	1.665	1.684	1.703	1.722	1.742	1.761	1.780	1.800	1.819	1.839
39	1.743	1.762	1.782	1.802	1.822	1.842	1.863	1.883	1.903	1.924
40	1.822	1.842	1.863	1.884	1.905	1.926	1.947	1.968	1.989	2.010
41	1.903	1.924	1.946	1.967	1.989	2.011	2.033	2.054	2.076	2.098
42	1.986	2.008	2.030	2.053	2.075	2.098	2.120	2.143	2.166	2.189
43	2.070	2.093	2.116	2.140	2.163	2.186	2.210	2.234	2.257	2.281
44	2.156	2.180	2.204	2.228	2.253	2.277	2.301	2.326	2.351	2.375
45	2.244	2.269	2.294	2.319	2.344	2.370	2.395	2.420	2.446	2.471
46	2.334	2.360	2.386	2.412	2.438	2.464	2.490	2.516	2.543	2.569
47	2.425	2.452	2.479	2.506	2.533	2.560	2.587	2.614	2.642	2.669

续表4

检尺径/cm	检尺长/m									
	11.0	11.1	11.2	11.3	11.4	11.5	11.6	11.7	11.8	11.9
	材积/m^3									
48	2.519	2.546	2.574	2.602	2.630	2.658	2.686	2.714	2.743	2.771
49	2.614	2.642	2.671	2.700	2.729	2.758	2.787	2.816	2.845	2.875
50	2.711	2.740	2.770	2.800	2.829	2.859	2.889	2.920	2.950	2.980
51	2.809	2.840	2.870	2.901	2.932	2.963	2.994	3.025	3.056	3.088
52	2.909	2.941	2.973	3.004	3.036	3.068	3.100	3.132	3.165	3.197
53	3.012	3.044	3.077	3.110	3.142	3.175	3.209	3.242	3.275	3.308
54	3.115	3.149	3.183	3.217	3.250	3.284	3.319	3.353	3.387	3.421
55	3.221	3.256	3.290	3.325	3.360	3.395	3.430	3.466	3.501	3.537
56	3.328	3.364	3.400	3.436	3.472	3.508	3.544	3.581	3.617	3.654
57	3.438	3.474	3.511	3.548	3.585	3.623	3.660	3.697	3.735	3.772
58	3.548	3.586	3.624	3.662	3.701	3.739	3.777	3.816	3.855	3.893
59	3.661	3.700	3.739	3.778	3.818	3.857	3.897	3.936	3.976	4.016
60	3.775	3.816	3.856	3.896	3.937	3.977	4.018	4.059	4.100	4.141
61	3.892	3.933	3.974	4.016	4.057	4.099	4.141	4.183	4.225	4.267
62	4.010	4.052	4.095	4.137	4.180	4.223	4.266	4.309	4.352	4.396
63	4.129	4.173	4.217	4.260	4.304	4.348	4.393	4.437	4.481	4.526
64	4.251	4.295	4.340	4.385	4.431	4.476	4.521	4.567	4.612	4.658

续表4

检尺径/cm	检尺长/m									
	11.0	11.1	11.2	11.3	11.4	11.5	11.6	11.7	11.8	11.9
	材积/m^3									
65	4.374	4.420	4.466	4.512	4.559	4.605	4.652	4.698	4.745	4.792
66	4.499	4.546	4.593	4.641	4.688	4.736	4.784	4.832	4.880	4.928
67	4.625	4.674	4.723	4.771	4.820	4.869	4.918	4.967	5.017	5.066
68	4.754	4.804	4.854	4.904	4.954	5.004	5.054	5.105	5.155	5.206
69	4.884	4.935	4.986	5.038	5.089	5.141	5.192	5.244	5.296	5.348
70	5.016	5.069	5.121	5.174	5.226	5.279	5.332	5.385	5.438	5.492
71	5.150	5.204	5.257	5.311	5.365	5.419	5.474	5.528	5.582	5.637
72	5.285	5.340	5.395	5.451	5.506	5.561	5.617	5.673	5.729	5.785
73	5.423	5.479	5.535	5.592	5.649	5.705	5.762	5.819	5.877	5.934
74	5.562	5.619	5.677	5.735	5.793	5.851	5.910	5.968	6.027	6.085
75	5.703	5.762	5.821	5.880	5.939	5.999	6.059	6.118	6.178	6.238
76	5.845	5.906	5.966	6.027	6.087	6.148	6.209	6.271	6.332	6.393
77	5.990	6.051	6.113	6.175	6.237	6.300	6.362	6.425	6.488	6.550
78	6.136	6.199	6.262	6.326	6.389	6.453	6.517	6.581	6.645	6.709
79	6.283	6.348	6.413	6.478	6.543	6.608	6.673	6.739	6.804	6.870
80	6.433	6.499	6.565	6.632	6.698	6.765	6.832	6.899	6.966	7.033
81	6.584	6.652	6.720	6.787	6.855	6.924	6.992	7.060	7.129	7.197

续表4

检尺径/cm	检尺长/m									
	11.0	11.1	11.2	11.3	11.4	11.5	11.6	11.7	11.8	11.9
	材积/m³									
82	6.737	6.807	6.876	6.945	7.014	7.084	7.154	7.224	7.294	7.364
83	6.892	6.963	7.034	7.104	7.175	7.246	7.318	7.389	7.461	7.532
84	7.049	7.121	7.193	7.266	7.338	7.411	7.483	7.556	7.629	7.703
85	7.207	7.281	7.355	7.429	7.503	7.577	7.651	7.725	7.800	7.875
86	7.368	7.443	7.518	7.593	7.669	7.745	7.820	7.896	7.973	8.049
87	7.530	7.606	7.683	7.760	7.837	7.914	7.992	8.069	8.147	8.225
88	7.693	7.771	7.850	7.928	8.007	8.086	8.165	8.244	8.323	8.403
89	7.859	7.938	8.018	8.099	8.179	8.259	8.340	8.421	8.502	8.583
90	8.026	8.107	8.189	8.271	8.353	8.435	8.517	8.599	8.682	8.764
91	8.195	8.278	8.361	8.444	8.528	8.612	8.696	8.780	8.864	8.948
92	8.366	8.450	8.535	8.620	8.705	8.791	8.876	8.962	9.048	9.134
93	8.538	8.624	8.711	8.798	8.884	8.971	9.059	9.146	9.233	9.321
94	8.712	8.800	8.888	8.977	9.065	9.154	9.243	9.332	9.421	9.510
95	8.888	8.978	9.068	9.158	9.248	9.339	9.429	9.520	9.611	9.702
96	9.066	9.157	9.249	9.341	9.433	9.525	9.617	9.710	9.802	9.895
97	9.245	9.339	9.432	9.525	9.619	9.713	9.807	9.901	9.995	10.090
98	9.427	9.522	9.617	9.712	9.807	9.903	9.999	10.095	10.191	10.287

续表4

检尺径/cm	检尺长/m									
	11.0	11.1	11.2	11.3	11.4	11.5	11.6	11.7	11.8	11.9
	材积/m^3									
99	9.610	9.706	9.803	9.900	9.997	10.095	10.192	10.290	10.388	10.486
100	9.795	9.893	9.992	10.090	10.189	10.288	10.388	10.487	10.587	10.687
101	9.981	10.081	10.182	10.282	10.383	10.484	10.585	10.686	10.788	10.889
102	10.170	10.271	10.374	10.476	10.579	10.681	10.784	10.887	10.990	11.094
103	10.360	10.463	10.567	10.672	10.776	10.880	10.985	11.090	11.195	11.300
104	10.551	10.657	10.763	10.869	10.975	11.081	11.188	11.295	11.402	11.509
105	10.745	10.853	10.960	11.068	11.176	11.284	11.393	11.501	11.610	11.719
106	10.940	11.050	11.159	11.269	11.379	11.489	11.599	11.710	11.820	11.931
107	11.138	11.249	11.360	11.472	11.584	11.696	11.808	11.920	12.033	12.145
108	11.336	11.450	11.563	11.676	11.790	11.904	12.018	12.132	12.247	12.361
109	11.537	11.652	11.767	11.883	11.998	12.114	12.230	12.346	12.463	12.579
110	11.739	11.856	11.974	12.091	12.208	12.326	12.444	12.562	12.681	12.799
111	11.944	12.063	12.182	12.301	12.420	12.540	12.660	12.780	12.900	13.021
112	12.149	12.270	12.391	12.513	12.634	12.756	12.878	13.000	13.122	13.244
113	12.357	12.480	12.603	12.726	12.850	12.973	13.097	13.221	13.346	13.470
114	12.567	12.691	12.817	12.942	13.067	13.193	13.319	13.445	13.571	13.697
115	12.778	12.905	13.032	13.159	13.286	13.414	13.542	13.670	13.798	13.927

续表4

检尺径/cm	检尺长/m									
	11.0	11.1	11.2	11.3	11.4	11.5	11.6	11.7	11.8	11.9
	材积/m^3									
116	12.991	13.120	13.249	13.378	13.508	13.637	13.767	13.897	14.027	14.158
117	13.206	13.336	13.468	13.599	13.730	13.862	13.994	14.126	14.259	14.391
118	13.422	13.555	13.688	13.822	13.955	14.089	14.223	14.357	14.492	14.626
119	13.640	13.775	13.911	14.046	14.182	14.318	14.454	14.590	14.726	14.863
120	13.860	13.997	14.135	14.272	14.410	14.548	14.686	14.825	14.963	15.102

续表4

检尺径/cm	检尺长/m									
	12.0	12.1	12.2	12.3	12.4	12.5	12.6	12.7	12.8	12.9
	材积/m^3									
14	0.384	0.389	0.394	0.400	0.405	0.410	0.415	0.421	0.426	0.432
15	0.423	0.429	0.435	0.440	0.446	0.452	0.457	0.463	0.469	0.475
16	0.465	0.471	0.477	0.483	0.489	0.495	0.501	0.508	0.514	0.520
17	0.508	0.514	0.521	0.527	0.534	0.541	0.547	0.554	0.561	0.567
18	0.553	0.560	0.567	0.574	0.581	0.588	0.595	0.602	0.610	0.617
19	0.600	0.607	0.615	0.622	0.630	0.638	0.645	0.653	0.661	0.668
20	0.649	0.657	0.665	0.673	0.681	0.689	0.697	0.705	0.714	0.722
21	0.700	0.708	0.717	0.725	0.734	0.743	0.751	0.760	0.769	0.778
22	0.753	0.762	0.771	0.780	0.789	0.798	0.807	0.817	0.826	0.835
23	0.807	0.817	0.826	0.836	0.846	0.856	0.865	0.875	0.885	0.895
24	0.864	0.874	0.884	0.894	0.905	0.915	0.925	0.936	0.946	0.957
25	0.923	0.933	0.944	0.955	0.966	0.977	0.988	0.999	1.010	1.021
26	0.983	0.994	1.006	1.017	1.029	1.040	1.052	1.063	1.075	1.087
27	1.045	1.057	1.069	1.081	1.093	1.106	1.118	1.130	1.142	1.155
28	1.110	1.122	1.135	1.148	1.160	1.173	1.186	1.199	1.212	1.225
29	1.176	1.189	1.202	1.216	1.229	1.243	1.256	1.270	1.283	1.297
30	1.244	1.258	1.272	1.286	1.300	1.314	1.328	1.342	1.357	1.371

续表4

检尺径/cm	检尺长/m									
	12.0	12.1	12.2	12.3	12.4	12.5	12.6	12.7	12.8	12.9
	材积/m^3									
31	1.314	1.329	1.343	1.358	1.373	1.388	1.402	1.417	1.432	1.447
32	1.386	1.401	1.417	1.432	1.448	1.463	1.479	1.494	1.510	1.526
33	1.460	1.476	1.492	1.508	1.524	1.541	1.557	1.573	1.590	1.606
34	1.536	1.553	1.569	1.586	1.603	1.620	1.637	1.654	1.671	1.689
35	1.614	1.631	1.649	1.666	1.684	1.702	1.719	1.737	1.755	1.773
36	1.693	1.712	1.730	1.748	1.767	1.785	1.804	1.822	1.841	1.860
37	1.775	1.794	1.813	1.832	1.851	1.871	1.890	1.909	1.929	1.948
38	1.859	1.878	1.898	1.918	1.938	1.958	1.978	1.998	2.019	2.039
39	1.944	1.965	1.985	2.006	2.027	2.048	2.069	2.090	2.111	2.132
40	2.031	2.053	2.074	2.096	2.117	2.139	2.161	2.183	2.205	2.227
41	2.121	2.143	2.165	2.188	2.210	2.233	2.255	2.278	2.301	2.324
42	2.212	2.235	2.258	2.281	2.305	2.328	2.352	2.375	2.399	2.423
43	2.305	2.329	2.353	2.377	2.401	2.426	2.450	2.474	2.499	2.524
44	2.400	2.425	2.450	2.475	2.500	2.525	2.550	2.576	2.601	2.627
45	2.497	2.523	2.549	2.574	2.600	2.627	2.653	2.679	2.705	2.732
46	2.596	2.623	2.649	2.676	2.703	2.730	2.757	2.784	2.812	2.839
47	2.697	2.724	2.752	2.780	2.808	2.836	2.864	2.892	2.920	2.948

续表4

检尺径/cm	检尺长/m									
	12.0	12.1	12.2	12.3	12.4	12.5	12.6	12.7	12.8	12.9
	材积/m^3									
48	2.799	2.828	2.857	2.885	2.914	2.943	2.972	3.001	3.030	3.060
49	2.904	2.934	2.963	2.993	3.023	3.053	3.083	3.113	3.143	3.173
50	3.011	3.041	3.072	3.102	3.133	3.164	3.195	3.226	3.257	3.289
51	3.119	3.151	3.182	3.214	3.246	3.278	3.310	3.342	3.374	3.406
52	3.229	3.262	3.295	3.327	3.360	3.393	3.426	3.459	3.492	3.526
53	3.342	3.375	3.409	3.443	3.477	3.511	3.545	3.579	3.613	3.647
54	3.456	3.491	3.525	3.560	3.595	3.630	3.665	3.700	3.736	3.771
55	3.572	3.608	3.644	3.679	3.715	3.752	3.788	3.824	3.860	3.897
56	3.690	3.727	3.764	3.801	3.838	3.875	3.912	3.950	3.987	4.025
57	3.810	3.848	3.886	3.924	3.962	4.001	4.039	4.077	4.116	4.155
58	3.932	3.971	4.010	4.049	4.089	4.128	4.168	4.207	4.247	4.287
59	4.056	4.096	4.136	4.177	4.217	4.258	4.298	4.339	4.380	4.421
60	4.182	4.223	4.264	4.306	4.347	4.389	4.431	4.473	4.515	4.557
61	4.309	4.352	4.394	4.437	4.480	4.523	4.566	4.609	4.652	4.695
62	4.439	4.483	4.526	4.570	4.614	4.658	4.702	4.746	4.791	4.835
63	4.571	4.615	4.660	4.705	4.750	4.796	4.841	4.886	4.932	4.978
64	4.704	4.750	4.796	4.842	4.889	4.935	4.982	5.028	5.075	5.122

续表4

检尺径/cm	检尺长/m									
	12.0	12.1	12.2	12.3	12.4	12.5	12.6	12.7	12.8	12.9
	材积/m^3									
65	4.839	4.887	4.934	4.981	5.029	5.077	5.124	5.172	5.220	5.268
66	4.977	5.025	5.074	5.122	5.171	5.220	5.269	5.318	5.368	5.417
67	5.116	5.166	5.215	5.265	5.315	5.366	5.416	5.466	5.517	5.568
68	5.257	5.308	5.359	5.410	5.462	5.513	5.565	5.616	5.668	5.720
69	5.400	5.452	5.505	5.557	5.610	5.663	5.715	5.768	5.822	5.875
70	5.545	5.599	5.652	5.706	5.760	5.814	5.868	5.923	5.977	6.032
71	5.692	5.747	5.802	5.857	5.912	5.968	6.023	6.079	6.135	6.190
72	5.841	5.897	5.953	6.010	6.066	6.123	6.180	6.237	6.294	6.351
73	5.991	6.049	6.107	6.164	6.222	6.281	6.339	6.397	6.456	6.514
74	6.144	6.203	6.262	6.321	6.381	6.440	6.500	6.559	6.619	6.679
75	6.299	6.359	6.419	6.480	6.541	6.602	6.663	6.724	6.785	6.846
76	6.455	6.517	6.579	6.641	6.703	6.765	6.827	6.890	6.953	7.016
77	6.613	6.677	6.740	6.803	6.867	6.931	6.994	7.058	7.122	7.187
78	6.774	6.838	6.903	6.968	7.033	7.098	7.163	7.229	7.294	7.360
79	6.936	7.002	7.068	7.135	7.201	7.268	7.334	7.401	7.468	7.535
80	7.100	7.168	7.235	7.303	7.371	7.439	7.507	7.576	7.644	7.713
81	7.266	7.335	7.404	7.474	7.543	7.613	7.682	7.752	7.822	7.892

续表4

检尺径/cm	检尺长/m									
	12.0	12.1	12.2	12.3	12.4	12.5	12.6	12.7	12.8	12.9
	材积/m^3									
82	7.434	7.505	7.575	7.646	7.717	7.788	7.859	7.931	8.002	8.074
83	7.604	7.676	7.748	7.821	7.893	7.966	8.038	8.111	8.184	8.257
84	7.776	7.850	7.923	7.997	8.071	8.145	8.219	8.294	8.368	8.443
85	7.950	8.025	8.100	8.175	8.251	8.327	8.402	8.478	8.554	8.631
86	8.125	8.202	8.279	8.356	8.433	8.510	8.587	8.665	8.743	8.821
87	8.303	8.381	8.460	8.538	8.617	8.696	8.775	8.854	8.933	9.012
88	8.483	8.562	8.642	8.722	8.803	8.883	8.964	9.044	9.125	9.206
89	8.664	8.745	8.827	8.909	8.991	9.073	9.155	9.237	9.320	9.402
90	8.847	8.930	9.014	9.097	9.180	9.264	9.348	9.432	9.516	9.600
91	9.033	9.117	9.202	9.287	9.372	9.458	9.543	9.629	9.714	9.800
92	9.220	9.306	9.393	9.479	9.566	9.653	9.740	9.827	9.915	10.003
93	9.409	9.497	9.585	9.673	9.762	9.851	9.939	10.028	10.117	10.207
94	9.600	9.690	9.780	9.870	9.960	10.050	10.141	10.231	10.322	10.413
95	9.793	9.884	9.976	10.068	10.160	10.252	10.344	10.436	10.529	10.621
96	9.988	10.081	10.174	10.268	10.361	10.455	10.549	10.643	10.737	10.832
97	10.185	10.279	10.374	10.470	10.565	10.661	10.756	10.852	10.948	11.044
98	10.383	10.480	10.577	10.674	10.771	10.868	10.966	11.063	11.161	11.259

续表4

检尺径/cm	检尺长/m									
	12.0	12.1	12.2	12.3	12.4	12.5	12.6	12.7	12.8	12.9
	材积/m³									
99	10.584	10.682	10.781	10.880	10.979	11.078	11.177	11.276	11.376	11.476
100	10.787	10.887	10.987	11.088	11.188	11.289	11.390	11.491	11.593	11.694
101	10.991	11.093	11.195	11.297	11.400	11.503	11.605	11.708	11.812	11.915
102	11.197	11.301	11.405	11.509	11.614	11.718	11.823	11.928	12.033	12.138
103	11.406	11.511	11.617	11.723	11.829	11.936	12.042	12.149	12.256	12.363
104	11.616	11.723	11.831	11.939	12.047	12.155	12.263	12.372	12.481	12.590
105	11.828	11.937	12.047	12.157	12.267	12.377	12.487	12.597	12.708	12.819
106	12.042	12.153	12.265	12.376	12.488	12.600	12.712	12.824	12.937	13.050
107	12.258	12.371	12.485	12.598	12.712	12.826	12.940	13.054	13.168	13.283
108	12.476	12.591	12.706	12.822	12.937	13.053	13.169	13.285	13.401	13.518
109	12.696	12.813	12.930	13.047	13.165	13.283	13.400	13.519	13.637	13.755
110	12.918	13.037	13.156	13.275	13.394	13.514	13.634	13.754	13.874	13.995
111	13.141	13.262	13.383	13.505	13.626	13.748	13.869	13.991	14.114	14.236
112	13.367	13.490	13.613	13.736	13.859	13.983	14.107	14.231	14.355	14.479
113	13.595	13.719	13.844	13.970	14.095	14.221	14.346	14.472	14.599	14.725
114	13.824	13.951	14.078	14.205	14.332	14.460	14.588	14.716	14.844	14.972
115	14.055	14.184	14.313	14.442	14.572	14.702	14.831	14.961	15.092	15.222

续表4

检尺径/cm	检尺长/m									
	12.0	12.1	12.2	12.3	12.4	12.5	12.6	12.7	12.8	12.9
	材积/m^3									
116	14.289	14.420	14.551	14.682	14.813	14.945	15.077	15.209	15.341	15.474
117	14.524	14.657	14.790	14.923	15.057	15.191	15.325	15.459	15.593	15.728
118	14.761	14.896	15.031	15.167	15.302	15.438	15.574	15.710	15.847	15.983
119	15.000	15.137	15.274	15.412	15.550	15.688	15.826	15.964	16.103	16.241
120	15.241	15.380	15.520	15.659	15.799	15.939	16.079	16.220	16.360	16.501

续表4

检尺径/cm	检尺长/m									
	13.0	13.1	13.2	13.3	13.4	13.5	13.6	13.7	13.8	13.9
	材积/m³									
14	0.437	0.443	0.448	0.454	0.459	0.465	0.471	0.476	0.482	0.488
15	0.481	0.487	0.493	0.499	0.505	0.511	0.517	0.523	0.529	0.536
16	0.527	0.533	0.539	0.546	0.552	0.559	0.566	0.572	0.579	0.586
17	0.574	0.581	0.588	0.595	0.602	0.609	0.616	0.623	0.631	0.638
18	0.624	0.632	0.639	0.647	0.654	0.662	0.669	0.677	0.684	0.692
19	0.676	0.684	0.692	0.700	0.708	0.716	0.724	0.732	0.741	0.749
20	0.730	0.739	0.747	0.756	0.764	0.773	0.781	0.790	0.799	0.808
21	0.787	0.795	0.804	0.813	0.823	0.832	0.841	0.850	0.859	0.869
22	0.845	0.854	0.864	0.873	0.883	0.893	0.902	0.912	0.922	0.932
23	0.905	0.915	0.925	0.935	0.946	0.956	0.966	0.977	0.987	0.997
24	0.967	0.978	0.989	1.000	1.010	1.021	1.032	1.043	1.054	1.065
25	1.032	1.043	1.054	1.066	1.077	1.089	1.100	1.112	1.123	1.135
26	1.099	1.110	1.122	1.134	1.146	1.158	1.171	1.183	1.195	1.207
27	1.167	1.180	1.192	1.205	1.217	1.230	1.243	1.256	1.269	1.282
28	1.238	1.251	1.264	1.277	1.291	1.304	1.318	1.331	1.345	1.358
29	1.311	1.324	1.338	1.352	1.366	1.380	1.394	1.409	1.423	1.437
30	1.386	1.400	1.415	1.429	1.444	1.459	1.473	1.488	1.503	1.518

续表4

检尺径/cm	检尺长/m									
	13.0	13.1	13.2	13.3	13.4	13.5	13.6	13.7	13.8	13.9
	材积/m^3									
31	1.463	1.478	1.493	1.508	1.524	1.539	1.555	1.570	1.586	1.602
32	1.542	1.557	1.573	1.589	1.606	1.622	1.638	1.654	1.671	1.687
33	1.623	1.639	1.656	1.673	1.690	1.706	1.723	1.740	1.758	1.775
34	1.706	1.723	1.741	1.758	1.776	1.793	1.811	1.829	1.847	1.865
35	1.791	1.809	1.827	1.846	1.864	1.883	1.901	1.920	1.938	1.957
36	1.879	1.897	1.916	1.935	1.955	1.974	1.993	2.012	2.032	2.051
37	1.968	1.988	2.007	2.027	2.047	2.067	2.087	2.107	2.128	2.148
38	2.059	2.080	2.101	2.121	2.142	2.163	2.184	2.205	2.226	2.247
39	2.153	2.174	2.196	2.217	2.239	2.261	2.282	2.304	2.326	2.348
40	2.249	2.271	2.293	2.316	2.338	2.360	2.383	2.406	2.428	2.451
41	2.347	2.370	2.393	2.416	2.439	2.462	2.486	2.509	2.533	2.557
42	2.446	2.470	2.494	2.518	2.542	2.567	2.591	2.615	2.640	2.664
43	2.548	2.573	2.598	2.623	2.648	2.673	2.698	2.724	2.749	2.774
44	2.652	2.678	2.704	2.730	2.756	2.782	2.808	2.834	2.860	2.887
45	2.758	2.785	2.812	2.838	2.865	2.892	2.919	2.947	2.974	3.001
46	2.867	2.894	2.922	2.949	2.977	3.005	3.033	3.061	3.089	3.118
47	2.977	3.005	3.034	3.063	3.091	3.120	3.149	3.178	3.207	3.237

续表4

检尺径/cm	检尺长/m									
	13.0	13.1	13.2	13.3	13.4	13.5	13.6	13.7	13.8	13.9
	材积/m^3									
48	3.089	3.119	3.148	3.178	3.208	3.237	3.267	3.297	3.327	3.358
49	3.203	3.234	3.264	3.295	3.326	3.357	3.388	3.419	3.450	3.481
50	3.320	3.351	3.383	3.415	3.446	3.478	3.510	3.542	3.574	3.607
51	3.439	3.471	3.504	3.536	3.569	3.602	3.635	3.668	3.701	3.734
52	3.559	3.593	3.626	3.660	3.694	3.728	3.762	3.796	3.830	3.864
53	3.682	3.716	3.751	3.786	3.821	3.856	3.891	3.926	3.961	3.997
54	3.807	3.842	3.878	3.914	3.950	3.986	4.022	4.058	4.095	4.131
55	3.934	3.970	4.007	4.044	4.081	4.118	4.155	4.193	4.230	4.268
56	4.063	4.100	4.138	4.176	4.214	4.253	4.291	4.329	4.368	4.407
57	4.194	4.232	4.271	4.311	4.350	4.389	4.429	4.468	4.508	4.548
58	4.327	4.367	4.407	4.447	4.487	4.528	4.569	4.609	4.650	4.691
59	4.462	4.503	4.544	4.586	4.627	4.669	4.711	4.752	4.794	4.837
60	4.599	4.641	4.684	4.727	4.769	4.812	4.855	4.898	4.941	4.984
61	4.739	4.782	4.826	4.869	4.913	4.957	5.001	5.046	5.090	5.134
62	4.880	4.925	4.969	5.014	5.060	5.105	5.150	5.195	5.241	5.287
63	5.023	5.069	5.115	5.162	5.208	5.254	5.301	5.347	5.394	5.441
64	5.169	5.216	5.263	5.311	5.358	5.406	5.454	5.502	5.550	5.598

续表4

检尺径/cm	检尺长/m									
	13.0	13.1	13.2	13.3	13.4	13.5	13.6	13.7	13.8	13.9
	材积/m³									
65	5.317	5.365	5.414	5.462	5.511	5.560	5.609	5.658	5.707	5.757
66	5.467	5.516	5.566	5.616	5.666	5.716	5.766	5.817	5.867	5.918
67	5.618	5.669	5.720	5.771	5.823	5.874	5.926	5.977	6.029	6.081
68	5.772	5.824	5.877	5.929	5.982	6.035	6.087	6.140	6.193	6.247
69	5.928	5.982	6.035	6.089	6.143	6.197	6.251	6.306	6.360	6.414
70	6.086	6.141	6.196	6.251	6.306	6.362	6.417	6.473	6.529	6.584
71	6.247	6.303	6.359	6.415	6.472	6.529	6.585	6.642	6.700	6.757
72	6.409	6.466	6.524	6.582	6.640	6.698	6.756	6.814	6.873	6.931
73	6.573	6.632	6.691	6.750	6.809	6.869	6.928	6.988	7.048	7.108
74	6.739	6.800	6.860	6.921	6.981	7.042	7.103	7.164	7.225	7.287
75	6.908	6.970	7.031	7.093	7.155	7.218	7.280	7.343	7.405	7.468
76	7.079	7.142	7.205	7.268	7.332	7.395	7.459	7.523	7.587	7.651
77	7.251	7.316	7.380	7.445	7.510	7.575	7.640	7.706	7.771	7.837
78	7.426	7.492	7.558	7.624	7.691	7.757	7.824	7.891	7.958	8.025
79	7.603	7.670	7.738	7.805	7.873	7.941	8.009	8.078	8.146	8.215
80	7.782	7.850	7.920	7.989	8.058	8.128	8.197	8.267	8.337	8.407
81	7.963	8.033	8.103	8.174	8.245	8.316	8.387	8.459	8.530	8.602

续表4

检尺径/cm	检尺长/m									
	13.0	13.1	13.2	13.3	13.4	13.5	13.6	13.7	13.8	13.9
	材积/m^3									
82	8.146	8.217	8.290	8.362	8.434	8.507	8.579	8.652	8.725	8.798
83	8.331	8.404	8.478	8.551	8.625	8.699	8.774	8.848	8.923	8.997
84	8.518	8.593	8.668	8.743	8.819	8.894	8.970	9.046	9.122	9.198
85	8.707	8.784	8.860	8.937	9.014	9.092	9.169	9.246	9.324	9.402
86	8.899	8.977	9.055	9.133	9.212	9.291	9.370	9.449	9.528	9.607
87	9.092	9.172	9.252	9.332	9.412	9.492	9.573	9.653	9.734	9.815
88	9.287	9.369	9.450	9.532	9.614	9.696	9.778	9.860	9.943	10.025
89	9.485	9.568	9.651	9.734	9.818	9.902	9.985	10.069	10.153	10.238
90	9.685	9.769	9.854	9.939	10.024	10.109	10.195	10.280	10.366	10.452
91	9.887	9.973	10.059	10.146	10.233	10.319	10.407	10.494	10.581	10.669
92	10.090	10.178	10.266	10.355	10.443	10.532	10.620	10.709	10.798	10.888
93	10.296	10.386	10.476	10.566	10.656	10.746	10.837	10.927	11.018	11.109
94	10.504	10.596	10.687	10.779	10.871	10.963	11.055	11.147	11.240	11.332
95	10.714	10.807	10.901	10.994	11.088	11.181	11.275	11.369	11.464	11.558
96	10.927	11.021	11.116	11.211	11.307	11.402	11.498	11.594	11.690	11.786
97	11.141	11.237	11.334	11.431	11.528	11.625	11.723	11.820	11.918	12.016
98	11.357	11.455	11.554	11.653	11.751	11.850	11.950	12.049	12.148	12.248

续表4

检尺径/cm	检尺长/m									
	13.0	13.1	13.2	13.3	13.4	13.5	13.6	13.7	13.8	13.9
	材积/m^3									
99	11.575	11.676	11.776	11.876	11.977	12.078	12.179	12.280	12.381	12.483
100	11.796	11.898	12.000	12.102	12.205	12.307	12.410	12.513	12.616	12.719
101	12.019	12.122	12.226	12.330	12.434	12.539	12.643	12.748	12.853	12.958
102	12.243	12.349	12.454	12.560	12.666	12.773	12.879	12.986	13.093	13.200
103	12.470	12.577	12.685	12.793	12.901	13.009	13.117	13.225	13.334	13.443
104	12.699	12.808	12.917	13.027	13.137	13.247	13.357	13.467	13.578	13.689
105	12.930	13.041	13.152	13.264	13.375	13.487	13.599	13.711	13.824	13.936
106	13.163	13.276	13.389	13.502	13.616	13.730	13.844	13.958	14.072	14.187
107	13.398	13.512	13.628	13.743	13.858	13.974	14.090	14.206	14.322	14.439
108	13.635	13.752	13.869	13.986	14.103	14.221	14.339	14.457	14.575	14.693
109	13.874	13.993	14.112	14.231	14.350	14.470	14.590	14.710	14.830	14.950
110	14.115	14.236	14.357	14.478	14.599	14.721	14.843	14.965	15.087	15.209
111	14.359	14.481	14.604	14.727	14.851	14.974	15.098	15.222	15.346	15.470
112	14.604	14.729	14.854	14.979	15.104	15.230	15.355	15.481	15.607	15.734
113	14.851	14.978	15.105	15.232	15.360	15.487	15.615	15.743	15.871	15.999
114	15.101	15.230	15.359	15.488	15.617	15.747	15.877	16.007	16.137	16.267
115	15.353	15.484	15.615	15.746	15.877	16.009	16.141	16.273	16.405	16.537

续表4

检尺径/cm	检尺长/m									
	13.0	13.1	13.2	13.3	13.4	13.5	13.6	13.7	13.8	13.9
	材积/m^3									
116	15.607	15.739	15.872	16.006	16.139	16.273	16.407	16.541	16.675	16.810
117	15.862	15.997	16.132	16.268	16.403	16.539	16.675	16.811	16.948	17.084
118	16.120	16.257	16.395	16.532	16.670	16.808	16.946	17.084	17.222	17.361
119	16.380	16.519	16.659	16.798	16.938	17.078	17.218	17.359	17.499	17.640
120	16.642	16.784	16.925	17.067	17.209	17.351	17.493	17.636	17.778	17.921

续表4

检尺径/cm	检尺长/m									
	14.0	14.1	14.2	14.3	14.4	14.5	14.6	14.7	14.8	14.9
	材积/m³									
14	0.494	0.500	0.506	0.512	0.518	0.524	0.530	0.536	0.542	0.548
15	0.542	0.548	0.555	0.561	0.568	0.574	0.581	0.587	0.594	0.601
16	0.592	0.599	0.606	0.613	0.620	0.627	0.634	0.641	0.648	0.655
17	0.645	0.652	0.660	0.667	0.675	0.682	0.690	0.697	0.705	0.713
18	0.700	0.708	0.716	0.724	0.732	0.740	0.748	0.756	0.764	0.772
19	0.757	0.765	0.774	0.782	0.791	0.799	0.808	0.817	0.825	0.834
20	0.816	0.825	0.834	0.843	0.852	0.861	0.870	0.880	0.889	0.898
21	0.878	0.888	0.897	0.907	0.916	0.926	0.935	0.945	0.955	0.965
22	0.942	0.952	0.962	0.972	0.982	0.992	1.003	1.013	1.023	1.034
23	1.008	1.019	1.029	1.040	1.051	1.061	1.072	1.083	1.094	1.105
24	1.076	1.088	1.099	1.110	1.121	1.133	1.144	1.156	1.167	1.179
25	1.147	1.159	1.171	1.182	1.194	1.206	1.219	1.231	1.243	1.255
26	1.220	1.232	1.245	1.257	1.270	1.282	1.295	1.308	1.321	1.334
27	1.295	1.308	1.321	1.334	1.347	1.361	1.374	1.388	1.401	1.415
28	1.372	1.386	1.400	1.413	1.427	1.441	1.455	1.470	1.484	1.498
29	1.452	1.466	1.480	1.495	1.510	1.524	1.539	1.554	1.569	1.584
30	1.533	1.548	1.564	1.579	1.594	1.610	1.625	1.641	1.656	1.672

续表4

检尺径/cm	检尺长/m									
	14.0	14.1	14.2	14.3	14.4	14.5	14.6	14.7	14.8	14.9
	材积/m^3									
31	1.617	1.633	1.649	1.665	1.681	1.697	1.713	1.730	1.746	1.762
32	1.704	1.720	1.737	1.753	1.770	1.787	1.804	1.821	1.838	1.855
33	1.792	1.809	1.827	1.844	1.862	1.879	1.897	1.915	1.932	1.950
34	1.883	1.901	1.919	1.937	1.955	1.974	1.992	2.011	2.029	2.048
35	1.976	1.995	2.013	2.032	2.052	2.071	2.090	2.109	2.129	2.148
36	2.071	2.091	2.110	2.130	2.150	2.170	2.190	2.210	2.230	2.250
37	2.168	2.189	2.209	2.230	2.251	2.271	2.292	2.313	2.334	2.355
38	2.268	2.289	2.311	2.332	2.354	2.375	2.397	2.419	2.440	2.462
39	2.370	2.392	2.414	2.437	2.459	2.481	2.504	2.526	2.549	2.572
40	2.474	2.497	2.520	2.543	2.566	2.590	2.613	2.637	2.660	2.684
41	2.580	2.604	2.628	2.652	2.676	2.701	2.725	2.749	2.774	2.798
42	2.689	2.714	2.739	2.764	2.789	2.814	2.839	2.864	2.889	2.915
43	2.800	2.826	2.851	2.877	2.903	2.929	2.955	2.981	3.008	3.034
44	2.913	2.940	2.966	2.993	3.020	3.047	3.074	3.101	3.128	3.155
45	3.028	3.056	3.084	3.111	3.139	3.167	3.195	3.223	3.251	3.279
46	3.146	3.175	3.203	3.232	3.260	3.289	3.318	3.347	3.376	3.405
47	3.266	3.295	3.325	3.354	3.384	3.414	3.444	3.474	3.504	3.534

续表4

检尺径/cm	检尺长/m									
	14.0	14.1	14.2	14.3	14.4	14.5	14.6	14.7	14.8	14.9
	材积/m^3									
48	3.388	3.418	3.449	3.480	3.510	3.541	3.572	3.603	3.634	3.665
49	3.512	3.544	3.575	3.607	3.639	3.670	3.702	3.734	3.766	3.798
50	3.639	3.671	3.704	3.736	3.769	3.802	3.835	3.868	3.901	3.934
51	3.768	3.801	3.835	3.868	3.902	3.936	3.970	4.004	4.038	4.072
52	3.899	3.933	3.968	4.003	4.037	4.072	4.107	4.142	4.178	4.213
53	4.032	4.068	4.103	4.139	4.175	4.211	4.247	4.283	4.319	4.356
54	4.168	4.204	4.241	4.278	4.315	4.352	4.389	4.426	4.464	4.501
55	4.305	4.343	4.381	4.419	4.457	4.495	4.533	4.572	4.610	4.649
56	4.445	4.484	4.523	4.562	4.601	4.641	4.680	4.720	4.759	4.799
57	4.588	4.628	4.668	4.708	4.748	4.789	4.829	4.870	4.910	4.951
58	4.732	4.773	4.814	4.856	4.897	4.939	4.980	5.022	5.064	5.106
59	4.879	4.921	4.963	5.006	5.049	5.091	5.134	5.177	5.220	5.263
60	5.028	5.071	5.115	5.158	5.202	5.246	5.290	5.334	5.379	5.423
61	5.179	5.224	5.268	5.313	5.358	5.403	5.449	5.494	5.539	5.585
62	5.332	5.378	5.424	5.470	5.517	5.563	5.609	5.656	5.703	5.749
63	5.488	5.535	5.582	5.630	5.677	5.725	5.772	5.820	5.868	5.916
64	5.646	5.694	5.743	5.791	5.840	5.889	5.938	5.987	6.036	6.085

续表4

检尺径/cm	检尺长/m									
	14.0	14.1	14.2	14.3	14.4	14.5	14.6	14.7	14.8	14.9
	材积/m³									
65	5.806	5.856	5.905	5.955	6.005	6.055	6.105	6.156	6.206	6.257
66	5.968	6.019	6.070	6.121	6.173	6.224	6.276	6.327	6.379	6.431
67	6.133	6.185	6.238	6.290	6.342	6.395	6.448	6.501	6.554	6.607
68	6.300	6.353	6.407	6.461	6.515	6.569	6.623	6.677	6.731	6.786
69	6.469	6.524	6.579	6.634	6.689	6.744	6.800	6.855	6.911	6.967
70	6.640	6.697	6.753	6.809	6.866	6.922	6.979	7.036	7.093	7.150
71	6.814	6.872	6.929	6.987	7.045	7.103	7.161	7.219	7.278	7.336
72	6.990	7.049	7.108	7.167	7.226	7.285	7.345	7.405	7.464	7.524
73	7.168	7.228	7.289	7.349	7.410	7.470	7.531	7.592	7.654	7.715
74	7.348	7.410	7.472	7.534	7.596	7.658	7.720	7.783	7.845	7.908
75	7.531	7.594	7.657	7.720	7.784	7.847	7.911	7.975	8.039	8.103
76	7.716	7.780	7.845	7.910	7.974	8.039	8.105	8.170	8.235	8.301
77	7.903	7.969	8.035	8.101	8.167	8.234	8.300	8.367	8.434	8.501
78	8.092	8.159	8.227	8.295	8.362	8.430	8.498	8.567	8.635	8.704
79	8.284	8.352	8.421	8.491	8.560	8.629	8.699	8.769	8.839	8.909
80	8.477	8.548	8.618	8.689	8.760	8.831	8.902	8.973	9.044	9.116
81	8.673	8.745	8.817	8.889	8.962	9.034	9.107	9.180	9.252	9.325

续表4

检尺径/cm	检尺长/m									
	14.0	14.1	14.2	14.3	14.4	14.5	14.6	14.7	14.8	14.9
	材积/m^3									
82	8.872	8.945	9.018	9.092	9.166	9.240	9.314	9.389	9.463	9.538
83	9.072	9.147	9.222	9.297	9.373	9.448	9.524	9.600	9.676	9.752
84	9.275	9.351	9.428	9.505	9.582	9.659	9.736	9.814	9.891	9.969
85	9.480	9.558	9.636	9.714	9.793	9.872	9.951	10.030	10.109	10.188
86	9.687	9.767	9.846	9.926	10.007	10.087	10.167	10.248	10.329	10.410
87	9.896	9.978	10.059	10.141	10.222	10.304	10.386	10.469	10.551	10.634
88	10.108	10.191	10.274	10.357	10.441	10.524	10.608	10.692	10.776	10.860
89	10.322	10.406	10.491	10.576	10.661	10.746	10.832	10.917	11.003	11.089
90	10.538	10.624	10.711	10.797	10.884	10.971	11.058	11.145	11.232	11.320
91	10.756	10.844	10.932	11.021	11.109	11.198	11.286	11.375	11.464	11.553
92	10.977	11.067	11.156	11.246	11.336	11.427	11.517	11.608	11.698	11.789
93	11.200	11.291	11.383	11.474	11.566	11.658	11.750	11.842	11.935	12.028
94	11.425	11.518	11.611	11.705	11.798	11.892	11.986	12.080	12.174	12.268
95	11.652	11.747	11.842	11.937	12.032	12.128	12.223	12.319	12.415	12.511
96	11.882	11.979	12.075	12.172	12.269	12.366	12.464	12.561	12.659	12.757
97	12.114	12.212	12.311	12.409	12.508	12.607	12.706	12.805	12.905	13.004
98	12.348	12.448	12.548	12.649	12.749	12.850	12.951	13.052	13.153	13.255

续表4

检尺径/cm	检尺长/m									
	14.0	14.1	14.2	14.3	14.4	14.5	14.6	14.7	14.8	14.9
	材积/m³									
99	12.584	12.686	12.788	12.890	12.993	13.095	13.198	13.301	13.404	13.507
100	12.823	12.927	13.030	13.134	13.239	13.343	13.448	13.552	13.657	13.762
101	13.064	13.169	13.275	13.381	13.487	13.593	13.699	13.806	13.913	14.020
102	13.307	13.414	13.522	13.629	13.737	13.845	13.954	14.062	14.171	14.279
103	13.552	13.661	13.771	13.880	13.990	14.100	14.210	14.320	14.431	14.541
104	13.800	13.911	14.022	14.133	14.245	14.357	14.469	14.581	14.693	14.806
105	14.049	14.162	14.275	14.389	14.502	14.616	14.730	14.844	14.958	15.073
106	14.301	14.416	14.531	14.647	14.762	14.878	14.993	15.110	15.226	15.342
107	14.556	14.672	14.789	14.907	15.024	15.142	15.259	15.377	15.495	15.614
108	14.812	14.931	15.050	15.169	15.288	15.408	15.527	15.647	15.768	15.888
109	15.071	15.191	15.312	15.434	15.555	15.676	15.798	15.920	16.042	16.164
110	15.332	15.454	15.577	15.700	15.824	15.947	16.071	16.195	16.319	16.443
111	15.595	15.720	15.844	15.970	16.095	16.220	16.346	16.472	16.598	16.724
112	15.860	15.987	16.114	16.241	16.368	16.496	16.624	16.751	16.880	17.008
113	16.128	16.257	16.386	16.515	16.644	16.774	16.903	17.033	17.163	17.294
114	16.398	16.529	16.660	16.791	16.922	17.054	17.186	17.318	17.450	17.582
115	16.670	16.803	16.936	17.069	17.203	17.336	17.470	17.604	17.738	17.873

续表4

检尺径/cm	检尺长/m									
	14.0	14.1	14.2	14.3	14.4	14.5	14.6	14.7	14.8	14.9
	材积/m^3									
116	16.944	17.079	17.215	17.350	17.485	17.621	17.757	17.893	18.029	18.166
117	17.221	17.358	17.495	17.633	17.770	17.908	18.046	18.184	18.323	18.461
118	17.500	17.639	17.778	17.918	18.058	18.198	18.338	18.478	18.619	18.759
119	17.781	17.922	18.064	18.205	18.347	18.489	18.632	18.774	18.917	19.060
120	18.064	18.208	18.351	18.495	18.639	18.783	18.928	19.072	19.217	19.362

续表4

检尺径/cm	检尺长/m									
	15.0	15.1	15.2	15.3	15.4	15.5	15.6	15.7	15.8	15.9
	材积/m³									
14	0.555	0.561	0.567	0.574	0.580	0.587	0.593	0.600	0.606	0.613
15	0.608	0.614	0.621	0.628	0.635	0.642	0.649	0.656	0.663	0.670
16	0.663	0.670	0.677	0.685	0.692	0.699	0.707	0.714	0.722	0.730
17	0.720	0.728	0.736	0.744	0.752	0.760	0.768	0.776	0.784	0.792
18	0.780	0.789	0.797	0.805	0.814	0.822	0.831	0.839	0.848	0.857
19	0.843	0.852	0.860	0.869	0.878	0.887	0.896	0.905	0.915	0.924
20	0.908	0.917	0.926	0.936	0.945	0.955	0.965	0.974	0.984	0.994
21	0.975	0.985	0.995	1.005	1.015	1.025	1.035	1.045	1.056	1.066
22	1.044	1.055	1.065	1.076	1.087	1.097	1.108	1.119	1.130	1.141
23	1.116	1.127	1.139	1.150	1.161	1.172	1.184	1.195	1.207	1.218
24	1.191	1.202	1.214	1.226	1.238	1.250	1.262	1.274	1.286	1.298
25	1.268	1.280	1.292	1.305	1.317	1.330	1.343	1.355	1.368	1.381
26	1.347	1.360	1.373	1.386	1.399	1.412	1.426	1.439	1.453	1.466
27	1.428	1.442	1.456	1.470	1.483	1.497	1.511	1.525	1.540	1.554
28	1.512	1.527	1.541	1.556	1.570	1.585	1.599	1.614	1.629	1.644
29	1.599	1.614	1.629	1.644	1.659	1.675	1.690	1.706	1.721	1.737
30	1.688	1.703	1.719	1.735	1.751	1.767	1.783	1.799	1.816	1.832

续表4

检尺径/cm	检尺长/m									
	15.0	15.1	15.2	15.3	15.4	15.5	15.6	15.7	15.8	15.9
	材积/m³									
31	1.779	1.795	1.812	1.828	1.845	1.862	1.879	1.896	1.913	1.930
32	1.872	1.890	1.907	1.924	1.942	1.959	1.977	1.995	2.012	2.030
33	1.968	1.986	2.004	2.023	2.041	2.059	2.077	2.096	2.114	2.133
34	2.067	2.085	2.104	2.123	2.142	2.161	2.181	2.200	2.219	2.238
35	2.167	2.187	2.207	2.226	2.246	2.266	2.286	2.306	2.326	2.346
36	2.271	2.291	2.312	2.332	2.353	2.373	2.394	2.415	2.436	2.457
37	2.376	2.398	2.419	2.440	2.462	2.483	2.505	2.526	2.548	2.570
38	2.484	2.506	2.529	2.551	2.573	2.595	2.618	2.640	2.663	2.686
39	2.595	2.618	2.641	2.664	2.687	2.710	2.733	2.757	2.780	2.804
40	2.708	2.731	2.755	2.779	2.803	2.827	2.851	2.876	2.900	2.925
41	2.823	2.847	2.872	2.897	2.922	2.947	2.972	2.997	3.022	3.048
42	2.940	2.966	2.992	3.017	3.043	3.069	3.095	3.121	3.147	3.174
43	3.060	3.087	3.113	3.140	3.167	3.194	3.221	3.248	3.275	3.302
44	3.183	3.210	3.238	3.265	3.293	3.321	3.349	3.377	3.405	3.433
45	3.308	3.336	3.364	3.393	3.422	3.450	3.479	3.508	3.537	3.566
46	3.435	3.464	3.494	3.523	3.553	3.582	3.612	3.642	3.672	3.702
47	3.564	3.595	3.625	3.656	3.686	3.717	3.748	3.779	3.810	3.841

续表4

检尺径/cm	检尺长/m									
	15.0	15.1	15.2	15.3	15.4	15.5	15.6	15.7	15.8	15.9
	材积/m^3									
48	3.696	3.728	3.759	3.791	3.822	3.854	3.886	3.918	3.950	3.982
49	3.831	3.863	3.896	3.928	3.961	3.993	4.026	4.059	4.092	4.125
50	3.968	4.001	4.034	4.068	4.102	4.135	4.169	4.203	4.237	4.272
51	4.107	4.141	4.176	4.210	4.245	4.280	4.315	4.350	4.385	4.420
52	4.248	4.284	4.319	4.355	4.391	4.427	4.463	4.499	4.535	4.572
53	4.392	4.429	4.466	4.502	4.539	4.576	4.613	4.651	4.688	4.725
54	4.539	4.576	4.614	4.652	4.690	4.728	4.766	4.805	4.843	4.882
55	4.688	4.726	4.765	4.804	4.843	4.883	4.922	4.961	5.001	5.041
56	4.839	4.879	4.919	4.959	4.999	5.039	5.080	5.120	5.161	5.202
57	4.992	5.033	5.075	5.116	5.157	5.199	5.240	5.282	5.324	5.366
58	5.148	5.191	5.233	5.275	5.318	5.361	5.403	5.446	5.489	5.532
59	5.307	5.350	5.394	5.437	5.481	5.525	5.569	5.613	5.657	5.701
60	5.468	5.512	5.557	5.602	5.647	5.692	5.737	5.782	5.828	5.873
61	5.631	5.677	5.722	5.768	5.815	5.861	5.907	5.954	6.000	6.047
62	5.796	5.843	5.890	5.938	5.985	6.033	6.080	6.128	6.176	6.224
63	5.964	6.013	6.061	6.110	6.158	6.207	6.256	6.305	6.354	6.403
64	6.135	6.184	6.234	6.284	6.334	6.384	6.434	6.484	6.534	6.585

续表4

检尺径/cm	检尺长/m									
	15.0	15.1	15.2	15.3	15.4	15.5	15.6	15.7	15.8	15.9
	材积/m³									
65	6.308	6.358	6.409	6.460	6.511	6.563	6.614	6.666	6.717	6.769
66	6.483	6.535	6.587	6.639	6.692	6.744	6.797	6.850	6.903	6.956
67	6.660	6.714	6.767	6.821	6.875	6.929	6.983	7.037	7.091	7.145
68	6.840	6.895	6.950	7.005	7.060	7.115	7.171	7.226	7.282	7.337
69	7.023	7.079	7.135	7.191	7.248	7.304	7.361	7.418	7.475	7.532
70	7.208	7.265	7.322	7.380	7.438	7.496	7.554	7.612	7.670	7.729
71	7.395	7.453	7.512	7.571	7.631	7.690	7.749	7.809	7.869	7.929
72	7.584	7.644	7.705	7.765	7.826	7.886	7.947	8.008	8.069	8.131
73	7.776	7.838	7.900	7.961	8.023	8.085	8.148	8.210	8.273	8.335
74	7.971	8.034	8.097	8.160	8.223	8.287	8.351	8.414	8.478	8.543
75	8.168	8.232	8.296	8.361	8.426	8.491	8.556	8.621	8.687	8.752
76	8.367	8.433	8.499	8.565	8.631	8.697	8.764	8.831	8.898	8.965
77	8.568	8.636	8.703	8.771	8.838	8.906	8.974	9.043	9.111	9.179
78	8.772	8.841	8.910	8.979	9.048	9.118	9.187	9.257	9.327	9.397
79	8.979	9.049	9.119	9.190	9.261	9.332	9.403	9.474	9.545	9.617
80	9.188	9.259	9.331	9.403	9.476	9.548	9.621	9.693	9.766	9.839
81	9.399	9.472	9.546	9.619	9.693	9.767	9.841	9.915	9.990	10.064

续表4

检尺径/cm	检尺长/m									
	15.0	15.1	15.2	15.3	15.4	15.5	15.6	15.7	15.8	15.9
	材积/m³									
82	9.612	9.687	9.762	9.837	9.913	9.988	10.064	10.140	10.216	10.292
83	9.828	9.905	9.981	10.058	10.135	10.212	10.289	10.367	10.444	10.522
84	10.047	10.125	10.203	10.281	10.360	10.438	10.517	10.596	10.675	10.755
85	10.268	10.347	10.427	10.507	10.587	10.667	10.748	10.828	10.909	10.990
86	10.491	10.572	10.653	10.735	10.817	10.898	10.980	11.063	11.145	11.227
87	10.716	10.799	10.882	10.965	11.049	11.132	11.216	11.300	11.384	11.468
88	10.944	11.029	11.113	11.198	11.283	11.368	11.454	11.539	11.625	11.711
89	11.175	11.261	11.347	11.434	11.520	11.607	11.694	11.781	11.868	11.956
90	11.408	11.495	11.583	11.671	11.760	11.848	11.937	12.026	12.115	12.204
91	11.643	11.732	11.822	11.912	12.002	12.092	12.182	12.273	12.363	12.454
92	11.880	11.972	12.063	12.154	12.246	12.338	12.430	12.522	12.615	12.707
93	12.120	12.213	12.306	12.400	12.493	12.587	12.680	12.774	12.869	12.963
94	12.363	12.457	12.552	12.647	12.742	12.838	12.933	13.029	13.125	13.221
95	12.608	12.704	12.801	12.897	12.994	13.091	13.189	13.286	13.384	13.482
96	12.855	12.953	13.051	13.150	13.249	13.347	13.447	13.546	13.645	13.745
97	13.104	13.204	13.304	13.405	13.505	13.606	13.707	13.808	13.909	14.010
98	13.356	13.458	13.560	13.662	13.765	13.867	13.970	14.073	14.176	14.279

续表4

检尺径/cm	检尺长/m									
	15.0	15.1	15.2	15.3	15.4	15.5	15.6	15.7	15.8	15.9
	材积/m^3									
99	13.611	13.714	13.818	13.922	14.026	14.130	14.235	14.340	14.444	14.550
100	13.868	13.973	14.079	14.184	14.290	14.396	14.503	14.609	14.716	14.823
101	14.127	14.234	14.341	14.449	14.557	14.665	14.773	14.881	14.990	15.099
102	14.388	14.497	14.607	14.716	14.826	14.936	15.046	15.156	15.267	15.377
103	14.652	14.763	14.875	14.986	15.098	15.209	15.321	15.433	15.546	15.658
104	14.919	15.032	15.145	15.258	15.372	15.485	15.599	15.713	15.827	15.942
105	15.188	15.302	15.417	15.533	15.648	15.764	15.879	15.995	16.111	16.228
106	15.459	15.575	15.692	15.810	15.927	16.044	16.162	16.280	16.398	16.516
107	15.732	15.851	15.970	16.089	16.208	16.328	16.447	16.567	16.687	16.808
108	16.008	16.129	16.250	16.371	16.492	16.614	16.735	16.857	16.979	17.101
109	16.287	16.409	16.532	16.655	16.778	16.902	17.026	17.149	17.273	17.398
110	16.568	16.692	16.817	16.942	17.067	17.193	17.318	17.444	17.570	17.696
111	16.851	16.977	17.104	17.231	17.358	17.486	17.614	17.741	17.869	17.998
112	17.136	17.265	17.394	17.523	17.652	17.782	17.911	18.041	18.171	18.302
113	17.424	17.555	17.686	17.817	17.948	18.080	18.212	18.344	18.476	18.608
114	17.715	17.847	17.980	18.114	18.247	18.381	18.514	18.648	18.783	18.917
115	18.008	18.142	18.277	18.413	18.548	18.684	18.820	18.956	19.092	19.228

续表4

检尺径/cm	检尺长/m									
	15.0	15.1	15.2	15.3	15.4	15.5	15.6	15.7	15.8	15.9
	材积/m^3									
116	18.303	18.440	18.577	18.714	18.852	18.989	19.127	19.266	19.404	19.543
117	18.600	18.739	18.879	19.018	19.158	19.298	19.438	19.578	19.718	19.859
118	18.900	19.041	19.183	19.324	19.466	19.608	19.750	19.893	20.035	20.178
119	19.203	19.346	19.490	19.633	19.777	19.921	20.066	20.210	20.355	20.500
120	19.508	19.653	19.799	19.944	20.091	20.237	20.383	20.530	20.677	20.824

续表4

检尺径/cm	检尺长/m									
	16.0	16.1	16.2	16.3	16.4	16.5	16.6	16.7	16.8	16.9
	材积/m³									
14	0.620	0.626	0.633	0.640	0.647	0.653	0.660	0.667	0.674	0.681
15	0.677	0.684	0.692	0.699	0.706	0.714	0.721	0.728	0.736	0.743
16	0.737	0.745	0.753	0.761	0.768	0.776	0.784	0.792	0.800	0.808
17	0.800	0.808	0.816	0.825	0.833	0.842	0.850	0.859	0.867	0.876
18	0.865	0.874	0.883	0.892	0.901	0.910	0.919	0.928	0.937	0.946
19	0.933	0.942	0.952	0.961	0.971	0.980	0.990	0.999	1.009	1.019
20	1.004	1.013	1.023	1.033	1.043	1.053	1.064	1.074	1.084	1.094
21	1.076	1.087	1.097	1.108	1.119	1.129	1.140	1.151	1.162	1.173
22	1.152	1.163	1.174	1.185	1.197	1.208	1.219	1.231	1.242	1.254
23	1.230	1.242	1.254	1.265	1.277	1.289	1.301	1.313	1.325	1.337
24	1.311	1.323	1.335	1.348	1.360	1.373	1.385	1.398	1.411	1.424
25	1.394	1.407	1.420	1.433	1.446	1.459	1.473	1.486	1.499	1.513
26	1.480	1.493	1.507	1.521	1.535	1.548	1.562	1.576	1.590	1.605
27	1.568	1.582	1.597	1.611	1.626	1.640	1.655	1.669	1.684	1.699
28	1.659	1.674	1.689	1.704	1.719	1.735	1.750	1.765	1.781	1.796
29	1.752	1.768	1.784	1.800	1.816	1.832	1.848	1.864	1.880	1.896
30	1.848	1.865	1.881	1.898	1.915	1.931	1.948	1.965	1.982	1.999

续表4

检尺径/cm	检尺长/m									
	16.0	16.1	16.2	16.3	16.4	16.5	16.6	16.7	16.8	16.9
	材积/m³									
31	1.947	1.964	1.981	1.999	2.016	2.034	2.051	2.069	2.086	2.104
32	2.048	2.066	2.084	2.102	2.120	2.138	2.157	2.175	2.194	2.212
33	2.152	2.170	2.189	2.208	2.227	2.246	2.265	2.284	2.304	2.323
34	2.258	2.277	2.297	2.317	2.336	2.356	2.376	2.396	2.416	2.436
35	2.367	2.387	2.407	2.428	2.449	2.469	2.490	2.511	2.532	2.552
36	2.478	2.499	2.520	2.542	2.563	2.585	2.606	2.628	2.650	2.671
37	2.592	2.614	2.636	2.658	2.680	2.703	2.725	2.748	2.770	2.793
38	2.708	2.731	2.754	2.777	2.800	2.824	2.847	2.870	2.894	2.917
39	2.828	2.851	2.875	2.899	2.923	2.947	2.971	2.995	3.020	3.044
40	2.949	2.974	2.998	3.023	3.048	3.073	3.098	3.123	3.148	3.174
41	3.073	3.099	3.124	3.150	3.176	3.202	3.228	3.254	3.280	3.306
42	3.200	3.226	3.253	3.280	3.306	3.333	3.360	3.387	3.414	3.441
43	3.329	3.357	3.384	3.412	3.439	3.467	3.495	3.523	3.551	3.579
44	3.461	3.489	3.518	3.546	3.575	3.604	3.632	3.661	3.690	3.719
45	3.596	3.625	3.654	3.684	3.713	3.743	3.773	3.803	3.832	3.863
46	3.732	3.763	3.793	3.824	3.854	3.885	3.916	3.946	3.977	4.008
47	3.872	3.903	3.935	3.966	3.998	4.029	4.061	4.093	4.125	4.157

续表4

检尺径/cm	检尺长/m									
	16.0	16.1	16.2	16.3	16.4	16.5	16.6	16.7	16.8	16.9
	材积/m^3									
48	4.014	4.046	4.079	4.111	4.144	4.177	4.209	4.242	4.275	4.308
49	4.159	4.192	4.225	4.259	4.293	4.326	4.360	4.394	4.428	4.462
50	4.306	4.340	4.375	4.409	4.444	4.479	4.514	4.549	4.584	4.619
51	4.456	4.491	4.527	4.562	4.598	4.634	4.670	4.706	4.742	4.778
52	4.608	4.645	4.681	4.718	4.755	4.792	4.829	4.866	4.903	4.940
53	4.763	4.801	4.838	4.876	4.914	4.952	4.990	5.028	5.067	5.105
54	4.920	4.959	4.998	5.037	5.076	5.115	5.154	5.194	5.233	5.273
55	5.080	5.120	5.160	5.200	5.240	5.281	5.321	5.362	5.402	5.443
56	5.243	5.284	5.325	5.366	5.408	5.449	5.491	5.532	5.574	5.616
57	5.408	5.450	5.492	5.535	5.577	5.620	5.663	5.706	5.749	5.792
58	5.576	5.619	5.662	5.706	5.750	5.794	5.837	5.882	5.926	5.970
59	5.746	5.790	5.835	5.880	5.925	5.970	6.015	6.060	6.105	6.151
60	5.919	5.964	6.010	6.056	6.102	6.149	6.195	6.241	6.288	6.335
61	6.094	6.141	6.188	6.235	6.283	6.330	6.378	6.425	6.473	6.521
62	6.272	6.320	6.369	6.417	6.466	6.514	6.563	6.612	6.661	6.710
63	6.452	6.502	6.552	6.601	6.651	6.701	6.751	6.801	6.852	6.902
64	6.636	6.686	6.737	6.788	6.839	6.890	6.942	6.993	7.045	7.097

续表4

检尺径/cm	检尺长/m									
	16.0	16.1	16.2	16.3	16.4	16.5	16.6	16.7	16.8	16.9
	材积/m³									
65	6.821	6.873	6.925	6.978	7.030	7.083	7.135	7.188	7.241	7.294
66	7.009	7.063	7.116	7.170	7.223	7.277	7.331	7.385	7.440	7.494
67	7.200	7.255	7.309	7.364	7.419	7.475	7.530	7.585	7.641	7.697
68	7.393	7.449	7.505	7.562	7.618	7.675	7.731	7.788	7.845	7.902
69	7.589	7.646	7.704	7.762	7.819	7.877	7.935	7.993	8.052	8.110
70	7.788	7.846	7.905	7.964	8.023	8.082	8.142	8.201	8.261	8.321
71	7.988	8.049	8.109	8.169	8.230	8.290	8.351	8.412	8.473	8.534
72	8.192	8.254	8.315	8.377	8.439	8.501	8.563	8.625	8.688	8.750
73	8.398	8.461	8.524	8.587	8.651	8.714	8.778	8.841	8.905	8.969
74	8.607	8.671	8.736	8.800	8.865	8.930	8.995	9.060	9.125	9.191
75	8.818	8.884	8.950	9.016	9.082	9.148	9.215	9.281	9.348	9.415
76	9.032	9.099	9.166	9.234	9.302	9.369	9.437	9.506	9.574	9.642
77	9.248	9.317	9.386	9.455	9.524	9.593	9.663	9.732	9.802	9.872
78	9.467	9.537	9.608	9.678	9.749	9.820	9.891	9.962	10.033	10.104
79	9.688	9.760	9.832	9.904	9.976	10.049	10.121	10.194	10.266	10.339
80	9.912	9.986	10.059	10.133	10.206	10.280	10.354	10.428	10.503	10.577
81	10.139	10.214	10.289	10.364	10.439	10.515	10.590	10.666	10.742	10.818

续表4

检尺径/cm	检尺长/m									
	16.0	16.1	16.2	16.3	16.4	16.5	16.6	16.7	16.8	16.9
	材积/m^3									
82	10.368	10.444	10.521	10.598	10.674	10.751	10.829	10.906	10.983	11.061
83	10.600	10.678	10.756	10.834	10.912	10.991	11.070	11.149	11.228	11.307
84	10.834	10.913	10.993	11.073	11.153	11.233	11.314	11.394	11.475	11.556
85	11.071	11.152	11.233	11.315	11.396	11.478	11.560	11.642	11.724	11.807
86	11.310	11.393	11.476	11.559	11.642	11.726	11.809	11.893	11.977	12.061
87	11.552	11.636	11.721	11.806	11.891	11.976	12.061	12.146	12.232	12.318
88	11.796	11.883	11.969	12.055	12.142	12.229	12.315	12.403	12.490	12.577
89	12.044	12.131	12.219	12.307	12.396	12.484	12.573	12.661	12.750	12.839
90	12.293	12.383	12.472	12.562	12.652	12.742	12.832	12.923	13.013	13.104
91	12.545	12.636	12.728	12.819	12.911	13.003	13.095	13.187	13.279	13.372
92	12.800	12.893	12.986	13.079	13.173	13.266	13.360	13.454	13.548	13.642
93	13.057	13.152	13.247	13.342	13.437	13.532	13.628	13.723	13.819	13.915
94	13.317	13.413	13.510	13.607	13.704	13.801	13.898	13.995	14.093	14.191
95	13.580	13.678	13.776	13.874	13.973	14.072	14.171	14.270	14.369	14.469
96	13.844	13.944	14.045	14.145	14.245	14.346	14.447	14.548	14.649	14.750
97	14.112	14.214	14.316	14.418	14.520	14.622	14.725	14.828	14.931	15.034
98	14.382	14.486	14.589	14.693	14.797	14.902	15.006	15.111	15.215	15.320

续表4

检尺径/cm	检尺长/m									
	16.0	16.1	16.2	16.3	16.4	16.5	16.6	16.7	16.8	16.9
	材积/m^3									
99	14.655	14.760	14.866	14.971	15.077	15.183	15.290	15.396	15.503	15.610
100	14.930	15.037	15.145	15.252	15.360	15.468	15.576	15.684	15.793	15.901
101	15.208	15.317	15.426	15.535	15.645	15.755	15.865	15.975	16.085	16.196
102	15.488	15.599	15.710	15.821	15.933	16.045	16.157	16.269	16.381	16.493
103	15.771	15.884	15.997	16.110	16.223	16.337	16.451	16.565	16.679	16.793
104	16.056	16.171	16.286	16.401	16.517	16.632	16.748	16.864	16.980	17.096
105	16.344	16.461	16.578	16.695	16.812	16.930	17.047	17.165	17.283	17.401
106	16.635	16.754	16.872	16.991	17.111	17.230	17.350	17.469	17.589	17.710
107	16.928	17.049	17.169	17.290	17.412	17.533	17.655	17.776	17.898	18.020
108	17.224	17.346	17.469	17.592	17.715	17.839	17.962	18.086	18.210	18.334
109	17.522	17.647	17.771	17.896	18.021	18.147	18.272	18.398	18.524	18.650
110	17.823	17.949	18.076	18.203	18.330	18.458	18.585	18.713	18.841	18.969
111	18.126	18.255	18.384	18.513	18.642	18.771	18.901	19.031	19.161	19.291
112	18.432	18.563	18.694	18.825	18.956	19.087	19.219	19.351	19.483	19.615
113	18.740	18.873	19.006	19.139	19.273	19.406	19.540	19.674	19.808	19.942
114	19.052	19.186	19.321	19.456	19.592	19.727	19.863	19.999	20.135	20.272
115	19.365	19.502	19.639	19.776	19.914	20.052	20.189	20.328	20.466	20.604

续表4

检尺径/cm	检尺长/m									
	16.0	16.1	16.2	16.3	16.4	16.5	16.6	16.7	16.8	16.9
	材积/m^3									
116	19.681	19.820	19.959	20.099	20.238	20.378	20.518	20.658	20.799	20.940
117	20.000	20.141	20.282	20.424	20.566	20.708	20.850	20.992	21.135	21.277
118	20.321	20.465	20.608	20.752	20.895	21.040	21.184	21.328	21.473	21.618
119	20.645	20.791	20.936	21.082	21.228	21.374	21.521	21.667	21.814	21.961
120	20.972	21.119	21.267	21.415	21.563	21.711	21.860	22.009	22.158	22.307

续表4

检尺径/cm	检尺长/m									
	17.0	17.1	17.2	17.3	17.4	17.5	17.6	17.7	17.8	17.9
	材积/m³									
14	0.689	0.696	0.703	0.710	0.717	0.725	0.732	0.739	0.747	0.754
15	0.751	0.759	0.766	0.774	0.782	0.790	0.798	0.805	0.813	0.821
16	0.816	0.824	0.833	0.841	0.849	0.858	0.866	0.874	0.883	0.891
17	0.884	0.893	0.902	0.911	0.919	0.928	0.937	0.946	0.955	0.964
18	0.955	0.964	0.974	0.983	0.992	1.002	1.011	1.021	1.030	1.040
19	1.028	1.038	1.048	1.058	1.068	1.078	1.088	1.098	1.108	1.119
20	1.105	1.115	1.126	1.136	1.147	1.157	1.168	1.179	1.189	1.200
21	1.184	1.195	1.206	1.217	1.228	1.239	1.250	1.262	1.273	1.285
22	1.265	1.277	1.288	1.300	1.312	1.324	1.336	1.348	1.360	1.372
23	1.349	1.362	1.374	1.386	1.399	1.411	1.424	1.436	1.449	1.462
24	1.437	1.449	1.462	1.475	1.488	1.502	1.515	1.528	1.541	1.555
25	1.526	1.540	1.553	1.567	1.581	1.595	1.609	1.622	1.636	1.651
26	1.619	1.633	1.647	1.662	1.676	1.691	1.705	1.720	1.734	1.749
27	1.714	1.729	1.744	1.759	1.774	1.789	1.805	1.820	1.835	1.851
28	1.812	1.828	1.843	1.859	1.875	1.891	1.907	1.923	1.939	1.955
29	1.913	1.929	1.945	1.962	1.978	1.995	2.012	2.029	2.045	2.062
30	2.016	2.033	2.050	2.067	2.085	2.102	2.120	2.137	2.155	2.172

续表4

检尺径/cm	检尺长/m									
	17.0	17.1	17.2	17.3	17.4	17.5	17.6	17.7	17.8	17.9
	材积/m^3									
31	2.122	2.140	2.158	2.176	2.194	2.212	2.230	2.249	2.267	2.285
32	2.231	2.249	2.268	2.287	2.306	2.325	2.344	2.363	2.382	2.401
33	2.342	2.362	2.381	2.401	2.421	2.440	2.460	2.480	2.500	2.520
34	2.457	2.477	2.497	2.518	2.538	2.559	2.579	2.600	2.621	2.642
35	2.573	2.595	2.616	2.637	2.658	2.680	2.701	2.723	2.744	2.766
36	2.693	2.715	2.737	2.759	2.781	2.804	2.826	2.848	2.871	2.893
37	2.816	2.838	2.861	2.884	2.907	2.930	2.953	2.977	3.000	3.024
38	2.941	2.964	2.988	3.012	3.036	3.060	3.084	3.108	3.132	3.157
39	3.069	3.093	3.118	3.142	3.167	3.192	3.217	3.242	3.267	3.292
40	3.199	3.225	3.250	3.276	3.301	3.327	3.353	3.379	3.405	3.431
41	3.332	3.359	3.385	3.412	3.438	3.465	3.492	3.519	3.546	3.573
42	3.468	3.496	3.523	3.551	3.578	3.606	3.634	3.661	3.689	3.717
43	3.607	3.635	3.664	3.692	3.721	3.749	3.778	3.807	3.836	3.865
44	3.749	3.778	3.807	3.836	3.866	3.896	3.925	3.955	3.985	4.015
45	3.893	3.923	3.953	3.984	4.014	4.045	4.075	4.106	4.137	4.168
46	4.040	4.071	4.102	4.133	4.165	4.197	4.228	4.260	4.292	4.324
47	4.189	4.221	4.254	4.286	4.319	4.351	4.384	4.417	4.450	4.483

续表4

检尺径/cm	检尺长/m									
	17.0	17.1	17.2	17.3	17.4	17.5	17.6	17.7	17.8	17.9
	材积/m^3									
48	4.341	4.375	4.408	4.442	4.475	4.509	4.543	4.576	4.610	4.644
49	4.497	4.531	4.565	4.600	4.634	4.669	4.704	4.739	4.774	4.809
50	4.654	4.690	4.725	4.761	4.796	4.832	4.868	4.904	4.940	4.976
51	4.815	4.851	4.888	4.924	4.961	4.998	5.035	5.072	5.109	5.147
52	4.978	5.016	5.053	5.091	5.129	5.167	5.205	5.243	5.281	5.320
53	5.144	5.183	5.221	5.260	5.299	5.338	5.377	5.417	5.456	5.496
54	5.312	5.352	5.392	5.432	5.472	5.513	5.553	5.593	5.634	5.675
55	5.484	5.525	5.566	5.607	5.648	5.690	5.731	5.773	5.814	5.856
56	5.658	5.700	5.742	5.785	5.827	5.870	5.912	5.955	5.998	6.041
57	5.835	5.878	5.921	5.965	6.009	6.052	6.096	6.140	6.184	6.228
58	6.014	6.059	6.103	6.148	6.193	6.238	6.283	6.328	6.373	6.419
59	6.197	6.242	6.288	6.334	6.380	6.426	6.472	6.519	6.565	6.612
60	6.381	6.428	6.475	6.523	6.570	6.617	6.665	6.712	6.760	6.808
61	6.569	6.617	6.666	6.714	6.762	6.811	6.860	6.909	6.958	7.007
62	6.760	6.809	6.858	6.908	6.958	7.008	7.058	7.108	7.158	7.209
63	6.953	7.003	7.054	7.105	7.156	7.207	7.259	7.310	7.362	7.413
64	7.149	7.200	7.253	7.305	7.357	7.410	7.462	7.515	7.568	7.621

续表4

检尺径/cm	检尺长/m									
	17.0	17.1	17.2	17.3	17.4	17.5	17.6	17.7	17.8	17.9
	材积/m^3									
65	7.347	7.400	7.454	7.507	7.561	7.615	7.669	7.723	7.777	7.831
66	7.548	7.603	7.658	7.713	7.767	7.823	7.878	7.933	7.989	8.044
67	7.752	7.808	7.864	7.921	7.977	8.033	8.090	8.147	8.203	8.260
68	7.959	8.016	8.074	8.131	8.189	8.247	8.305	8.363	8.421	8.479
69	8.168	8.227	8.286	8.345	8.404	8.463	8.522	8.582	8.641	8.701
70	8.381	8.441	8.501	8.561	8.622	8.682	8.743	8.804	8.865	8.926
71	8.596	8.657	8.719	8.780	8.842	8.904	8.966	9.028	9.091	9.153
72	8.813	8.876	8.939	9.002	9.065	9.129	9.192	9.256	9.320	9.384
73	9.033	9.098	9.162	9.227	9.291	9.356	9.421	9.486	9.552	9.617
74	9.257	9.322	9.388	9.454	9.520	9.587	9.653	9.720	9.786	9.853
75	9.482	9.549	9.617	9.684	9.752	9.820	9.888	9.956	10.024	10.092
76	9.711	9.779	9.848	9.917	9.986	10.056	10.125	10.195	10.264	10.334
77	9.942	10.012	10.082	10.153	10.224	10.294	10.365	10.436	10.507	10.579
78	10.176	10.248	10.319	10.391	10.464	10.536	10.608	10.681	10.753	10.826
79	10.413	10.486	10.559	10.633	10.706	10.780	10.854	10.928	11.002	11.077
80	10.652	10.727	10.802	10.877	10.952	11.027	11.103	11.178	11.254	11.330
81	10.894	10.970	11.047	11.123	11.200	11.277	11.354	11.431	11.509	11.586

续表4

检尺径/cm	检尺长/m									
	17.0	17.1	17.2	17.3	17.4	17.5	17.6	17.7	17.8	17.9
	材积/m^3									
82	11.139	11.217	11.295	11.373	11.451	11.530	11.608	11.687	11.766	11.845
83	11.386	11.466	11.545	11.625	11.705	11.785	11.866	11.946	12.027	12.107
84	11.637	11.718	11.799	11.880	11.962	12.044	12.125	12.208	12.290	12.372
85	11.889	11.972	12.055	12.138	12.221	12.305	12.388	12.472	12.556	12.640
86	12.145	12.230	12.314	12.399	12.484	12.569	12.654	12.739	12.825	12.910
87	12.404	12.490	12.576	12.662	12.749	12.835	12.922	13.009	13.096	13.184
88	12.665	12.752	12.840	12.928	13.016	13.105	13.193	13.282	13.371	13.460
89	12.929	13.018	13.107	13.197	13.287	13.377	13.467	13.558	13.648	13.739
90	13.195	13.286	13.377	13.469	13.560	13.652	13.744	13.836	13.928	14.021
91	13.464	13.557	13.650	13.743	13.837	13.930	14.024	14.118	14.212	14.306
92	13.736	13.831	13.926	14.021	14.116	14.211	14.306	14.402	14.497	14.593
93	14.011	14.107	14.204	14.300	14.397	14.494	14.591	14.689	14.786	14.884
94	14.289	14.387	14.485	14.583	14.682	14.781	14.880	14.979	15.078	15.177
95	14.569	14.669	14.769	14.869	14.969	15.070	15.170	15.271	15.372	15.474
96	14.852	14.953	15.055	15.157	15.259	15.362	15.464	15.567	15.670	15.773
97	15.137	15.241	15.344	15.448	15.552	15.656	15.761	15.865	15.970	16.075
98	15.425	15.531	15.636	15.742	15.848	15.954	16.060	16.166	16.273	16.380

续表4

检尺径/cm	检尺长/m									
	17.0	17.1	17.2	17.3	17.4	17.5	17.6	17.7	17.8	17.9
	材积/m^3									
99	15.717	15.824	15.931	16.039	16.146	16.254	16.362	16.470	16.579	16.687
100	16.010	16.119	16.228	16.338	16.447	16.557	16.667	16.777	16.888	16.998
101	16.307	16.418	16.529	16.640	16.751	16.863	16.975	17.087	17.199	17.311
102	16.606	16.719	16.832	16.945	17.058	17.172	17.286	17.399	17.514	17.628
103	16.908	17.023	17.137	17.253	17.368	17.483	17.599	17.715	17.831	17.947
104	17.213	17.329	17.446	17.563	17.680	17.798	17.915	18.033	18.151	18.269
105	17.520	17.638	17.757	17.876	17.995	18.115	18.234	18.354	18.474	18.594
106	17.830	17.950	18.071	18.192	18.313	18.435	18.556	18.678	18.800	18.922
107	18.143	18.265	18.388	18.511	18.634	18.757	18.881	19.004	19.128	19.252
108	18.458	18.583	18.707	18.832	18.957	19.083	19.208	19.334	19.460	19.586
109	18.777	18.903	19.030	19.157	19.284	19.411	19.539	19.666	19.794	19.922
110	19.097	19.226	19.355	19.484	19.613	19.742	19.872	20.001	20.131	20.262
111	19.421	19.552	19.683	19.814	19.945	20.076	20.208	20.339	20.471	20.604
112	19.748	19.880	20.013	20.146	20.279	20.413	20.546	20.680	20.814	20.949
113	20.077	20.211	20.346	20.481	20.617	20.752	20.888	21.024	21.160	21.296
114	20.409	20.545	20.682	20.820	20.957	21.095	21.232	21.370	21.509	21.647
115	20.743	20.882	21.021	21.160	21.300	21.440	21.580	21.720	21.860	22.001

续表4

检尺径/cm	检尺长/m									
	17.0	17.1	17.2	17.3	17.4	17.5	17.6	17.7	17.8	17.9
	材积/m^3									
116	21.080	21.221	21.363	21.504	21.646	21.788	21.930	22.072	22.214	22.357
117	21.420	21.564	21.707	21.850	21.994	22.138	22.283	22.427	22.572	22.716
118	21.763	21.908	22.054	22.200	22.346	22.492	22.638	22.785	22.932	23.079
119	22.109	22.256	22.404	22.552	22.700	22.848	22.997	23.145	23.294	23.444
120	22.457	22.606	22.756	22.906	23.057	23.207	23.358	23.509	23.660	23.811

续表4

检尺径/cm	检尺长/m									
	18.0	18.1	18.2	18.3	18.4	18.5	18.6	18.7	18.8	18.9
	材积/m^3									
14	0.762	0.769	0.777	0.785	0.792	0.800	0.808	0.816	0.824	0.831
15	0.829	0.838	0.846	0.854	0.862	0.870	0.879	0.887	0.895	0.904
16	0.900	0.909	0.917	0.926	0.935	0.944	0.952	0.961	0.970	0.979
17	0.973	0.983	0.992	1.001	1.010	1.020	1.029	1.039	1.048	1.058
18	1.050	1.060	1.069	1.079	1.089	1.099	1.109	1.119	1.129	1.139
19	1.129	1.139	1.150	1.160	1.171	1.181	1.192	1.202	1.213	1.224
20	1.211	1.222	1.233	1.244	1.255	1.266	1.277	1.289	1.300	1.311
21	1.296	1.308	1.319	1.331	1.343	1.354	1.366	1.378	1.390	1.402
22	1.384	1.396	1.408	1.421	1.433	1.445	1.458	1.470	1.483	1.496
23	1.475	1.487	1.500	1.513	1.526	1.539	1.552	1.566	1.579	1.592
24	1.568	1.582	1.595	1.609	1.622	1.636	1.650	1.664	1.678	1.692
25	1.665	1.679	1.693	1.707	1.722	1.736	1.751	1.765	1.780	1.794
26	1.764	1.779	1.794	1.809	1.824	1.839	1.854	1.869	1.885	1.900
27	1.866	1.882	1.897	1.913	1.929	1.945	1.961	1.977	1.993	2.009
28	1.971	1.988	2.004	2.020	2.037	2.054	2.070	2.087	2.104	2.121
29	2.079	2.096	2.114	2.131	2.148	2.165	2.183	2.200	2.218	2.235
30	2.190	2.208	2.226	2.244	2.262	2.280	2.298	2.316	2.335	2.353

续表4

检尺径/cm	检尺长/m									
	18.0	18.1	18.2	18.3	18.4	18.5	18.6	18.7	18.8	18.9
	材积/m^3									
31	2.304	2.323	2.341	2.360	2.379	2.398	2.417	2.436	2.455	2.474
32	2.421	2.440	2.459	2.479	2.499	2.518	2.538	2.558	2.578	2.598
33	2.540	2.560	2.581	2.601	2.621	2.642	2.662	2.683	2.704	2.725
34	2.663	2.684	2.705	2.726	2.747	2.768	2.790	2.811	2.833	2.855
35	2.788	2.810	2.832	2.854	2.876	2.898	2.920	2.943	2.965	2.987
36	2.916	2.939	2.962	2.984	3.007	3.030	3.054	3.077	3.100	3.123
37	3.047	3.071	3.094	3.118	3.142	3.166	3.190	3.214	3.238	3.262
38	3.181	3.205	3.230	3.255	3.279	3.304	3.329	3.354	3.379	3.404
39	3.318	3.343	3.369	3.394	3.420	3.446	3.471	3.497	3.523	3.549
40	3.457	3.484	3.510	3.537	3.563	3.590	3.617	3.643	3.670	3.697
41	3.600	3.627	3.655	3.682	3.709	3.737	3.765	3.793	3.820	3.848
42	3.745	3.774	3.802	3.830	3.859	3.887	3.916	3.945	3.974	4.002
43	3.894	3.923	3.952	3.982	4.011	4.040	4.070	4.100	4.130	4.160
44	4.045	4.075	4.105	4.136	4.166	4.197	4.227	4.258	4.289	4.320
45	4.199	4.230	4.261	4.293	4.324	4.356	4.387	4.419	4.451	4.483
46	4.356	4.388	4.420	4.453	4.485	4.518	4.550	4.583	4.616	4.649
47	4.516	4.549	4.582	4.616	4.649	4.683	4.716	4.750	4.784	4.818

续表4

检尺径/cm	检尺长/m									
	18.0	18.1	18.2	18.3	18.4	18.5	18.6	18.7	18.8	18.9
	材积/m³									
48	4.679	4.713	4.747	4.782	4.816	4.851	4.886	4.920	4.955	4.990
49	4.844	4.879	4.915	4.950	4.986	5.022	5.058	5.093	5.129	5.166
50	5.013	5.049	5.086	5.122	5.159	5.196	5.233	5.270	5.307	5.344
51	5.184	5.221	5.259	5.297	5.335	5.372	5.411	5.449	5.487	5.525
52	5.358	5.397	5.436	5.474	5.513	5.552	5.591	5.631	5.670	5.709
53	5.535	5.575	5.615	5.655	5.695	5.735	5.775	5.816	5.856	5.897
54	5.715	5.756	5.797	5.838	5.880	5.921	5.962	6.004	6.045	6.087
55	5.898	5.940	5.982	6.025	6.067	6.110	6.152	6.195	6.238	6.281
56	6.084	6.127	6.171	6.214	6.258	6.301	6.345	6.389	6.433	6.477
57	6.273	6.317	6.362	6.406	6.451	6.496	6.541	6.586	6.631	6.676
58	6.464	6.510	6.556	6.601	6.647	6.693	6.740	6.786	6.832	6.879
59	6.659	6.705	6.752	6.799	6.847	6.894	6.941	6.989	7.037	7.084
60	6.856	6.904	6.952	7.000	7.049	7.097	7.146	7.195	7.244	7.293
61	7.056	7.105	7.155	7.204	7.254	7.304	7.354	7.404	7.454	7.504
62	7.259	7.310	7.360	7.411	7.462	7.513	7.565	7.616	7.667	7.719
63	7.465	7.517	7.569	7.621	7.673	7.726	7.778	7.831	7.884	7.936
64	7.674	7.727	7.780	7.834	7.887	7.941	7.995	8.049	8.103	8.157

续表4

检尺径/cm	检尺长/m									
	18.0	18.1	18.2	18.3	18.4	18.5	18.6	18.7	18.8	18.9
	材积/m³									
65	7.885	7.940	7.995	8.049	8.104	8.159	8.214	8.270	8.325	8.381
66	8.100	8.156	8.212	8.268	8.324	8.381	8.437	8.494	8.550	8.607
67	8.317	8.375	8.432	8.489	8.547	8.605	8.663	8.721	8.779	8.837
68	8.538	8.596	8.655	8.714	8.773	8.832	8.891	8.951	9.010	9.070
69	8.761	8.821	8.881	8.941	9.002	9.062	9.123	9.184	9.244	9.305
70	8.987	9.048	9.110	9.172	9.233	9.295	9.357	9.419	9.482	9.544
71	9.216	9.279	9.342	9.405	9.468	9.531	9.595	9.658	9.722	9.786
72	9.448	9.512	9.576	9.641	9.706	9.770	9.835	9.900	9.965	10.031
73	9.683	9.748	9.814	9.880	9.946	10.012	10.079	10.145	10.212	10.279
74	9.920	9.987	10.055	10.122	10.190	10.257	10.325	10.393	10.461	10.529
75	10.161	10.229	10.298	10.367	10.436	10.505	10.574	10.644	10.714	10.783
76	10.404	10.474	10.544	10.615	10.685	10.756	10.827	10.898	10.969	11.040
77	10.650	10.722	10.794	10.866	10.938	11.010	11.082	11.155	11.227	11.300
78	10.899	10.973	11.046	11.119	11.193	11.267	11.340	11.415	11.489	11.563
79	11.151	11.226	11.301	11.376	11.451	11.526	11.602	11.677	11.753	11.829
80	11.406	11.482	11.559	11.635	11.712	11.789	11.866	11.943	12.021	12.098
81	11.664	11.742	11.820	11.898	11.976	12.055	12.133	12.212	12.291	12.370

续表4

检尺径/cm	检尺长/m									
	18.0	18.1	18.2	18.3	18.4	18.5	18.6	18.7	18.8	18.9
	材积/m^3									
82	11.925	12.004	12.084	12.163	12.243	12.323	12.404	12.484	12.564	12.645
83	12.188	12.269	12.350	12.432	12.513	12.595	12.677	12.759	12.841	12.923
84	12.455	12.537	12.620	12.703	12.786	12.869	12.953	13.036	13.120	13.204
85	12.724	12.808	12.893	12.977	13.062	13.147	13.232	13.317	13.403	13.488
86	12.996	13.082	13.168	13.254	13.341	13.427	13.514	13.601	13.688	13.775
87	13.271	13.359	13.446	13.534	13.623	13.711	13.799	13.888	13.977	14.066
88	13.549	13.638	13.728	13.817	13.907	13.997	14.087	14.178	14.268	14.359
89	13.830	13.921	14.012	14.103	14.195	14.287	14.378	14.470	14.563	14.655
90	14.113	14.206	14.299	14.392	14.485	14.579	14.672	14.766	14.860	14.954
91	14.400	14.494	14.589	14.684	14.779	14.874	14.969	15.065	15.161	15.256
92	14.689	14.786	14.882	14.979	15.075	15.172	15.269	15.367	15.464	15.562
93	14.982	15.080	15.178	15.276	15.375	15.473	15.572	15.671	15.771	15.870
94	15.277	15.377	15.477	15.577	15.677	15.778	15.878	15.979	16.080	16.181
95	15.575	15.677	15.778	15.880	15.982	16.085	16.187	16.290	16.393	16.496
96	15.876	15.979	16.083	16.187	16.291	16.395	16.499	16.604	16.708	16.813
97	16.180	16.285	16.390	16.496	16.602	16.708	16.814	16.920	17.027	17.133
98	16.487	16.594	16.701	16.808	16.916	17.024	17.132	17.240	17.348	17.457

续表4

检尺径/cm	检尺长/m									
	18.0	18.1	18.2	18.3	18.4	18.5	18.6	18.7	18.8	18.9
	材积/m^3									
99	16.796	16.905	17.014	17.124	17.233	17.343	17.453	17.563	17.673	17.783
100	17.109	17.219	17.330	17.442	17.553	17.665	17.776	17.888	18.000	18.113
101	17.424	17.537	17.650	17.763	17.876	17.989	18.103	18.217	18.331	18.445
102	17.742	17.857	17.972	18.087	18.202	18.317	18.433	18.549	18.665	18.781
103	18.063	18.180	18.297	18.414	18.531	18.648	18.766	18.883	19.001	19.119
104	18.387	18.506	18.625	18.743	18.863	18.982	19.101	19.221	19.341	19.461
105	18.714	18.835	18.955	19.076	19.197	19.319	19.440	19.562	19.683	19.805
106	19.044	19.166	19.289	19.412	19.535	19.658	19.782	19.905	20.029	20.153
107	19.377	19.501	19.626	19.751	19.876	20.001	20.126	20.252	20.378	20.504
108	19.712	19.839	19.965	20.092	20.219	20.346	20.474	20.601	20.729	20.857
109	20.051	20.179	20.308	20.437	20.566	20.695	20.824	20.954	21.084	21.214
110	20.392	20.522	20.653	20.784	20.915	21.046	21.178	21.310	21.442	21.574
111	20.736	20.869	21.001	21.134	21.268	21.401	21.534	21.668	21.802	21.936
112	21.083	21.218	21.353	21.488	21.623	21.758	21.894	22.030	22.166	22.302
113	21.433	21.570	21.707	21.844	21.981	22.119	22.256	22.394	22.533	22.671
114	21.786	21.925	22.064	22.203	22.342	22.482	22.622	22.762	22.902	23.043
115	22.141	22.282	22.424	22.565	22.707	22.848	22.990	23.133	23.275	23.418

续表4

检尺径/cm	检尺长/m									
	18.0	18.1	18.2	18.3	18.4	18.5	18.6	18.7	18.8	18.9
	材积/m³									
116	22.500	22.643	22.786	22.930	23.074	23.218	23.362	23.506	23.651	23.795
117	22.861	23.007	23.152	23.298	23.444	23.590	23.736	23.883	24.029	24.176
118	23.226	23.373	23.521	23.669	23.817	23.965	24.113	24.262	24.411	24.560
119	23.593	23.743	23.892	24.042	24.193	24.343	24.494	24.645	24.796	24.947
120	23.963	24.115	24.267	24.419	24.572	24.724	24.877	25.030	25.184	25.337

续表4

检尺径/cm	检尺长/m										
	19.0	19.1	19.2	19.3	19.4	19.5	19.6	19.7	19.8	19.9	20.0
	材积/m^3										
14	0.839	0.847	0.855	0.864	0.872	0.880	0.888	0.896	0.905	0.913	0.922
15	0.912	0.921	0.930	0.938	0.947	0.956	0.964	0.973	0.982	0.991	1.000
16	0.988	0.997	1.007	1.016	1.025	1.034	1.044	1.053	1.063	1.072	1.082
17	1.067	1.077	1.087	1.097	1.106	1.116	1.126	1.136	1.146	1.156	1.166
18	1.149	1.160	1.170	1.180	1.191	1.201	1.212	1.222	1.233	1.244	1.254
19	1.235	1.245	1.256	1.267	1.278	1.289	1.301	1.312	1.323	1.334	1.346
20	1.323	1.334	1.346	1.357	1.369	1.381	1.392	1.404	1.416	1.428	1.440
21	1.414	1.426	1.438	1.450	1.463	1.475	1.487	1.500	1.512	1.525	1.538
22	1.508	1.521	1.534	1.547	1.560	1.573	1.586	1.599	1.612	1.625	1.638
23	1.606	1.619	1.632	1.646	1.660	1.673	1.687	1.701	1.715	1.728	1.742
24	1.706	1.720	1.734	1.748	1.763	1.777	1.791	1.806	1.820	1.835	1.850
25	1.809	1.824	1.839	1.854	1.869	1.884	1.899	1.914	1.929	1.945	1.960
26	1.916	1.931	1.947	1.962	1.978	1.994	2.010	2.026	2.041	2.058	2.074
27	2.025	2.041	2.058	2.074	2.090	2.107	2.123	2.140	2.157	2.174	2.190
28	2.138	2.154	2.172	2.189	2.206	2.223	2.240	2.258	2.275	2.293	2.310
29	2.253	2.271	2.289	2.306	2.324	2.342	2.361	2.379	2.397	2.415	2.434
30	2.372	2.390	2.409	2.427	2.446	2.465	2.484	2.503	2.522	2.541	2.560

续表4

检尺径/cm	检尺长/m										
	19.0	19.1	19.2	19.3	19.4	19.5	19.6	19.7	19.8	19.9	20.0
	材积/m^3										
31	2.493	2.512	2.532	2.551	2.571	2.590	2.610	2.630	2.650	2.670	2.690
32	2.618	2.638	2.658	2.678	2.699	2.719	2.740	2.760	2.781	2.802	2.822
33	2.746	2.766	2.787	2.809	2.830	2.851	2.872	2.894	2.915	2.937	2.958
34	2.876	2.898	2.920	2.942	2.964	2.986	3.008	3.030	3.053	3.075	3.098
35	3.010	3.033	3.055	3.078	3.101	3.124	3.147	3.170	3.193	3.217	3.240
36	3.147	3.170	3.194	3.218	3.241	3.265	3.289	3.313	3.337	3.361	3.386
37	3.287	3.311	3.336	3.360	3.385	3.409	3.434	3.459	3.484	3.509	3.534
38	3.429	3.455	3.480	3.506	3.531	3.557	3.583	3.608	3.634	3.660	3.686
39	3.575	3.602	3.628	3.654	3.681	3.707	3.734	3.761	3.788	3.815	3.842
40	3.724	3.752	3.779	3.806	3.834	3.861	3.889	3.916	3.944	3.972	4.000
41	3.876	3.905	3.933	3.961	3.989	4.018	4.046	4.075	4.104	4.133	4.162
42	4.031	4.061	4.090	4.119	4.148	4.178	4.207	4.237	4.267	4.296	4.326
43	4.190	4.220	4.250	4.280	4.310	4.341	4.371	4.402	4.433	4.463	4.494
44	4.351	4.382	4.413	4.444	4.475	4.507	4.538	4.570	4.602	4.634	4.666
45	4.515	4.547	4.579	4.611	4.644	4.676	4.709	4.741	4.774	4.807	4.840
46	4.682	4.715	4.748	4.782	4.815	4.849	4.882	4.916	4.950	4.984	5.018
47	4.852	4.886	4.921	4.955	4.990	5.024	5.059	5.094	5.128	5.163	5.198

续表4

检尺径/cm	检尺长/m										
	19.0	19.1	19.2	19.3	19.4	19.5	19.6	19.7	19.8	19.9	20.0
	材积/m^3										
48	5.026	5.061	5.096	5.132	5.167	5.203	5.238	5.274	5.310	5.346	5.382
49	5.202	5.238	5.275	5.311	5.348	5.384	5.421	5.458	5.495	5.532	5.570
50	5.381	5.419	5.456	5.494	5.531	5.569	5.607	5.645	5.683	5.722	5.760
51	5.564	5.602	5.641	5.679	5.718	5.757	5.796	5.835	5.875	5.914	5.954
52	5.749	5.789	5.828	5.868	5.908	5.948	5.989	6.029	6.069	6.110	6.150
53	5.938	5.978	6.019	6.060	6.101	6.143	6.184	6.225	6.267	6.309	6.350
54	6.129	6.171	6.213	6.255	6.298	6.340	6.382	6.425	6.468	6.511	6.554
55	6.324	6.367	6.410	6.453	6.497	6.540	6.584	6.628	6.672	6.716	6.760
56	6.521	6.566	6.610	6.655	6.699	6.744	6.789	6.834	6.879	6.924	6.970
57	6.722	6.767	6.813	6.859	6.905	6.951	6.997	7.043	7.089	7.136	7.182
58	6.926	6.972	7.019	7.066	7.113	7.160	7.208	7.255	7.303	7.351	7.398
59	7.132	7.180	7.228	7.277	7.325	7.373	7.422	7.471	7.520	7.569	7.618
60	7.342	7.391	7.441	7.490	7.540	7.589	7.639	7.689	7.739	7.790	7.840
61	7.555	7.605	7.656	7.707	7.758	7.809	7.860	7.911	7.962	8.014	8.066
62	7.771	7.822	7.874	7.926	7.979	8.031	8.083	8.136	8.189	8.241	8.294
63	7.990	8.043	8.096	8.149	8.203	8.256	8.310	8.364	8.418	8.472	8.526
64	8.211	8.266	8.320	8.375	8.430	8.485	8.540	8.595	8.651	8.706	8.762

续表4

检尺径/cm	检尺长/m										
	19.0	19.1	19.2	19.3	19.4	19.5	19.6	19.7	19.8	19.9	20.0
	材积/m^3										
65	8.436	8.492	8.548	8.604	8.660	8.717	8.773	8.830	8.886	8.943	9.000
66	8.664	8.722	8.779	8.836	8.894	8.951	9.009	9.067	9.125	9.183	9.242
67	8.895	8.954	9.013	9.071	9.130	9.189	9.248	9.308	9.367	9.427	9.486
68	9.130	9.189	9.249	9.310	9.370	9.430	9.491	9.552	9.612	9.673	9.734
69	9.367	9.428	9.489	9.551	9.613	9.674	9.736	9.799	9.861	9.923	9.986
70	9.607	9.669	9.732	9.795	9.858	9.922	9.985	10.049	10.112	10.176	10.240
71	9.850	9.914	9.978	10.043	10.107	10.172	10.237	10.302	10.367	10.432	10.498
72	10.096	10.162	10.228	10.293	10.359	10.426	10.492	10.558	10.625	10.692	10.758
73	10.346	10.413	10.480	10.547	10.615	10.682	10.750	10.818	10.886	10.954	11.022
74	10.598	10.666	10.735	10.804	10.873	10.942	11.011	11.081	11.150	11.220	11.290
75	10.853	10.923	10.993	11.064	11.134	11.205	11.276	11.346	11.417	11.489	11.560
76	11.112	11.183	11.255	11.327	11.399	11.471	11.543	11.615	11.688	11.761	11.834
77	11.373	11.446	11.519	11.593	11.666	11.740	11.814	11.888	11.962	12.036	12.110
78	11.638	11.712	11.787	11.862	11.937	12.012	12.087	12.163	12.239	12.314	12.390
79	11.905	11.981	12.058	12.134	12.211	12.287	12.364	12.441	12.519	12.596	12.674
80	12.176	12.253	12.331	12.409	12.488	12.566	12.644	12.723	12.802	12.881	12.960
81	12.449	12.529	12.608	12.688	12.768	12.847	12.928	13.008	13.088	13.169	13.250

续表4

检尺径/cm	检尺长/m										
	19.0	19.1	19.2	19.3	19.4	19.5	19.6	19.7	19.8	19.9	20.0
	材积/m^3										
82	12.726	12.807	12.888	12.969	13.051	13.132	13.214	13.296	13.378	13.460	13.542
83	13.006	13.088	13.171	13.254	13.337	13.420	13.503	13.587	13.671	13.754	13.838
84	13.288	13.372	13.457	13.541	13.626	13.711	13.796	13.881	13.966	14.052	14.138
85	13.574	13.660	13.746	13.832	13.918	14.005	14.092	14.179	14.266	14.353	14.440
86	13.863	13.950	14.038	14.126	14.214	14.302	14.391	14.479	14.568	14.657	14.746
87	14.155	14.244	14.333	14.423	14.513	14.602	14.693	14.783	14.873	14.964	15.054
88	14.450	14.540	14.632	14.723	14.814	14.906	14.998	15.090	15.182	15.274	15.366
89	14.747	14.840	14.933	15.026	15.119	15.212	15.306	15.400	15.493	15.587	15.682
90	15.048	15.143	15.237	15.332	15.427	15.522	15.617	15.713	15.808	15.904	16.000
91	15.352	15.449	15.545	15.641	15.738	15.835	15.932	16.029	16.126	16.224	16.322
92	15.659	15.757	15.855	15.954	16.052	16.151	16.250	16.349	16.448	16.547	16.646
93	15.970	16.069	16.169	16.269	16.369	16.470	16.570	16.671	16.772	16.873	16.974
94	16.283	16.384	16.486	16.588	16.690	16.792	16.894	16.997	17.100	17.203	17.306
95	16.599	16.702	16.806	16.909	17.013	17.117	17.221	17.326	17.430	17.535	17.640
96	16.918	17.023	17.128	17.234	17.340	17.446	17.552	17.658	17.764	17.871	17.978
97	17.240	17.347	17.454	17.562	17.669	17.777	17.885	17.993	18.101	18.210	18.318
98	17.566	17.674	17.783	17.893	18.002	18.112	18.221	18.331	18.442	18.552	18.662

续表4

检尺径/cm	检尺长/m										
	19.0	19.1	19.2	19.3	19.4	19.5	19.6	19.7	19.8	19.9	20.0
	材积/m^3										
99	17.894	18.005	18.116	18.227	18.338	18.449	18.561	18.673	18.785	18.897	19.010
100	18.225	18.338	18.451	18.564	18.677	18.790	18.904	19.018	19.132	19.246	19.360
101	18.560	18.674	18.789	18.904	19.019	19.134	19.250	19.365	19.481	19.597	19.714
102	18.897	19.014	19.130	19.247	19.364	19.481	19.599	19.716	19.834	19.952	20.070
103	19.238	19.356	19.475	19.593	19.712	19.832	19.951	20.071	20.190	20.310	20.430
104	19.581	19.701	19.822	19.943	20.064	20.185	20.306	20.428	20.550	20.671	20.794
105	19.928	20.050	20.173	20.295	20.418	20.541	20.665	20.788	20.912	21.036	21.160
106	20.277	20.402	20.526	20.651	20.776	20.901	21.026	21.152	21.278	21.403	21.530
107	20.630	20.756	20.883	21.010	21.137	21.264	21.391	21.519	21.646	21.774	21.902
108	20.986	21.114	21.243	21.371	21.500	21.629	21.759	21.888	22.018	22.148	22.278
109	21.344	21.475	21.605	21.736	21.867	21.998	22.130	22.262	22.393	22.525	22.658
110	21.706	21.838	21.971	22.104	22.237	22.370	22.504	22.638	22.772	22.906	23.040
111	22.071	22.205	22.340	22.475	22.610	22.746	22.881	23.017	23.153	23.289	23.426
112	22.439	22.575	22.712	22.849	22.987	23.124	23.262	23.400	23.538	23.676	23.814
113	22.809	22.948	23.087	23.226	23.366	23.505	23.645	23.785	23.925	24.066	24.206
114	23.183	23.324	23.465	23.607	23.748	23.890	24.032	24.174	24.316	24.459	24.602
115	23.560	23.703	23.847	23.990	24.134	24.278	24.422	24.566	24.710	24.855	25.000

续表4

检尺径/cm	检尺长/m										
	19.0	19.1	19.2	19.3	19.4	19.5	19.6	19.7	19.8	19.9	20.0
	材积/m^3										
116	23.940	24.086	24.231	24.377	24.522	24.668	24.815	24.961	25.108	25.255	25.402
117	24.323	24.471	24.618	24.766	24.914	25.062	25.211	25.359	25.508	25.657	25.806
118	24.710	24.859	25.009	25.159	25.309	25.459	25.610	25.761	25.912	26.063	26.214
119	25.099	25.250	25.402	25.554	25.707	25.859	26.012	26.165	26.318	26.472	26.626
120	25.491	25.645	25.799	25.953	26.108	26.263	26.418	26.573	26.728	26.884	27.040

（二）原条材积表

编表依据中华人民共和国国家标准GB/T 4815—2009（代替GB 4815—1984）《杉原条材积表》，适用于杉原条、马尾松原条、阔叶树等所有树种原条材积查定（表5）。

1. 材积计算公式

（1）检尺径等于8 cm的杉条材积计算公式：

$V=0.4902L/100$

（2）检尺径大于等于9 cm且检尺长小于等于19 m的杉原条材积计算公式：

$V=0.394\times(3.279+D)^2\times(0.707+L)/10000$

（3）检尺径大于等于9 cm且检尺长大于等于20 m的杉原条材积计算公式：

$V=0.39\times(3.50+D)^2\times(0.48+L)/10000$

以上公式中：V——原条的材积（单位为m^3）；L——原条的检尺长（单位为m）；D——原条的检尺径（单位为cm）。

2. 检尺长和检尺径的进级

梢端直径：6.0～8.0 cm。

检尺长：自5 m以上，以1 m进级，足1 m进级，不足1 m舍去。

检尺径：自8 cm以上，检尺径按1 cm进级，四舍五入至厘米。

3. 材积数字保留位数

检尺径自8 cm以上的原条材积数字保留三位小数。

表5 原条材积

检尺径/cm	检尺长/m								
	5	6	7	8	9	10	11	12	13
	材积/m³								
8	0.025	0.029	0.034	0.039	0.044	0.049	0.054	0.059	0.064
9	0.034	0.040	0.046	0.052	0.058	0.064	0.070	0.075	0.081
10	0.040	0.047	0.054	0.060	0.067	0.074	0.081	0.088	0.095
11	0.046	0.054	0.062	0.070	0.078	0.086	0.094	0.102	0.110
12	0.052	0.062	0.071	0.080	0.089	0.098	0.108	0.117	0.126
13	0.060	0.070	0.080	0.091	0.101	0.112	0.122	0.133	0.143
14	0.067	0.079	0.091	0.102	0.114	0.126	0.138	0.149	0.161
15	0.075	0.088	0.101	0.115	0.128	0.141	0.154	0.167	0.180
16	0.084	0.098	0.113	0.128	0.142	0.157	0.171	0.186	0.201
17	0.092	0.109	0.125	0.141	0.157	0.173	0.190	0.206	0.222
18	0.102	0.120	0.137	0.155	0.173	0.191	0.209	0.227	0.245

续表5

检尺径/cm	检尺长/m								
	5	6	7	8	9	10	11	12	13
	材积/m^3								
19	0.112	0.131	0.151	0.170	0.190	0.209	0.229	0.249	0.268
20	0.122	0.143	0.165	0.186	0.207	0.229	0.250	0.271	0.293
21	0.133	0.156	0.179	0.202	0.225	0.249	0.272	0.295	0.318
22	0.144	0.169	0.194	0.219	0.244	0.270	0.295	0.320	0.345
23	0.155	0.182	0.210	0.237	0.264	0.291	0.319	0.346	0.373
24	0.167	0.197	0.226	0.255	0.285	0.314	0.343	0.373	0.402
25	0.180	0.211	0.243	0.274	0.306	0.337	0.369	0.400	0.432
26	0.193	0.227	0.260	0.294	0.328	0.362	0.395	0.429	0.463
27	0.206	0.242	0.278	0.315	0.351	0.387	0.423	0.459	0.495
28	0.220	0.259	0.297	0.336	0.374	0.413	0.451	0.490	0.528
29	0.234	0.275	0.316	0.357	0.398	0.440	0.481	0.522	0.563
30	0.249	0.293	0.336	0.380	0.424	0.467	0.511	0.554	0.598
31	0.264	0.311	0.357	0.403	0.449	0.496	0.542	0.588	0.635
32	0.280	0.329	0.378	0.427	0.476	0.525	0.574	0.623	0.672
33	0.296	0.348	0.400	0.452	0.503	0.555	0.607	0.659	0.711
34	0.312	0.367	0.422	0.477	0.532	0.586	0.641	0.696	0.751
35	0.329	0.387	0.445	0.503	0.560	0.618	0.676	0.734	0.791
36	0.347	0.408	0.468	0.529	0.590	0.651	0.712	0.772	0.833

续表5

检尺径/cm	检尺长/m								
	5	6	7	8	9	10	11	12	13
	材积/m^3								
37	0.365	0.429	0.493	0.557	0.620	0.684	0.748	0.812	0.876
38	0.383	0.450	0.517	0.585	0.652	0.719	0.786	0.853	0.920
39	0.402	0.472	0.543	0.613	0.684	0.754	0.825	0.895	0.965
40	0.421	0.495	0.569	0.643	0.716	0.790	0.864	0.938	1.012
41	0.441	0.518	0.595	0.673	0.750	0.827	0.904	0.982	1.059
42	0.461	0.542	0.623	0.703	0.784	0.865	0.946	1.026	1.107
43	0.482	0.566	0.650	0.735	0.819	0.904	0.988	1.072	1.157
44	0.503	0.591	0.679	0.767	0.855	0.943	1.031	1.119	1.207
45	0.524	0.616	0.708	0.800	0.891	0.983	1.075	1.167	1.259
46	0.546	0.642	0.737	0.833	0.929	1.024	1.120	1.216	1.311
47	0.568	0.668	0.768	0.867	0.967	1.066	1.166	1.266	1.365
48	0.591	0.695	0.798	0.902	1.006	1.109	1.213	1.316	1.420
49	0.615	0.722	0.830	0.938	1.045	1.153	1.261	1.368	1.476
50	0.638	0.750	0.862	0.974	1.086	1.198	1.309	1.421	1.533
51	0.662	0.779	0.895	1.011	1.127	1.243	1.359	1.475	1.591
52	0.140	0.165	0.189	0.214	0.238	0.263	0.288	0.312	0.337
53	0.712	0.837	0.962	1.087	1.211	1.336	1.461	1.586	1.711
54	0.738	0.867	0.996	1.126	1.255	1.384	1.513	1.643	1.772

续表5

检尺径/cm	检尺长/m								
	5	6	7	8	9	10	11	12	13
	材积/m^3								
55	0.764	0.898	1.031	1.165	1.299	1.433	1.567	1.700	1.834
56	0.790	0.929	1.067	1.205	1.344	1.482	1.621	1.759	1.898
57	0.817	0.960	1.103	1.247	1.390	1.533	1.676	1.819	1.962
58	0.844	0.992	1.140	1.288	1.436	1.584	1.732	1.880	2.028
59	0.872	1.025	1.178	1.331	1.483	1.636	1.789	1.942	2.095
60	0.900	1.058	1.216	1.374	1.531	1.689	1.847	2.005	2.163

续表5

检尺径/cm	检尺长/m								
	14	15	16	17	18	19	20	21	22
	材积/m^3								
8	0.069	0.074	0.078	0.083	0.088	0.093	0.098	0.103	0.108
9	0.087	0.093	0.099	0.105	0.111	0.117	0.125	0.131	0.137
10	0.102	0.109	0.116	0.123	0.130	0.137	0.146	0.153	0.160
11	0.118	0.126	0.134	0.142	0.150	0.158	0.168	0.176	0.184
12	0.135	0.144	0.154	0.163	0.172	0.181	0.192	0.201	0.211
13	0.154	0.164	0.174	0.185	0.195	0.206	0.217	0.228	0.239
14	0.173	0.185	0.197	0.208	0.220	0.232	0.245	0.257	0.268
15	0.194	0.207	0.220	0.233	0.246	0.259	0.273	0.287	0.300
16	0.215	0.230	0.245	0.259	0.274	0.289	0.304	0.319	0.333
17	0.238	0.254	0.271	0.287	0.303	0.319	0.336	0.352	0.368
18	0.262	0.280	0.298	0.316	0.334	0.352	0.369	0.387	0.405
19	0.288	0.307	0.327	0.346	0.366	0.385	0.404	0.424	0.444
20	0.314	0.335	0.357	0.378	0.399	0.420	0.441	0.463	0.484
21	0.342	0.365	0.388	0.411	0.434	0.458	0.479	0.503	0.526
22	0.370	0.395	0.421	0.446	0.471	0.496	0.519	0.545	0.570
23	0.400	0.427	0.455	0.482	0.509	0.536	0.561	0.588	0.616
24	0.431	0.461	0.490	0.519	0.548	0.578	0.604	0.634	0.663
25	0.463	0.495	0.526	0.558	0.589	0.621	0.649	0.680	0.712

续表5

检尺径/cm	检尺长/m								
	14	15	16	17	18	19	20	21	22
	材积/m^3								
26	0.497	0.531	0.564	0.598	0.632	0.666	0.695	0.729	0.763
27	0.531	0.567	0.604	0.640	0.676	0.712	0.743	0.779	0.816
28	0.567	0.605	0.644	0.683	0.721	0.760	0.793	0.831	0.870
29	0.604	0.645	0.686	0.727	0.768	0.809	0.844	0.885	0.926
30	0.642	0.685	0.729	0.773	0.816	0.860	0.896	0.940	0.984
31	0.681	0.727	0.773	0.820	0.866	0.912	0.951	0.997	1.044
32	0.721	0.770	0.819	0.868	0.917	0.966	0.099	0.104	0.109
33	0.763	0.815	0.866	0.918	0.970	1.022	1.064	1.116	1.168
34	0.805	0.860	0.915	0.970	1.024	1.079	1.123	1.178	1.233
35	0.849	0.907	0.965	1.022	1.080	1.138	1.184	1.242	1.300
36	0.894	0.955	1.016	1.076	1.137	1.198	1.246	1.307	1.368
37	0.940	1.004	1.068	1.132	1.196	1.260	1.310	1.374	1.438
38	0.987	1.055	1.122	1.189	1.256	1.323	1.376	1.443	1.510
39	1.036	1.106	1.177	1.247	1.317	1.388	1.443	1.513	1.584
40	1.085	1.159	1.233	1.307	1.381	1.454	1.511	1.585	1.659
41	1.136	1.213	1.291	1.368	1.445	1.522	1.582	1.659	1.736
42	1.188	1.269	1.350	1.430	1.511	1.592	1.654	1.734	1.815
43	1.241	1.325	1.410	1.494	1.579	1.663	1.727	1.811	1.896

续表5

检尺径/cm	检尺长/m								
	14	15	16	17	18	19	20	21	22
	材积/m^3								
44	1.295	1.383	1.471	1.559	1.648	1.736	1.802	1.890	1.978
45	1.351	1.442	1.534	1.626	1.718	1.810	1.184	1.242	1.300
46	1.407	1.503	1.599	1.694	1.790	1.886	1.957	2.053	2.148
47	1.465	1.564	1.664	1.764	1.863	1.963	2.037	2.136	2.236
48	1.524	1.627	1.731	1.835	1.938	2.042	2.118	2.222	2.325
49	1.584	1.691	1.799	1.907	2.014	2.122	2.201	2.309	2.416
50	1.645	1.757	1.869	1.980	2.092	2.204	2.286	2.398	2.509
51	1.707	1.823	1.939	2.055	2.172	2.288	2.372	2.488	2.604
52	0.361	0.386	0.410	0.435	0.460	0.484	2.460	2.580	2.701
53	1.835	1.960	2.085	2.210	2.334	2.459	2.550	2.674	2.799
54	1.901	2.030	2.160	2.289	2.418	2.547	2.641	2.770	2.899
55	1.968	2.102	2.236	2.370	2.503	2.637	2.733	2.867	3.000
56	2.036	2.175	2.313	2.452	2.590	2.728	2.828	2.966	3.104
57	2.105	2.249	2.392	2.535	2.678	2.821	2.924	3.066	3.209
58	2.176	2.324	2.472	2.620	2.768	2.916	3.021	3.168	3.316
59	2.248	2.400	2.553	2.706	2.859	3.012	3.120	3.272	3.425
60	2.320	2.478	2.636	2.794	2.951	3.109	3.221	3.378	3.535

续表5

检尺径/cm	检尺长/m							
	23	24	25	26	27	28	29	30
	材积/m³							
8	0.113	0.118	0.123	0.127	0.132	0.137	0.142	0.147
9	0.143	0.149	0.155	0.161	0.167	0.174	0.180	0.186
10	0.167	0.174	0.181	0.188	0.195	0.202	0.210	0.217
11	0.193	0.201	0.209	0.217	0.225	0.234	0.242	0.250
12	0.220	0.229	0.239	0.248	0.257	0.267	0.276	0.286
13	0.249	0.260	0.271	0.281	0.292	0.302	0.313	0.324
14	0.280	0.292	0.304	0.316	0.328	0.340	0.352	0.364
15	0.313	0.327	0.340	0.353	0.367	0.380	0.393	0.407
16	0.348	0.363	0.378	0.393	0.408	0.422	0.437	0.452
17	0.385	0.401	0.418	0.434	0.450	0.467	0.483	0.500
18	0.423	0.441	0.459	0.477	0.495	0.513	0.531	0.549
19	0.464	0.483	0.503	0.523	0.543	0.562	0.582	0.602
20	0.506	0.527	0.549	0.570	0.592	0.613	0.635	0.656
21	0.550	0.573	0.596	0.620	0.643	0.667	0.690	0.714
22	0.595	0.621	0.646	0.672	0.697	0.722	0.748	0.773
23	0.643	0.670	0.698	0.725	0.753	0.780	0.807	0.835
24	0.693	0.722	0.752	0.781	0.810	0.840	0.869	0.899
25	0.744	0.775	0.807	0.839	0.871	0.902	0.934	0.966

续表5

检尺径/cm	检尺长/m							
	23	24	25	26	27	28	29	30
	材积/m³							
26	0.797	0.831	0.865	0.899	0.933	0.967	1.001	1.034
27	0.852	0.888	0.924	0.961	0.997	1.033	1.070	1.106
28	0.909	0.947	0.986	1.025	1.063	1.102	1.141	1.180
29	0.967	1.008	1.050	1.091	1.132	1.173	1.214	1.256
30	1.028	1.071	1.115	1.159	1.203	1.247	1.290	1.334
31	1.090	1.136	1.183	1.229	1.276	1.322	1.368	1.415
32	0.114	0.119	0.123	0.128	0.133	0.138	0.143	0.148
33	1.220	1.272	1.324	1.376	1.428	1.480	1.532	1.584
34	1.288	1.343	1.397	1.452	1.507	1.562	1.617	1.672
35	1.357	1.415	1.473	1.531	1.589	1.646	1.704	1.762
36	1.429	1.490	1.550	1.611	1.672	1.733	1.794	1.855
37	1.502	1.566	1.630	1.694	1.758	1.822	1.886	1.950
38	1.577	1.644	1.711	1.779	1.846	1.913	1.980	2.047
39	1.654	1.724	1.795	1.865	1.936	2.006	2.077	2.147
40	1.733	1.807	1.880	1.954	2.028	2.102	2.176	2.249
41	1.813	1.891	1.968	2.045	2.122	2.200	2.277	2.354
42	1.896	1.977	2.057	2.138	2.219	2.299	2.380	2.461
43	1.980	2.064	2.149	2.233	2.317	2.402	2.486	2.570

续表5

检尺径/cm	检尺长/m							
	23	24	25	26	27	28	29	30
	材积/m^3							
44	2.066	2.154	2.242	2.330	2.418	2.506	2.594	2.682
45	1.357	1.415	1.473	1.531	1.589	1.646	1.704	1.762
46	2.244	2.339	2.435	2.530	2.626	2.722	2.817	2.913
47	2.335	2.435	2.534	2.634	2.733	2.833	2.932	3.032
48	2.429	2.532	2.636	2.739	2.842	2.946	3.049	3.153
49	2.524	2.631	2.739	2.846	2.954	3.061	3.169	3.276
50	2.621	2.733	2.844	2.956	3.068	3.179	3.291	3.402
51	2.720	2.836	2.952	3.067	3.183	3.299	3.415	3.531
52	2.821	2.941	3.061	3.181	3.301	3.421	3.541	3.662
53	2.923	3.048	3.172	3.297	3.421	3.546	3.670	3.795
54	3.028	3.157	3.285	3.414	3.543	3.672	3.801	3.930
55	3.134	3.267	3.401	3.534	3.668	3.801	3.935	4.068
56	3.242	3.380	3.518	3.656	3.794	3.932	4.070	4.208
57	3.352	3.495	3.637	3.780	3.923	4.066	4.208	4.351
58	3.463	3.611	3.758	3.906	4.054	4.201	4.349	4.496
59	3.577	3.729	3.882	4.034	4.186	4.339	4.491	4.643
60	3.692	3.850	4.007	4.164	4.321	4.479	4.636	4.793

（三）小原条材积表

编表依据为中华人民共和国林业行业标准LY/T 1079—2015（代替LY/T 1079—2006）《小原条》，适用于检尺长为3.0～6.0 m、检尺径为4～7 cm的所有树种小原条材积查定（表6）。

1. 材积计算公式

$V=(5.5L+0.38D^2L+16D-30)/10000$

式中：V——小原条的材积（单位为m^3）；L——小原条的检尺长（单位为m）；D——小原条的检尺径（单位为cm）（距大头斧口或锯口2.5 m处去皮直径，单位为cm）。

2. 检尺长和检尺径的进级

检尺长以0.5 m进级，不足0.5 m的由梢端舍去。检尺径按1 cm进级。

3. 材积数字保留位数

小原条材积的计算结果保留四位小数。

表6 小原条材积

检尺径/cm	检尺长/m						
	3.0	3.5	4.0	4.5	5.0	5.5	6.0
	材积/m^3						
4	0.0069	0.0075	0.0080	0.0086	0.0092	0.0098	0.0103
5	0.0095	0.0103	0.0110	0.0118	0.0125	0.0133	0.0140
6	–	–	0.0133	0.0152	0.0162	0.0171	0.0181
7	–	–	0.0178	0.0191	0.0203	0.0215	0.0227

（四）锯材材积表

编表依据为中华人民共和国国家标准GB/T 449—2009（代替GB 449—1984）《锯材材积表》。锯材材积表包括普通锯材材积表、专用普通锯材材积表和部分方材材积表。

1. 普通锯材材积表

普通锯材材积表适用于材长0.5～8.0 m、材宽30～300 mm、材厚12～100 mm的所有树种锯材产品的材积查定（表7）。

（1）材积计算公式：

$V=L \cdot W \cdot T/1000000=0.000001L \cdot W \cdot T$

式中：V——锯材材积（单位为m^3）；L——锯材长度（单位为m）；W——锯材宽度（单位为mm）；T——锯材厚度（单位为mm）。

（2）检尺长和检尺径的进级。普通锯材材长：在2.0 m以下，按0.1 m进级；自2.0 m以上，按0.2 m进级。材宽：按10 mm进级。材厚：12～21 mm，按3 mm进级；21～25 mm，按4 mm进级；25～50 mm，按5 mm进级；50～100 mm，按10 mm进级。

（3）材积数字保留位数。普通锯材材长在2.0 m及2.0 m以下，保留五位小数；材长大于2.0 m保留四位小数。

表7　普通锯材材积

材宽/mm	材长0.5 m							
	材厚/mm							
	12	15	18	21	25	30	35	40
	材积/m³							
30	0.00018	0.00023	0.00027	0.00032	0.00038	0.00045	0.00053	0.00060
40	0.00024	0.00030	0.00036	0.00042	0.00050	0.00060	0.00070	0.00080
50	0.00030	0.00038	0.00045	0.00053	0.00063	0.00075	0.00088	0.00100
60	0.00036	0.00045	0.00054	0.00063	0.00075	0.00090	0.00105	0.00120
70	0.00042	0.00053	0.00063	0.00074	0.00088	0.00105	0.00123	0.00140
80	0.00048	0.00060	0.00072	0.00084	0.00100	0.00120	0.00140	0.00160
90	0.00054	0.00068	0.00081	0.00095	0.00113	0.00135	0.00158	0.00180
100	0.00060	0.00075	0.00090	0.00105	0.00125	0.00150	0.00175	0.00200
110	0.00066	0.00083	0.00099	0.00116	0.00138	0.00165	0.00193	0.00220
120	0.00072	0.00090	0.00108	0.00126	0.00150	0.00180	0.00210	0.00240
130	0.00078	0.00098	0.00117	0.00137	0.00163	0.00195	0.00228	0.00260
140	0.00084	0.00105	0.00126	0.00147	0.00175	0.00210	0.00245	0.00280
150	0.00090	0.00113	0.00135	0.00158	0.00188	0.00225	0.00263	0.00300
160	0.00096	0.00120	0.00144	0.00168	0.00200	0.00240	0.00280	0.00320

续表7

材宽/mm	材长0.5 m							
	材厚/mm							
	12	15	18	21	25	30	35	40
	材积/m³							
170	0.00102	0.00128	0.00153	0.00179	0.00213	0.00255	0.00298	0.00340
180	0.00108	0.00135	0.00162	0.00189	0.00225	0.00270	0.00315	0.00360
190	0.00114	0.00143	0.00171	0.00200	0.00238	0.00285	0.00333	0.00380
200	0.00120	0.00150	0.00180	0.00210	0.00250	0.00300	0.00350	0.00400
210	0.00126	0.00158	0.00189	0.00221	0.00263	0.00315	0.00368	0.00420
220	0.00132	0.00165	0.00198	0.00231	0.00275	0.00330	0.00385	0.00440
230	0.00138	0.00173	0.00207	0.00242	0.00288	0.00345	0.00403	0.00460
240	0.00144	0.00180	0.00216	0.00252	0.00300	0.00360	0.00420	0.00480
250	0.00150	0.00188	0.00225	0.00263	0.00313	0.00375	0.00438	0.00500
260	0.00156	0.00195	0.00234	0.00273	0.00325	0.00390	0.00455	0.00520
270	0.00162	0.00203	0.00243	0.00284	0.00338	0.00405	0.00473	0.00540
280	0.00168	0.00210	0.00252	0.00294	0.00350	0.00420	0.00490	0.00560
290	0.00174	0.00218	0.00261	0.00305	0.00363	0.00435	0.00508	0.00580
300	0.00180	0.00225	0.00270	0.00315	0.00375	0.00450	0.00525	0.00600

续表7

材宽/mm	材长0.5 m						
	材厚/mm						
	45	50	60	70	80	90	100
	材积/m^3						
30	0.00068	0.00075	0.00090	0.00105	0.00120	0.00135	0.00150
40	0.00090	0.00100	0.00120	0.00140	0.00160	0.00180	0.00200
50	0.00113	0.00125	0.00150	0.00175	0.00200	0.00225	0.00250
60	0.00135	0.00150	0.00180	0.00210	0.00240	0.00270	0.00300
70	0.00158	0.00175	0.00210	0.00245	0.00280	0.00315	0.00350
80	0.00180	0.00200	0.00240	0.00280	0.00320	0.00360	0.00400
90	0.00203	0.00225	0.00270	0.00315	0.00360	0.00405	0.00450
100	0.00225	0.00250	0.00300	0.00350	0.00400	0.00450	0.00500
110	0.00248	0.00275	0.00330	0.00385	0.00440	0.00495	0.00550
120	0.00270	0.00300	0.00360	0.00420	0.00480	0.00540	0.00600
130	0.00293	0.00325	0.00390	0.00455	0.00520	0.00585	0.00650
140	0.00315	0.00350	0.00420	0.00490	0.00560	0.00630	0.00700
150	0.00338	0.00375	0.00450	0.00525	0.00600	0.00675	0.00750
160	0.00360	0.00400	0.00480	0.00560	0.00640	0.00720	0.00800
170	0.00383	0.00425	0.00510	0.00595	0.00680	0.00765	0.00850

续表7

材宽/mm	材长0.5 m						
	材厚/mm						
	45	50	60	70	80	90	100
	材积/m³						
180	0.00405	0.00450	0.00540	0.00630	0.00720	0.00810	0.00900
190	0.00428	0.00475	0.00570	0.00665	0.00760	0.00855	0.00950
200	0.00450	0.00500	0.00600	0.00700	0.00800	0.00900	0.01000
210	0.00473	0.00525	0.00630	0.00735	0.00840	0.00945	0.01050
220	0.00495	0.00550	0.00660	0.00770	0.00880	0.00990	0.01100
230	0.00518	0.00575	0.00690	0.00805	0.00920	0.01035	0.01150
240	0.00540	0.00600	0.00720	0.00840	0.00960	0.01080	0.01200
250	0.00563	0.00625	0.00750	0.00875	0.01000	0.01125	0.01250
260	0.00585	0.00650	0.00780	0.00910	0.01040	0.01170	0.01300
270	0.00608	0.00675	0.00810	0.00945	0.01080	0.01215	0.01350
280	0.00630	0.00700	0.00840	0.00980	0.01120	0.01260	0.01400
290	0.00653	0.00725	0.00870	0.01015	0.01160	0.01305	0.01450
300	0.00675	0.00750	0.00900	0.01050	0.01200	0.01350	0.01500

续表7

材宽/mm	材长0.6 m							
	材厚/mm							
	12	15	18	21	25	30	35	40
	材积/m^3							
30	0.00022	0.00027	0.00032	0.00038	0.00045	0.00054	0.00063	0.00072
40	0.00029	0.00036	0.00043	0.00050	0.00060	0.00072	0.00084	0.00096
50	0.00036	0.00045	0.00054	0.00063	0.00075	0.00090	0.00105	0.00120
60	0.00043	0.00054	0.00065	0.00076	0.00090	0.00108	0.00126	0.00144
70	0.00050	0.00063	0.00076	0.00088	0.00105	0.00126	0.00147	0.00168
80	0.00058	0.00072	0.00086	0.00101	0.00120	0.00144	0.00168	0.00192
90	0.00065	0.00081	0.00097	0.00113	0.00135	0.00162	0.00189	0.00216
100	0.00072	0.00090	0.00108	0.00126	0.00150	0.00180	0.00210	0.00240
110	0.00079	0.00099	0.00119	0.00139	0.00165	0.00198	0.00231	0.00264
120	0.00086	0.00108	0.00130	0.00151	0.00180	0.00216	0.00252	0.00288
130	0.00094	0.00117	0.00140	0.00164	0.00195	0.00234	0.00273	0.00312
140	0.00101	0.00126	0.00151	0.00176	0.00210	0.00252	0.00294	0.00336
150	0.00108	0.00135	0.00162	0.00189	0.00225	0.00270	0.00315	0.00360
160	0.00115	0.00144	0.00173	0.00202	0.00240	0.00288	0.00336	0.00384
170	0.00122	0.00153	0.00184	0.00214	0.00255	0.00306	0.00357	0.00408

续表7

材宽/mm	材长0.6 m							
	材厚/mm							
	12	15	18	21	25	30	35	40
	材积/m³							
180	0.00130	0.00162	0.00194	0.00227	0.00270	0.00324	0.00378	0.00432
190	0.00137	0.00171	0.00205	0.00239	0.00285	0.00342	0.00399	0.00456
200	0.00144	0.00180	0.00216	0.00252	0.00300	0.00360	0.00420	0.00480
210	0.00151	0.00189	0.00227	0.00265	0.00315	0.00378	0.00441	0.00504
220	0.00158	0.00198	0.00238	0.00277	0.00330	0.00396	0.00462	0.00528
230	0.00166	0.00207	0.00248	0.00290	0.00345	0.00414	0.00483	0.00552
240	0.00173	0.00216	0.00259	0.00302	0.00360	0.00432	0.00504	0.00576
250	0.00180	0.00225	0.00270	0.00315	0.00375	0.00450	0.00525	0.00600
260	0.00187	0.00234	0.00281	0.00328	0.00390	0.00468	0.00546	0.00624
270	0.00194	0.00243	0.00292	0.00340	0.00405	0.00486	0.00567	0.00648
280	0.00202	0.00252	0.00302	0.00353	0.00420	0.00504	0.00588	0.00672
290	0.00209	0.00261	0.00313	0.00365	0.00435	0.00522	0.00609	0.00696
300	0.00216	0.00270	0.00324	0.00378	0.00450	0.00540	0.00630	0.00720

续表7

材宽/mm	材长0.6 m						
	材厚/mm						
	45	50	60	70	80	90	100
	材积/m³						
30	0.00081	0.00090	0.00108	0.00126	0.00144	0.00162	0.00180
40	0.00108	0.00120	0.00144	0.00168	0.00192	0.00216	0.00240
50	0.00135	0.00150	0.00180	0.00210	0.00240	0.00270	0.00300
60	0.00162	0.00180	0.00216	0.00252	0.00288	0.00324	0.00360
70	0.00189	0.00210	0.00252	0.00294	0.00336	0.00378	0.00420
80	0.00216	0.00240	0.00288	0.00336	0.00384	0.00432	0.00480
90	0.00243	0.00270	0.00324	0.00378	0.00432	0.00486	0.00540
100	0.00270	0.00300	0.00360	0.00420	0.00480	0.00540	0.00600
110	0.00297	0.00330	0.00396	0.00462	0.00528	0.00594	0.00660
120	0.00324	0.00360	0.00432	0.00504	0.00576	0.00648	0.00720
130	0.00351	0.00390	0.00468	0.00546	0.00624	0.00702	0.00780
140	0.00378	0.00420	0.00504	0.00588	0.00672	0.00756	0.00840
150	0.00405	0.00450	0.00540	0.00630	0.00720	0.00810	0.00900
160	0.00432	0.00480	0.00576	0.00672	0.00768	0.00864	0.00960
170	0.00459	0.00510	0.00612	0.00714	0.00816	0.00918	0.01020

续表7

材宽/mm	材长0.6 m						
	材厚/mm						
	45	50	60	70	80	90	100
	材积/m^3						
180	0.00486	0.00540	0.00648	0.00756	0.00864	0.00972	0.01080
190	0.00513	0.00570	0.00684	0.00798	0.00912	0.01026	0.01140
200	0.00540	0.00600	0.00720	0.00840	0.00960	0.01080	0.01200
210	0.00567	0.00630	0.00756	0.00882	0.01008	0.01134	0.01260
220	0.00594	0.00660	0.00792	0.00924	0.01056	0.01188	0.01320
230	0.00621	0.00690	0.00828	0.00966	0.01104	0.01242	0.01380
240	0.00648	0.00720	0.00864	0.01008	0.01152	0.01296	0.01440
250	0.00675	0.00750	0.00900	0.01050	0.01200	0.01350	0.01500
260	0.00702	0.00780	0.00936	0.01092	0.01248	0.01404	0.01560
270	0.00729	0.00810	0.00972	0.01134	0.01296	0.01458	0.01620
280	0.00756	0.00840	0.01008	0.01176	0.01344	0.01512	0.01680
290	0.00783	0.00870	0.01044	0.01218	0.01392	0.01566	0.01740
300	0.00810	0.00900	0.01080	0.01260	0.01440	0.01620	0.01800

续表7

材宽/mm	材长0.7 m							
	材厚/mm							
	12	15	18	21	25	30	35	40
	材积/m³							
30	0.00025	0.00032	0.00038	0.00044	0.00053	0.00063	0.00074	0.00084
40	0.00034	0.00042	0.00050	0.00059	0.00070	0.00084	0.00098	0.00112
50	0.00042	0.00053	0.00063	0.00074	0.00088	0.00105	0.00123	0.00140
60	0.00050	0.00063	0.00076	0.00088	0.00105	0.00126	0.00147	0.00168
70	0.00059	0.00074	0.00088	0.00103	0.00123	0.00147	0.00172	0.00196
80	0.00067	0.00084	0.00101	0.00118	0.00140	0.00168	0.00196	0.00224
90	0.00076	0.00095	0.00113	0.00132	0.00158	0.00189	0.00221	0.00252
100	0.00084	0.00105	0.00126	0.00147	0.00175	0.00210	0.00245	0.00280
110	0.00092	0.00116	0.00139	0.00162	0.00193	0.00231	0.00270	0.00308
120	0.00101	0.00126	0.00151	0.00176	0.00210	0.00252	0.00294	0.00336
130	0.00109	0.00137	0.00164	0.00191	0.00228	0.00273	0.00319	0.00364
140	0.00118	0.00147	0.00176	0.00206	0.00245	0.00294	0.00343	0.00392
150	0.00126	0.00158	0.00189	0.00221	0.00263	0.00315	0.00368	0.00420
160	0.00134	0.00168	0.00202	0.00235	0.00280	0.00336	0.00392	0.00448
170	0.00143	0.00179	0.00214	0.00250	0.00298	0.00357	0.00417	0.00476

续表7

材宽/mm	材长0.7 m							
	材厚/mm							
	12	15	18	21	25	30	35	40
	材积/m^3							
180	0.00151	0.00189	0.00227	0.00265	0.00315	0.00378	0.00441	0.00504
190	0.00160	0.00200	0.00239	0.00279	0.00333	0.00399	0.00466	0.00532
200	0.00168	0.00210	0.00252	0.00294	0.00350	0.00420	0.00490	0.00560
210	0.00176	0.00221	0.00265	0.00309	0.00368	0.00441	0.00515	0.00588
220	0.00185	0.00231	0.00277	0.00323	0.00385	0.00462	0.00539	0.00616
230	0.00193	0.00242	0.00290	0.00338	0.00403	0.00483	0.00564	0.00644
240	0.00202	0.00252	0.00302	0.00353	0.00420	0.00504	0.00588	0.00672
250	0.00210	0.00263	0.00315	0.00368	0.00438	0.00525	0.00613	0.00700
260	0.00218	0.00273	0.00328	0.00382	0.00455	0.00546	0.00637	0.00728
270	0.00227	0.00284	0.00340	0.00397	0.00473	0.00567	0.00662	0.00756
280	0.00235	0.00294	0.00353	0.00412	0.00490	0.00588	0.00686	0.00784
290	0.00244	0.00305	0.00365	0.00426	0.00508	0.00609	0.00711	0.00812
300	0.00252	0.00315	0.00378	0.00441	0.00525	0.00630	0.00735	0.00840

续表7

材宽/mm	材长0.7 m						
	材厚/mm						
	45	50	60	70	80	90	100
	材积/m^3						
30	0.00095	0.00105	0.00126	0.00147	0.00168	0.00189	0.00210
40	0.00126	0.00140	0.00168	0.00196	0.00224	0.00252	0.00280
50	0.00158	0.00175	0.00210	0.00245	0.00280	0.00315	0.00350
60	0.00189	0.00210	0.00252	0.00294	0.00336	0.00378	0.00420
70	0.00221	0.00245	0.00294	0.00343	0.00392	0.00441	0.00490
80	0.00252	0.00280	0.00336	0.00392	0.00448	0.00504	0.00560
90	0.00284	0.00315	0.00378	0.00441	0.00504	0.00567	0.00630
100	0.00315	0.00350	0.00420	0.00490	0.00560	0.00630	0.00700
110	0.00347	0.00385	0.00462	0.00539	0.00616	0.00693	0.00770
120	0.00378	0.00420	0.00504	0.00588	0.00672	0.00756	0.00840
130	0.00410	0.00455	0.00546	0.00637	0.00728	0.00819	0.00910
140	0.00441	0.00490	0.00588	0.00686	0.00784	0.00882	0.00980
150	0.00473	0.00525	0.00630	0.00735	0.00840	0.00945	0.01050
160	0.00504	0.00560	0.00672	0.00784	0.00896	0.01008	0.01120
170	0.00536	0.00595	0.00714	0.00833	0.00952	0.01071	0.01190

续表7

材宽/mm	材长0.7 m						
	材厚/mm						
	45	50	60	70	80	90	100
	材积/m^3						
180	0.00567	0.00630	0.00756	0.00882	0.01008	0.01134	0.01260
190	0.00599	0.00665	0.00798	0.00931	0.01064	0.01197	0.01330
200	0.00630	0.00700	0.00840	0.00980	0.01120	0.01260	0.01400
210	0.00662	0.00735	0.00882	0.01029	0.01176	0.01323	0.01470
220	0.00693	0.00770	0.00924	0.01078	0.01232	0.01386	0.01540
230	0.00725	0.00805	0.00966	0.01127	0.01288	0.01449	0.01610
240	0.00756	0.00840	0.01008	0.01176	0.01344	0.01512	0.01680
250	0.00788	0.00875	0.01050	0.01225	0.01400	0.01575	0.01750
260	0.00819	0.00910	0.01092	0.01274	0.01456	0.01638	0.01820
270	0.00851	0.00945	0.01134	0.01323	0.01512	0.01701	0.01890
280	0.00882	0.00980	0.01176	0.01372	0.01568	0.01764	0.01960
290	0.00914	0.01015	0.01218	0.01421	0.01624	0.01827	0.02030
300	0.00945	0.01050	0.01260	0.01470	0.01680	0.01890	0.02100

续表7

材宽/mm	材长0.8 m							
	材厚/mm							
	12	15	18	21	25	30	35	40
	材积/m^3							
30	0.00029	0.00036	0.00043	0.00050	0.00060	0.00072	0.00084	0.00096
40	0.00038	0.00048	0.00058	0.00067	0.00080	0.00096	0.00112	0.00128
50	0.00048	0.00060	0.00072	0.00084	0.00100	0.00120	0.00140	0.00160
60	0.00058	0.00072	0.00086	0.00101	0.00120	0.00144	0.00168	0.00192
70	0.00067	0.00084	0.00101	0.00118	0.00140	0.00168	0.00196	0.00224
80	0.00077	0.00096	0.00115	0.00134	0.00160	0.00192	0.00224	0.00256
90	0.00086	0.00108	0.00130	0.00151	0.00180	0.00216	0.00252	0.00288
100	0.00096	0.00120	0.00144	0.00168	0.00200	0.00240	0.00280	0.00320
110	0.00106	0.00132	0.00158	0.00185	0.00220	0.00264	0.00308	0.00352
120	0.00115	0.00144	0.00173	0.00202	0.00240	0.00288	0.00336	0.00384
130	0.00125	0.00156	0.00187	0.00218	0.00260	0.00312	0.00364	0.00416
140	0.00134	0.00168	0.00202	0.00235	0.00280	0.00336	0.00392	0.00448
150	0.00144	0.00180	0.00216	0.00252	0.00300	0.00360	0.00420	0.00480
160	0.00154	0.00192	0.00230	0.00269	0.00320	0.00384	0.00448	0.00512
170	0.00163	0.00204	0.00245	0.00286	0.00340	0.00408	0.00476	0.00544

续表7

材宽/mm	材长0.8 m							
	材厚/mm							
	12	15	18	21	25	30	35	40
	材积/m³							
180	0.00173	0.00216	0.00259	0.00302	0.00360	0.00432	0.00504	0.00576
190	0.00182	0.00228	0.00274	0.00319	0.00380	0.00456	0.00532	0.00608
200	0.00192	0.00240	0.00288	0.00336	0.00400	0.00480	0.00560	0.00640
210	0.00202	0.00252	0.00302	0.00353	0.00420	0.00504	0.00588	0.00672
220	0.00211	0.00264	0.00317	0.00370	0.00440	0.00528	0.00616	0.00704
230	0.00221	0.00276	0.00331	0.00386	0.00460	0.00552	0.00644	0.00736
240	0.00230	0.00288	0.00346	0.00403	0.00480	0.00576	0.00672	0.00768
250	0.00240	0.00300	0.00360	0.00420	0.00500	0.00600	0.00700	0.00800
260	0.00250	0.00312	0.00374	0.00437	0.00520	0.00624	0.00728	0.00832
270	0.00259	0.00324	0.00389	0.00454	0.00540	0.00648	0.00756	0.00864
280	0.00269	0.00336	0.00403	0.00470	0.00560	0.00672	0.00784	0.00896
290	0.00278	0.00348	0.00418	0.00487	0.00580	0.00696	0.00812	0.00928
300	0.00288	0.00360	0.00432	0.00504	0.00600	0.00720	0.00840	0.00960

续表7

材宽/mm	材长0.8 m						
	材厚/mm						
	45	50	60	70	80	90	100
	材积/m³						
30	0.00108	0.00120	0.00144	0.00168	0.00192	0.00216	0.00240
40	0.00144	0.00160	0.00192	0.00224	0.00256	0.00288	0.00320
50	0.00180	0.00200	0.00240	0.00280	0.00320	0.00360	0.00400
60	0.00216	0.00240	0.00288	0.00336	0.00384	0.00432	0.00480
70	0.00252	0.00280	0.00336	0.00392	0.00448	0.00504	0.00560
80	0.00288	0.00320	0.00384	0.00448	0.00512	0.00576	0.00640
90	0.00324	0.00360	0.00432	0.00504	0.00576	0.00648	0.00720
100	0.00360	0.00400	0.00480	0.00560	0.00640	0.00720	0.00800
110	0.00396	0.00440	0.00528	0.00616	0.00704	0.00792	0.00880
120	0.00432	0.00480	0.00576	0.00672	0.00768	0.00864	0.00960
130	0.00468	0.00520	0.00624	0.00728	0.00832	0.00936	0.01040
140	0.00504	0.00560	0.00672	0.00784	0.00896	0.01008	0.01120
150	0.00540	0.00600	0.00720	0.00840	0.00960	0.01080	0.01200
160	0.00576	0.00640	0.00768	0.00896	0.01024	0.01152	0.01280
170	0.00612	0.00680	0.00816	0.00952	0.01088	0.01224	0.01360

续表7

材宽/mm	材长0.8 m						
	材厚/mm						
	45	50	60	70	80	90	100
	材积/m^3						
180	0.00648	0.00720	0.00864	0.01008	0.01152	0.01296	0.01440
190	0.00684	0.00760	0.00912	0.01064	0.01216	0.01368	0.01520
200	0.00720	0.00800	0.00960	0.01120	0.01280	0.01440	0.01600
210	0.00756	0.00840	0.01008	0.01176	0.01344	0.01512	0.01680
220	0.00792	0.00880	0.01056	0.01232	0.01408	0.01584	0.01760
230	0.00828	0.00920	0.01104	0.01288	0.01472	0.01656	0.01840
240	0.00864	0.00960	0.01152	0.01344	0.01536	0.01728	0.01920
250	0.00900	0.01000	0.01200	0.01400	0.01600	0.01800	0.02000
260	0.00936	0.01040	0.01248	0.01456	0.01664	0.01872	0.02080
270	0.00972	0.01080	0.01296	0.01512	0.01728	0.01944	0.02160
280	0.01008	0.01120	0.01344	0.01568	0.01792	0.02016	0.02240
290	0.01044	0.01160	0.01392	0.01624	0.01856	0.02088	0.02320
300	0.01080	0.01200	0.01440	0.01680	0.01920	0.02160	0.02400

续表7

材宽/mm	材长0.9 m							
	材厚/mm							
	12	15	18	21	25	30	35	40
	材积/m^3							
30	0.00032	0.00041	0.00049	0.00057	0.00068	0.00081	0.00095	0.00108
40	0.00043	0.00054	0.00065	0.00076	0.00090	0.00108	0.00126	0.00144
50	0.00054	0.00068	0.00081	0.00095	0.00113	0.00135	0.00158	0.00180
60	0.00065	0.00081	0.00097	0.00113	0.00135	0.00162	0.00189	0.00216
70	0.00076	0.00095	0.00113	0.00132	0.00158	0.00189	0.00221	0.00252
80	0.00086	0.00108	0.00130	0.00151	0.00180	0.00216	0.00252	0.00288
90	0.00097	0.00122	0.00146	0.00170	0.00203	0.00243	0.00284	0.00324
100	0.00108	0.00135	0.00162	0.00189	0.00225	0.00270	0.00315	0.00360
110	0.00119	0.00149	0.00178	0.00208	0.00248	0.00297	0.00347	0.00396
120	0.00130	0.00162	0.00194	0.00227	0.00270	0.00324	0.00378	0.00432
130	0.00140	0.00176	0.00211	0.00246	0.00293	0.00351	0.00410	0.00468
140	0.00151	0.00189	0.00227	0.00265	0.00315	0.00378	0.00441	0.00504
150	0.00162	0.00203	0.00243	0.00284	0.00338	0.00405	0.00473	0.00540
160	0.00173	0.00216	0.00259	0.00302	0.00360	0.00432	0.00504	0.00576
170	0.00184	0.00230	0.00275	0.00321	0.00383	0.00459	0.00536	0.00612

续表7

材宽/mm	材长0.9 m							
	材厚/mm							
	12	15	18	21	25	30	35	40
	材积/m^3							
180	0.00194	0.00243	0.00292	0.00340	0.00405	0.00486	0.00567	0.00648
190	0.00205	0.00257	0.00308	0.00359	0.00428	0.00513	0.00599	0.00684
200	0.00216	0.00270	0.00324	0.00378	0.00450	0.00540	0.00630	0.00720
210	0.00227	0.00284	0.00340	0.00397	0.00473	0.00567	0.00662	0.00756
220	0.00238	0.00297	0.00356	0.00416	0.00495	0.00594	0.00693	0.00792
230	0.00248	0.00311	0.00373	0.00435	0.00518	0.00621	0.00725	0.00828
240	0.00259	0.00324	0.00389	0.00454	0.00540	0.00648	0.00756	0.00864
250	0.00270	0.00338	0.00405	0.00473	0.00563	0.00675	0.00788	0.00900
260	0.00281	0.00351	0.00421	0.00491	0.00585	0.00702	0.00819	0.00936
270	0.00292	0.00365	0.00437	0.00510	0.00608	0.00729	0.00851	0.00972
280	0.00302	0.00378	0.00454	0.00529	0.00630	0.00756	0.00882	0.01008
290	0.00313	0.00392	0.00470	0.00548	0.00653	0.00783	0.00914	0.01044
300	0.00324	0.00405	0.00486	0.00567	0.00675	0.00810	0.00945	0.01080

续表7

材宽/mm	材长0.9 m 材厚/mm 45	50	60	70	80	90	100
	材积/m^3						
30	0.00122	0.00135	0.00162	0.00189	0.00216	0.00243	0.00270
40	0.00162	0.00180	0.00216	0.00252	0.00288	0.00324	0.00360
50	0.00203	0.00225	0.00270	0.00315	0.00360	0.00405	0.00450
60	0.00243	0.00270	0.00324	0.00378	0.00432	0.00486	0.00540
70	0.00284	0.00315	0.00378	0.00441	0.00504	0.00567	0.00630
80	0.00324	0.00360	0.00432	0.00504	0.00576	0.00648	0.00720
90	0.00365	0.00405	0.00486	0.00567	0.00648	0.00729	0.00810
100	0.00405	0.00450	0.00540	0.00630	0.00720	0.00810	0.00900
110	0.00446	0.00495	0.00594	0.00693	0.00792	0.00891	0.00990
120	0.00486	0.00540	0.00648	0.00756	0.00864	0.00972	0.01080
130	0.00527	0.00585	0.00702	0.00819	0.00936	0.01053	0.01170
140	0.00567	0.00630	0.00756	0.00882	0.01008	0.01134	0.01260
150	0.00608	0.00675	0.00810	0.00945	0.01080	0.01215	0.01350
160	0.00648	0.00720	0.00864	0.01008	0.01152	0.01296	0.01440
170	0.00689	0.00765	0.00918	0.01071	0.01224	0.01377	0.01530

续表7

材宽/mm	材长0.9 m						
	材厚/mm						
	45	50	60	70	80	90	100
	材积/m^3						
180	0.00729	0.00810	0.00972	0.01134	0.01296	0.01458	0.01620
190	0.00770	0.00855	0.01026	0.01197	0.01368	0.01539	0.01710
200	0.00810	0.00900	0.01080	0.01260	0.01440	0.01620	0.01800
210	0.00851	0.00945	0.01134	0.01323	0.01512	0.01701	0.01890
220	0.00891	0.00990	0.01188	0.01386	0.01584	0.01782	0.01980
230	0.00932	0.01035	0.01242	0.01449	0.01656	0.01863	0.02070
240	0.00972	0.01080	0.01296	0.01512	0.01728	0.01944	0.02160
250	0.01013	0.01125	0.01350	0.01575	0.01800	0.02025	0.02250
260	0.01053	0.01170	0.01404	0.01638	0.01872	0.02106	0.02340
270	0.01094	0.01215	0.01458	0.01701	0.01944	0.02187	0.02430
280	0.01134	0.01260	0.01512	0.01764	0.02016	0.02268	0.02520
290	0.01175	0.01305	0.01566	0.01827	0.02088	0.02349	0.02610
300	0.01215	0.01350	0.01620	0.01890	0.02160	0.02430	0.02700

续表7

材宽/mm	材长1.0 m							
	材厚/mm							
	12	15	18	21	25	30	35	40
	材积/m^3							
30	0.00036	0.00045	0.00054	0.00063	0.00075	0.00090	0.00105	0.00120
40	0.00048	0.00060	0.00072	0.00084	0.00100	0.00120	0.00140	0.00160
50	0.00060	0.00075	0.00090	0.00105	0.00125	0.00150	0.00175	0.00200
60	0.00072	0.00090	0.00108	0.00126	0.00150	0.00180	0.00210	0.00240
70	0.00084	0.00105	0.00126	0.00147	0.00175	0.00210	0.00245	0.00280
80	0.00096	0.00120	0.00144	0.00168	0.00200	0.00240	0.00280	0.00320
90	0.00108	0.00135	0.00162	0.00189	0.00225	0.00270	0.00315	0.00360
100	0.00120	0.00150	0.00180	0.00210	0.00250	0.00300	0.00350	0.00400
110	0.00132	0.00165	0.00198	0.00231	0.00275	0.00330	0.00385	0.00440
120	0.00144	0.00180	0.00216	0.00252	0.00300	0.00360	0.00420	0.00480
130	0.00156	0.00195	0.00234	0.00273	0.00325	0.00390	0.00455	0.00520
140	0.00168	0.00210	0.00252	0.00294	0.00350	0.00420	0.00490	0.00560
150	0.00180	0.00225	0.00270	0.00315	0.00375	0.00450	0.00525	0.00600
160	0.00192	0.00240	0.00288	0.00336	0.00400	0.00480	0.00560	0.00640
170	0.00204	0.00255	0.00306	0.00357	0.00425	0.00510	0.00595	0.00680

续表7

材宽/mm	材长1.0 m							
	材厚/mm							
	12	15	18	21	25	30	35	40
	材积/m³							
180	0.00216	0.00270	0.00324	0.00378	0.00450	0.00540	0.00630	0.00720
190	0.00228	0.00285	0.00342	0.00399	0.00475	0.00570	0.00665	0.00760
200	0.00240	0.00300	0.00360	0.00420	0.00500	0.00600	0.00700	0.00800
210	0.00252	0.00315	0.00378	0.00441	0.00525	0.00630	0.00735	0.00840
220	0.00264	0.00330	0.00396	0.00462	0.00550	0.00660	0.00770	0.00880
230	0.00276	0.00345	0.00414	0.00483	0.00575	0.00690	0.00805	0.00920
240	0.00288	0.00360	0.00432	0.00504	0.00600	0.00720	0.00840	0.00960
250	0.00300	0.00375	0.00450	0.00525	0.00625	0.00750	0.00875	0.01000
260	0.00312	0.00390	0.00468	0.00546	0.00650	0.00780	0.00910	0.01040
270	0.00324	0.00405	0.00486	0.00567	0.00675	0.00810	0.00945	0.01080
280	0.00336	0.00420	0.00504	0.00588	0.00700	0.00840	0.00980	0.01120
290	0.00348	0.00435	0.00522	0.00609	0.00725	0.00870	0.01015	0.01160
300	0.00360	0.00450	0.00540	0.00630	0.00750	0.00900	0.01050	0.01200

续表7

材宽/mm	材长1.0 m						
	材厚/mm						
	45	50	60	70	80	90	100
	材积/m^3						
30	0.00135	0.00150	0.00180	0.00210	0.00240	0.00270	0.00300
40	0.00180	0.00200	0.00240	0.00280	0.00320	0.00360	0.00400
50	0.00225	0.00250	0.00300	0.00350	0.00400	0.00450	0.00500
60	0.00270	0.00300	0.00360	0.00420	0.00480	0.00540	0.00600
70	0.00315	0.00350	0.00420	0.00490	0.00560	0.00630	0.00700
80	0.00360	0.00400	0.00480	0.00560	0.00640	0.00720	0.00800
90	0.00405	0.00450	0.00540	0.00630	0.00720	0.00810	0.00900
100	0.00450	0.00500	0.00600	0.00700	0.00800	0.00900	0.01000
110	0.00495	0.00550	0.00660	0.00770	0.00880	0.00990	0.01100
120	0.00540	0.00600	0.00720	0.00840	0.00960	0.01080	0.01200
130	0.00585	0.00650	0.00780	0.00910	0.01040	0.01170	0.01300
140	0.00630	0.00700	0.00840	0.00980	0.01120	0.01260	0.01400
150	0.00675	0.00750	0.00900	0.01050	0.01200	0.01350	0.01500
160	0.00720	0.00800	0.00960	0.01120	0.01280	0.01440	0.01600
170	0.00765	0.00850	0.01020	0.01190	0.01360	0.01530	0.01700

续表7

材宽/mm	材长1.0 m						
	材厚/mm						
	45	50	60	70	80	90	100
	材积/m³						
180	0.00810	0.00900	0.01080	0.01260	0.01440	0.01620	0.01800
190	0.00855	0.00950	0.01140	0.01330	0.01520	0.01710	0.01900
200	0.00900	0.01000	0.01200	0.01400	0.01600	0.01800	0.02000
210	0.00945	0.01050	0.01260	0.01470	0.01680	0.01890	0.02100
220	0.00990	0.01100	0.01320	0.01540	0.01760	0.01980	0.02200
230	0.01035	0.01150	0.01380	0.01610	0.01840	0.02070	0.02300
240	0.01080	0.01200	0.01440	0.01680	0.01920	0.02160	0.02400
250	0.01125	0.01250	0.01500	0.01750	0.02000	0.02250	0.02500
260	0.01170	0.01300	0.01560	0.01820	0.02080	0.02340	0.02600
270	0.01215	0.01350	0.01620	0.01890	0.02160	0.02430	0.02700
280	0.01260	0.01400	0.01680	0.01960	0.02240	0.02520	0.02800
290	0.01305	0.01450	0.01740	0.02030	0.02320	0.02610	0.02900
300	0.01350	0.01500	0.01800	0.02100	0.02400	0.02700	0.03000

续表7

材宽/mm	材长1.1 m							
	材厚/mm							
	12	15	18	21	25	30	35	40
	材积/m³							
30	0.00040	0.00050	0.00059	0.00069	0.00083	0.00099	0.00116	0.00132
40	0.00053	0.00066	0.00079	0.00092	0.00110	0.00132	0.00154	0.00176
50	0.00066	0.00083	0.00099	0.00116	0.00138	0.00165	0.00193	0.00220
60	0.00079	0.00099	0.00119	0.00139	0.00165	0.00198	0.00231	0.00264
70	0.00092	0.00116	0.00139	0.00162	0.00193	0.00231	0.00270	0.00308
80	0.00106	0.00132	0.00158	0.00185	0.00220	0.00264	0.00308	0.00352
90	0.00119	0.00149	0.00178	0.00208	0.00248	0.00297	0.00347	0.00396
100	0.00132	0.00165	0.00198	0.00231	0.00275	0.00330	0.00385	0.00440
110	0.00145	0.00182	0.00218	0.00254	0.00303	0.00363	0.00424	0.00484
120	0.00158	0.00198	0.00238	0.00277	0.00330	0.00396	0.00462	0.00528
130	0.00172	0.00215	0.00257	0.00300	0.00358	0.00429	0.00501	0.00572
140	0.00185	0.00231	0.00277	0.00323	0.00385	0.00462	0.00539	0.00616
150	0.00198	0.00248	0.00297	0.00347	0.00413	0.00495	0.00578	0.00660
160	0.00211	0.00264	0.00317	0.00370	0.00440	0.00528	0.00616	0.00704
170	0.00224	0.00281	0.00337	0.00393	0.00468	0.00561	0.00655	0.00748

续表7

材宽/mm	材长1.1 m							
	材厚/mm							
	12	15	18	21	25	30	35	40
	材积/m³							
180	0.00238	0.00297	0.00356	0.00416	0.00495	0.00594	0.00693	0.00792
190	0.00251	0.00314	0.00376	0.00439	0.00523	0.00627	0.00732	0.00836
200	0.00264	0.00330	0.00396	0.00462	0.00550	0.00660	0.00770	0.00880
210	0.00277	0.00347	0.00416	0.00485	0.00578	0.00693	0.00809	0.00924
220	0.00290	0.00363	0.00436	0.00508	0.00605	0.00726	0.00847	0.00968
230	0.00304	0.00380	0.00455	0.00531	0.00633	0.00759	0.00886	0.01012
240	0.00317	0.00396	0.00475	0.00554	0.00660	0.00792	0.00924	0.01056
250	0.00330	0.00413	0.00495	0.00578	0.00688	0.00825	0.00963	0.01100
260	0.00343	0.00429	0.00515	0.00601	0.00715	0.00858	0.01001	0.01144
270	0.00356	0.00446	0.00535	0.00624	0.00743	0.00891	0.01040	0.01188
280	0.00370	0.00462	0.00554	0.00647	0.00770	0.00924	0.01078	0.01232
290	0.00383	0.00479	0.00574	0.00670	0.00798	0.00957	0.01117	0.01276
300	0.00396	0.00495	0.00594	0.00693	0.00825	0.00990	0.01155	0.01320

续表7

材宽/mm	材长1.1 m						
	材厚/mm						
	45	50	60	70	80	90	100
	材积/m³						
30	0.00149	0.00165	0.00198	0.00231	0.00264	0.00297	0.00330
40	0.00198	0.00220	0.00264	0.00308	0.00352	0.00396	0.00440
50	0.00248	0.00275	0.00330	0.00385	0.00440	0.00495	0.00550
60	0.00297	0.00330	0.00396	0.00462	0.00528	0.00594	0.00660
70	0.00347	0.00385	0.00462	0.00539	0.00616	0.00693	0.00770
80	0.00396	0.00440	0.00528	0.00616	0.00704	0.00792	0.00880
90	0.00446	0.00495	0.00594	0.00693	0.00792	0.00891	0.00990
100	0.00495	0.00550	0.00660	0.00770	0.00880	0.00990	0.01100
110	0.00545	0.00605	0.00726	0.00847	0.00968	0.01089	0.01210
120	0.00594	0.00660	0.00792	0.00924	0.01056	0.01188	0.01320
130	0.00644	0.00715	0.00858	0.01001	0.01144	0.01287	0.01430
140	0.00693	0.00770	0.00924	0.01078	0.01232	0.01386	0.01540
150	0.00743	0.00825	0.00990	0.01155	0.01320	0.01485	0.01650
160	0.00792	0.00880	0.01056	0.01232	0.01408	0.01584	0.01760
170	0.00842	0.00935	0.01122	0.01309	0.01496	0.01683	0.01870

续表7

材宽/mm	材长1.1 m						
	材厚/mm						
	45	50	60	70	80	90	100
	材积/m^3						
180	0.00891	0.00990	0.01188	0.01386	0.01584	0.01782	0.01980
190	0.00941	0.01045	0.01254	0.01463	0.01672	0.01881	0.02090
200	0.00990	0.01100	0.01320	0.01540	0.01760	0.01980	0.02200
210	0.01040	0.01155	0.01386	0.01617	0.01848	0.02079	0.02310
220	0.01089	0.01210	0.01452	0.01694	0.01936	0.02178	0.02420
230	0.01139	0.01265	0.01518	0.01771	0.02024	0.02277	0.02530
240	0.01188	0.01320	0.01584	0.01848	0.02112	0.02376	0.02640
250	0.01238	0.01375	0.01650	0.01925	0.02200	0.02475	0.02750
260	0.01287	0.01430	0.01716	0.02002	0.02288	0.02574	0.02860
270	0.01337	0.01485	0.01782	0.02079	0.02376	0.02673	0.02970
280	0.01386	0.01540	0.01848	0.02156	0.02464	0.02772	0.03080
290	0.01436	0.01595	0.01914	0.02233	0.02552	0.02871	0.03190
300	0.01485	0.01650	0.01980	0.02310	0.02640	0.02970	0.03300

续表7

材宽/mm	材长1.2 m							
	材厚/mm							
	12	15	18	21	25	30	35	40
	材积/m^3							
30	0.00043	0.00054	0.00065	0.00076	0.00090	0.00108	0.00126	0.00144
40	0.00058	0.00072	0.00086	0.00101	0.00120	0.00144	0.00168	0.00192
50	0.00072	0.00090	0.00108	0.00126	0.00150	0.00180	0.00210	0.00240
60	0.00086	0.00108	0.00130	0.00151	0.00180	0.00216	0.00252	0.00288
70	0.00101	0.00126	0.00151	0.00176	0.00210	0.00252	0.00294	0.00336
80	0.00115	0.00144	0.00173	0.00202	0.00240	0.00288	0.00336	0.00384
90	0.00130	0.00162	0.00194	0.00227	0.00270	0.00324	0.00378	0.00432
100	0.00144	0.00180	0.00216	0.00252	0.00300	0.00360	0.00420	0.00480
110	0.00158	0.00198	0.00238	0.00277	0.00330	0.00396	0.00462	0.00528
120	0.00173	0.00216	0.00259	0.00302	0.00360	0.00432	0.00504	0.00576
130	0.00187	0.00234	0.00281	0.00328	0.00390	0.00468	0.00546	0.00624
140	0.00202	0.00252	0.00302	0.00353	0.00420	0.00504	0.00588	0.00672
150	0.00216	0.00270	0.00324	0.00378	0.00450	0.00540	0.00630	0.00720
160	0.00230	0.00288	0.00346	0.00403	0.00480	0.00576	0.00672	0.00768
170	0.00245	0.00306	0.00367	0.00428	0.00510	0.00612	0.00714	0.00816

续表7

材宽/mm	材长1.2 m							
	材厚/mm							
	12	15	18	21	25	30	35	40
	材积/m^3							
180	0.00259	0.00324	0.00389	0.00454	0.00540	0.00648	0.00756	0.00864
190	0.00274	0.00342	0.00410	0.00479	0.00570	0.00684	0.00798	0.00912
200	0.00288	0.00360	0.00432	0.00504	0.00600	0.00720	0.00840	0.00960
210	0.00302	0.00378	0.00454	0.00529	0.00630	0.00756	0.00882	0.01008
220	0.00317	0.00396	0.00475	0.00554	0.00660	0.00792	0.00924	0.01056
230	0.00331	0.00414	0.00497	0.00580	0.00690	0.00828	0.00966	0.01104
240	0.00346	0.00432	0.00518	0.00605	0.00720	0.00864	0.01008	0.01152
250	0.00360	0.00450	0.00540	0.00630	0.00750	0.00900	0.01050	0.01200
260	0.00374	0.00468	0.00562	0.00655	0.00780	0.00936	0.01092	0.01248
270	0.00389	0.00486	0.00583	0.00680	0.00810	0.00972	0.01134	0.01296
280	0.00403	0.00504	0.00605	0.00706	0.00840	0.01008	0.01176	0.01344
290	0.00418	0.00522	0.00626	0.00731	0.00870	0.01044	0.01218	0.01392
300	0.00432	0.00540	0.00648	0.00756	0.00900	0.01080	0.01260	0.01440

续表7

材宽/mm	材长1.2 m						
	材厚/mm						
	45	50	60	70	80	90	100
	材积/m³						
30	0.00162	0.00180	0.00216	0.00252	0.00288	0.00324	0.00360
40	0.00216	0.00240	0.00288	0.00336	0.00384	0.00432	0.00480
50	0.00270	0.00300	0.00360	0.00420	0.00480	0.00540	0.00600
60	0.00324	0.00360	0.00432	0.00504	0.00576	0.00648	0.00720
70	0.00378	0.00420	0.00504	0.00588	0.00672	0.00756	0.00840
80	0.00432	0.00480	0.00576	0.00672	0.00768	0.00864	0.00960
90	0.00486	0.00540	0.00648	0.00756	0.00864	0.00972	0.01080
100	0.00540	0.00600	0.00720	0.00840	0.00960	0.01080	0.01200
110	0.00594	0.00660	0.00792	0.00924	0.01056	0.01188	0.01320
120	0.00648	0.00720	0.00864	0.01008	0.01152	0.01296	0.01440
130	0.00702	0.00780	0.00936	0.01092	0.01248	0.01404	0.01560
140	0.00756	0.00840	0.01008	0.01176	0.01344	0.01512	0.01680
150	0.00810	0.00900	0.01080	0.01260	0.01440	0.01620	0.01800
160	0.00864	0.00960	0.01152	0.01344	0.01536	0.01728	0.01920
170	0.00918	0.01020	0.01224	0.01428	0.01632	0.01836	0.02040

续表7

材宽/mm	材长1.2 m						
	材厚/mm						
	45	50	60	70	80	90	100
	材积/m^3						
180	0.00972	0.01080	0.01296	0.01512	0.01728	0.01944	0.02160
190	0.01026	0.01140	0.01368	0.01596	0.01824	0.02052	0.02280
200	0.01080	0.01200	0.01440	0.01680	0.01920	0.02160	0.02400
210	0.01134	0.01260	0.01512	0.01764	0.02016	0.02268	0.02520
220	0.01188	0.01320	0.01584	0.01848	0.02112	0.02376	0.02640
230	0.01242	0.01380	0.01656	0.01932	0.02208	0.02484	0.02760
240	0.01296	0.01440	0.01728	0.02016	0.02304	0.02592	0.02880
250	0.01350	0.01500	0.01800	0.02100	0.02400	0.02700	0.03000
260	0.01404	0.01560	0.01872	0.02184	0.02496	0.02808	0.03120
270	0.01458	0.01620	0.01944	0.02268	0.02592	0.02916	0.03240
280	0.01512	0.01680	0.02016	0.02352	0.02688	0.03024	0.03360
290	0.01566	0.01740	0.02088	0.02436	0.02784	0.03132	0.03480
300	0.01620	0.01800	0.02160	0.02520	0.02880	0.03240	0.03600

续表7

材宽/mm	材长1.3 m							
	材厚/mm							
	12	15	18	21	25	30	35	40
	材积/m³							
30	0.00047	0.00059	0.00070	0.00082	0.00098	0.00117	0.00137	0.00156
40	0.00062	0.00078	0.00094	0.00109	0.00130	0.00156	0.00182	0.00208
50	0.00078	0.00098	0.00117	0.00137	0.00163	0.00195	0.00228	0.00260
60	0.00094	0.00117	0.00140	0.00164	0.00195	0.00234	0.00273	0.00312
70	0.00109	0.00137	0.00164	0.00191	0.00228	0.00273	0.00319	0.00364
80	0.00125	0.00156	0.00187	0.00218	0.00260	0.00312	0.00364	0.00416
90	0.00140	0.00176	0.00211	0.00246	0.00293	0.00351	0.00410	0.00468
100	0.00156	0.00195	0.00234	0.00273	0.00325	0.00390	0.00455	0.00520
110	0.00172	0.00215	0.00257	0.00300	0.00358	0.00429	0.00501	0.00572
120	0.00187	0.00234	0.00281	0.00328	0.00390	0.00468	0.00546	0.00624
130	0.00203	0.00254	0.00304	0.00355	0.00423	0.00507	0.00592	0.00676
140	0.00218	0.00273	0.00328	0.00382	0.00455	0.00546	0.00637	0.00728
150	0.00234	0.00293	0.00351	0.00410	0.00488	0.00585	0.00683	0.00780
160	0.00250	0.00312	0.00374	0.00437	0.00520	0.00624	0.00728	0.00832
170	0.00265	0.00332	0.00398	0.00464	0.00553	0.00663	0.00774	0.00884

续表7

材宽/mm	材长1.3 m							
	材厚/mm							
	12	15	18	21	25	30	35	40
	材积/m^3							
180	0.00281	0.00351	0.00421	0.00491	0.00585	0.00702	0.00819	0.00936
190	0.00296	0.00371	0.00445	0.00519	0.00618	0.00741	0.00865	0.00988
200	0.00312	0.00390	0.00468	0.00546	0.00650	0.00780	0.00910	0.01040
210	0.00328	0.00410	0.00491	0.00573	0.00683	0.00819	0.00956	0.01092
220	0.00343	0.00429	0.00515	0.00601	0.00715	0.00858	0.01001	0.01144
230	0.00359	0.00449	0.00538	0.00628	0.00748	0.00897	0.01047	0.01196
240	0.00374	0.00468	0.00562	0.00655	0.00780	0.00936	0.01092	0.01248
250	0.00390	0.00488	0.00585	0.00683	0.00813	0.00975	0.01138	0.01300
260	0.00406	0.00507	0.00608	0.00710	0.00845	0.01014	0.01183	0.01352
270	0.00421	0.00527	0.00632	0.00737	0.00878	0.01053	0.01229	0.01404
280	0.00437	0.00546	0.00655	0.00764	0.00910	0.01092	0.01274	0.01456
290	0.00452	0.00566	0.00679	0.00792	0.00943	0.01131	0.01320	0.01508
300	0.00468	0.00585	0.00702	0.00819	0.00975	0.01170	0.01365	0.01560

续表7

材宽/mm	材长1.3 m						
	材厚/mm						
	45	50	60	70	80	90	100
	材积/m^3						
30	0.00176	0.00195	0.00234	0.00273	0.00312	0.00351	0.00390
40	0.00234	0.00260	0.00312	0.00364	0.00416	0.00468	0.00520
50	0.00293	0.00325	0.00390	0.00455	0.00520	0.00585	0.00650
60	0.00351	0.00390	0.00468	0.00546	0.00624	0.00702	0.00780
70	0.00410	0.00455	0.00546	0.00637	0.00728	0.00819	0.00910
80	0.00468	0.00520	0.00624	0.00728	0.00832	0.00936	0.01040
90	0.00527	0.00585	0.00702	0.00819	0.00936	0.01053	0.01170
100	0.00585	0.00650	0.00780	0.00910	0.01040	0.01170	0.01300
110	0.00644	0.00715	0.00858	0.01001	0.01144	0.01287	0.01430
120	0.00702	0.00780	0.00936	0.01092	0.01248	0.01404	0.01560
130	0.00761	0.00845	0.01014	0.01183	0.01352	0.01521	0.01690
140	0.00819	0.00910	0.01092	0.01274	0.01456	0.01638	0.01820
150	0.00878	0.00975	0.01170	0.01365	0.01560	0.01755	0.01950
160	0.00936	0.01040	0.01248	0.01456	0.01664	0.01872	0.02080
170	0.00995	0.01105	0.01326	0.01547	0.01768	0.01989	0.02210

续表7

材宽/mm	材长1.3 m						
	材厚/mm						
	45	50	60	70	80	90	100
	材积/m³						
180	0.01053	0.01170	0.01404	0.01638	0.01872	0.02106	0.02340
190	0.01112	0.01235	0.01482	0.01729	0.01976	0.02223	0.02470
200	0.01170	0.01300	0.01560	0.01820	0.02080	0.02340	0.02600
210	0.01229	0.01365	0.01638	0.01911	0.02184	0.02457	0.02730
220	0.01287	0.01430	0.01716	0.02002	0.02288	0.02574	0.02860
230	0.01346	0.01495	0.01794	0.02093	0.02392	0.02691	0.02990
240	0.01404	0.01560	0.01872	0.02184	0.02496	0.02808	0.03120
250	0.01463	0.01625	0.01950	0.02275	0.02600	0.02925	0.03250
260	0.01521	0.01690	0.02028	0.02366	0.02704	0.03042	0.03380
270	0.01580	0.01755	0.02106	0.02457	0.02808	0.03159	0.03510
280	0.01638	0.01820	0.02184	0.02548	0.02912	0.03276	0.03640
290	0.01697	0.01885	0.02262	0.02639	0.03016	0.03393	0.03770
300	0.01755	0.01950	0.02340	0.02730	0.03120	0.03510	0.03900

续表7

材宽/mm	材长1.4 m							
	材厚/mm							
	12	15	18	21	25	30	35	40
	材积/m^3							
30	0.00050	0.00063	0.00076	0.00088	0.00105	0.00126	0.00147	0.00168
40	0.00067	0.00084	0.00101	0.00118	0.00140	0.00168	0.00196	0.00224
50	0.00084	0.00105	0.00126	0.00147	0.00175	0.00210	0.00245	0.00280
60	0.00101	0.00126	0.00151	0.00176	0.00210	0.00252	0.00294	0.00336
70	0.00118	0.00147	0.00176	0.00206	0.00245	0.00294	0.00343	0.00392
80	0.00134	0.00168	0.00202	0.00235	0.00280	0.00336	0.00392	0.00448
90	0.00151	0.00189	0.00227	0.00265	0.00315	0.00378	0.00441	0.00504
100	0.00168	0.00210	0.00252	0.00294	0.00350	0.00420	0.00490	0.00560
110	0.00185	0.00231	0.00277	0.00323	0.00385	0.00462	0.00539	0.00616
120	0.00202	0.00252	0.00302	0.00353	0.00420	0.00504	0.00588	0.00672
130	0.00218	0.00273	0.00328	0.00382	0.00455	0.00546	0.00637	0.00728
140	0.00235	0.00294	0.00353	0.00412	0.00490	0.00588	0.00686	0.00784
150	0.00252	0.00315	0.00378	0.00441	0.00525	0.00630	0.00735	0.00840
160	0.00269	0.00336	0.00403	0.00470	0.00560	0.00672	0.00784	0.00896
170	0.00286	0.00357	0.00428	0.00500	0.00595	0.00714	0.00833	0.00952

续表7

材宽/mm	材长1.4 m							
	材厚/mm							
	12	15	18	21	25	30	35	40
	材积/m^3							
180	0.00302	0.00378	0.00454	0.00529	0.00630	0.00756	0.00882	0.01008
190	0.00319	0.00399	0.00479	0.00559	0.00665	0.00798	0.00931	0.01064
200	0.00336	0.00420	0.00504	0.00588	0.00700	0.00840	0.00980	0.01120
210	0.00353	0.00441	0.00529	0.00617	0.00735	0.00882	0.01029	0.01176
220	0.00370	0.00462	0.00554	0.00647	0.00770	0.00924	0.01078	0.01232
230	0.00386	0.00483	0.00580	0.00676	0.00805	0.00966	0.01127	0.01288
240	0.00403	0.00504	0.00605	0.00706	0.00840	0.01008	0.01176	0.01344
250	0.00420	0.00525	0.00630	0.00735	0.00875	0.01050	0.01225	0.01400
260	0.00437	0.00546	0.00655	0.00764	0.00910	0.01092	0.01274	0.01456
270	0.00454	0.00567	0.00680	0.00794	0.00945	0.01134	0.01323	0.01512
280	0.00470	0.00588	0.00706	0.00823	0.00980	0.01176	0.01372	0.01568
290	0.00487	0.00609	0.00731	0.00853	0.01015	0.01218	0.01421	0.01624
300	0.00504	0.00630	0.00756	0.00882	0.01050	0.01260	0.01470	0.01680

续表7

材宽/mm	材长1.4 m						
	材厚/mm						
	45	50	60	70	80	90	100
	材积/m^3						
30	0.00189	0.00210	0.00252	0.00294	0.00336	0.00378	0.00420
40	0.00252	0.00280	0.00336	0.00392	0.00448	0.00504	0.00560
50	0.00315	0.00350	0.00420	0.00490	0.00560	0.00630	0.00700
60	0.00378	0.00420	0.00504	0.00588	0.00672	0.00756	0.00840
70	0.00441	0.00490	0.00588	0.00686	0.00784	0.00882	0.00980
80	0.00504	0.00560	0.00672	0.00784	0.00896	0.01008	0.01120
90	0.00567	0.00630	0.00756	0.00882	0.01008	0.01134	0.01260
100	0.00630	0.00700	0.00840	0.00980	0.01120	0.01260	0.01400
110	0.00693	0.00770	0.00924	0.01078	0.01232	0.01386	0.01540
120	0.00756	0.00840	0.01008	0.01176	0.01344	0.01512	0.01680
130	0.00819	0.00910	0.01092	0.01274	0.01456	0.01638	0.01820
140	0.00882	0.00980	0.01176	0.01372	0.01568	0.01764	0.01960
150	0.00945	0.01050	0.01260	0.01470	0.01680	0.01890	0.02100
160	0.01008	0.01120	0.01344	0.01568	0.01792	0.02016	0.02240
170	0.01071	0.01190	0.01428	0.01666	0.01904	0.02142	0.02380

续表7

材宽/mm	材长1.4 m						
	材厚/mm						
	45	50	60	70	80	90	100
	材积/m^3						
180	0.01134	0.01260	0.01512	0.01764	0.02016	0.02268	0.02520
190	0.01197	0.01330	0.01596	0.01862	0.02128	0.02394	0.02660
200	0.01260	0.01400	0.01680	0.01960	0.02240	0.02520	0.02800
210	0.01323	0.01470	0.01764	0.02058	0.02352	0.02646	0.02940
220	0.01386	0.01540	0.01848	0.02156	0.02464	0.02772	0.03080
230	0.01449	0.01610	0.01932	0.02254	0.02576	0.02898	0.03220
240	0.01512	0.01680	0.02016	0.02352	0.02688	0.03024	0.03360
250	0.01575	0.01750	0.02100	0.02450	0.02800	0.03150	0.03500
260	0.01638	0.01820	0.02184	0.02548	0.02912	0.03276	0.03640
270	0.01701	0.01890	0.02268	0.02646	0.03024	0.03402	0.03780
280	0.01764	0.01960	0.02352	0.02744	0.03136	0.03528	0.03920
290	0.01827	0.02030	0.02436	0.02842	0.03248	0.03654	0.04060
300	0.01890	0.02100	0.02520	0.02940	0.03360	0.03780	0.04200

续表7

材宽/mm	材长1.5 m							
	材厚/mm							
	12	15	18	21	25	30	35	40
	材积/m^3							
30	0.00054	0.00068	0.00081	0.00095	0.00113	0.00135	0.00158	0.00180
40	0.00072	0.00090	0.00108	0.00126	0.00150	0.00180	0.00210	0.00240
50	0.00090	0.00113	0.00135	0.00158	0.00188	0.00225	0.00263	0.00300
60	0.00108	0.00135	0.00162	0.00189	0.00225	0.00270	0.00315	0.00360
70	0.00126	0.00158	0.00189	0.00221	0.00263	0.00315	0.00368	0.00420
80	0.00144	0.00180	0.00216	0.00252	0.00300	0.00360	0.00420	0.00480
90	0.00162	0.00203	0.00243	0.00284	0.00338	0.00405	0.00473	0.00540
100	0.00180	0.00225	0.00270	0.00315	0.00375	0.00450	0.00525	0.00600
110	0.00198	0.00248	0.00297	0.00347	0.00413	0.00495	0.00578	0.00660
120	0.00216	0.00270	0.00324	0.00378	0.00450	0.00540	0.00630	0.00720
130	0.00234	0.00293	0.00351	0.00410	0.00488	0.00585	0.00683	0.00780
140	0.00252	0.00315	0.00378	0.00441	0.00525	0.00630	0.00735	0.00840
150	0.00270	0.00338	0.00405	0.00473	0.00563	0.00675	0.00788	0.00900
160	0.00288	0.00360	0.00432	0.00504	0.00600	0.00720	0.00840	0.00960
170	0.00306	0.00383	0.00459	0.00536	0.00638	0.00765	0.00893	0.01020

续表7

材宽/mm	材长1.5 m							
	材厚/mm							
	12	15	18	21	25	30	35	40
	材积/m^3							
180	0.00324	0.00405	0.00486	0.00567	0.00675	0.00810	0.00945	0.01080
190	0.00342	0.00428	0.00513	0.00599	0.00713	0.00855	0.00998	0.01140
200	0.00360	0.00450	0.00540	0.00630	0.00750	0.00900	0.01050	0.01200
210	0.00378	0.00473	0.00567	0.00662	0.00788	0.00945	0.01103	0.01260
220	0.00396	0.00495	0.00594	0.00693	0.00825	0.00990	0.01155	0.01320
230	0.00414	0.00518	0.00621	0.00725	0.00863	0.01035	0.01208	0.01380
240	0.00432	0.00540	0.00648	0.00756	0.00900	0.01080	0.01260	0.01440
250	0.00450	0.00563	0.00675	0.00788	0.00938	0.01125	0.01313	0.01500
260	0.00468	0.00585	0.00702	0.00819	0.00975	0.01170	0.01365	0.01560
270	0.00486	0.00608	0.00729	0.00851	0.01013	0.01215	0.01418	0.01620
280	0.00504	0.00630	0.00756	0.00882	0.01050	0.01260	0.01470	0.01680
290	0.00522	0.00653	0.00783	0.00914	0.01088	0.01305	0.01523	0.01740
300	0.00540	0.00675	0.00810	0.00945	0.01125	0.01350	0.01575	0.01800

续表7

材宽/mm	材长1.5 m						
	材厚/mm						
	45	50	60	70	80	90	100
	材积/m³						
30	0.00203	0.00225	0.00270	0.00315	0.00360	0.00405	0.00450
40	0.00270	0.00300	0.00360	0.00420	0.00480	0.00540	0.00600
50	0.00338	0.00375	0.00450	0.00525	0.00600	0.00675	0.00750
60	0.00405	0.00450	0.00540	0.00630	0.00720	0.00810	0.00900
70	0.00473	0.00525	0.00630	0.00735	0.00840	0.00945	0.01050
80	0.00540	0.00600	0.00720	0.00840	0.00960	0.01080	0.01200
90	0.00608	0.00675	0.00810	0.00945	0.01080	0.01215	0.01350
100	0.00675	0.00750	0.00900	0.01050	0.01200	0.01350	0.01500
110	0.00743	0.00825	0.00990	0.01155	0.01320	0.01485	0.01650
120	0.00810	0.00900	0.01080	0.01260	0.01440	0.01620	0.01800
130	0.00878	0.00975	0.01170	0.01365	0.01560	0.01755	0.01950
140	0.00945	0.01050	0.01260	0.01470	0.01680	0.01890	0.02100
150	0.01013	0.01125	0.01350	0.01575	0.01800	0.02025	0.02250
160	0.01080	0.01200	0.01440	0.01680	0.01920	0.02160	0.02400
170	0.01148	0.01275	0.01530	0.01785	0.02040	0.02295	0.02550

续表7

材宽/mm	材长1.5 m						
	材厚/mm						
	45	50	60	70	80	90	100
	材积/m^3						
180	0.01215	0.01350	0.01620	0.01890	0.02160	0.02430	0.02700
190	0.01283	0.01425	0.01710	0.01995	0.02280	0.02565	0.02850
200	0.01350	0.01500	0.01800	0.02100	0.02400	0.02700	0.03000
210	0.01418	0.01575	0.01890	0.02205	0.02520	0.02835	0.03150
220	0.01485	0.01650	0.01980	0.02310	0.02640	0.02970	0.03300
230	0.01553	0.01725	0.02070	0.02415	0.02760	0.03105	0.03450
240	0.01620	0.01800	0.02160	0.02520	0.02880	0.03240	0.03600
250	0.01688	0.01875	0.02250	0.02625	0.03000	0.03375	0.03750
260	0.01755	0.01950	0.02340	0.02730	0.03120	0.03510	0.03900
270	0.01823	0.02025	0.02430	0.02835	0.03240	0.03645	0.04050
280	0.01890	0.02100	0.02520	0.02940	0.03360	0.03780	0.04200
290	0.01958	0.02175	0.02610	0.03045	0.03480	0.03915	0.04350
300	0.02025	0.02250	0.02700	0.03150	0.03600	0.04050	0.04500

续表7

材宽/mm	材长1.6 m							
	材厚/mm							
	12	15	18	21	25	30	35	40
	材积/m^3							
30	0.00058	0.00072	0.00086	0.00101	0.00120	0.00144	0.00168	0.00192
40	0.00077	0.00096	0.00115	0.00134	0.00160	0.00192	0.00224	0.00256
50	0.00096	0.00120	0.00144	0.00168	0.00200	0.00240	0.00280	0.00320
60	0.00115	0.00144	0.00173	0.00202	0.00240	0.00288	0.00336	0.00384
70	0.00134	0.00168	0.00202	0.00235	0.00280	0.00336	0.00392	0.00448
80	0.00154	0.00192	0.00230	0.00269	0.00320	0.00384	0.00448	0.00512
90	0.00173	0.00216	0.00259	0.00302	0.00360	0.00432	0.00504	0.00576
100	0.00192	0.00240	0.00288	0.00336	0.00400	0.00480	0.00560	0.00640
110	0.00211	0.00264	0.00317	0.00370	0.00440	0.00528	0.00616	0.00704
120	0.00230	0.00288	0.00346	0.00403	0.00480	0.00576	0.00672	0.00768
130	0.00250	0.00312	0.00374	0.00437	0.00520	0.00624	0.00728	0.00832
140	0.00269	0.00336	0.00403	0.00470	0.00560	0.00672	0.00784	0.00896
150	0.00288	0.00360	0.00432	0.00504	0.00600	0.00720	0.00840	0.00960
160	0.00307	0.00384	0.00461	0.00538	0.00640	0.00768	0.00896	0.01024
170	0.00326	0.00408	0.00490	0.00571	0.00680	0.00816	0.00952	0.01088

续表7

材宽/mm	材长1.6 m							
	材厚/mm							
	12	15	18	21	25	30	35	40
	材积/m³							
180	0.00346	0.00432	0.00518	0.00605	0.00720	0.00864	0.01008	0.01152
190	0.00365	0.00456	0.00547	0.00638	0.00760	0.00912	0.01064	0.01216
200	0.00384	0.00480	0.00576	0.00672	0.00800	0.00960	0.01120	0.01280
210	0.00403	0.00504	0.00605	0.00706	0.00840	0.01008	0.01176	0.01344
220	0.00422	0.00528	0.00634	0.00739	0.00880	0.01056	0.01232	0.01408
230	0.00442	0.00552	0.00662	0.00773	0.00920	0.01104	0.01288	0.01472
240	0.00461	0.00576	0.00691	0.00806	0.00960	0.01152	0.01344	0.01536
250	0.00480	0.00600	0.00720	0.00840	0.01000	0.01200	0.01400	0.01600
260	0.00499	0.00624	0.00749	0.00874	0.01040	0.01248	0.01456	0.01664
270	0.00518	0.00648	0.00778	0.00907	0.01080	0.01296	0.01512	0.01728
280	0.00538	0.00672	0.00806	0.00941	0.01120	0.01344	0.01568	0.01792
290	0.00557	0.00696	0.00835	0.00974	0.01160	0.01392	0.01624	0.01856
300	0.00576	0.00720	0.00864	0.01008	0.01200	0.01440	0.01680	0.01920

续表7

材宽/mm	材长1.6 m						
	材厚/mm						
	45	50	60	70	80	90	100
	材积/m^3						
30	0.00216	0.00240	0.00288	0.00336	0.00384	0.00432	0.00480
40	0.00288	0.00320	0.00384	0.00448	0.00512	0.00576	0.00640
50	0.00360	0.00400	0.00480	0.00560	0.00640	0.00720	0.00800
60	0.00432	0.00480	0.00576	0.00672	0.00768	0.00864	0.00960
70	0.00504	0.00560	0.00672	0.00784	0.00896	0.01008	0.01120
80	0.00576	0.00640	0.00768	0.00896	0.01024	0.01152	0.01280
90	0.00648	0.00720	0.00864	0.01008	0.01152	0.01296	0.01440
100	0.00720	0.00800	0.00960	0.01120	0.01280	0.01440	0.01600
110	0.00792	0.00880	0.01056	0.01232	0.01408	0.01584	0.01760
120	0.00864	0.00960	0.01152	0.01344	0.01536	0.01728	0.01920
130	0.00936	0.01040	0.01248	0.01456	0.01664	0.01872	0.02080
140	0.01008	0.01120	0.01344	0.01568	0.01792	0.02016	0.02240
150	0.01080	0.01200	0.01440	0.01680	0.01920	0.02160	0.02400
160	0.01152	0.01280	0.01536	0.01792	0.02048	0.02304	0.02560
170	0.01224	0.01360	0.01632	0.01904	0.02176	0.02448	0.02720

续表7

材宽/mm	材长1.6 m						
	材厚/mm						
	45	50	60	70	80	90	100
	材积/m³						
180	0.01296	0.01440	0.01728	0.02016	0.02304	0.02592	0.02880
190	0.01368	0.01520	0.01824	0.02128	0.02432	0.02736	0.03040
200	0.01440	0.01600	0.01920	0.02240	0.02560	0.02880	0.03200
210	0.01512	0.01680	0.02016	0.02352	0.02688	0.03024	0.03360
220	0.01584	0.01760	0.02112	0.02464	0.02816	0.03168	0.03520
230	0.01656	0.01840	0.02208	0.02576	0.02944	0.03312	0.03680
240	0.01728	0.01920	0.02304	0.02688	0.03072	0.03456	0.03840
250	0.01800	0.02000	0.02400	0.02800	0.03200	0.03600	0.04000
260	0.01872	0.02080	0.02496	0.02912	0.03328	0.03744	0.04160
270	0.01944	0.02160	0.02592	0.03024	0.03456	0.03888	0.04320
280	0.02016	0.02240	0.02688	0.03136	0.03584	0.04032	0.04480
290	0.02088	0.02320	0.02784	0.03248	0.03712	0.04176	0.04640
300	0.02160	0.02400	0.02880	0.03360	0.03840	0.04320	0.04800

续表7

材宽/mm	材长1.7 m							
	材厚/mm							
	12	15	18	21	25	30	35	40
	材积/m³							
30	0.00061	0.00077	0.00092	0.00107	0.00128	0.00153	0.00179	0.00204
40	0.00082	0.00102	0.00122	0.00143	0.00170	0.00204	0.00238	0.00272
50	0.00102	0.00128	0.00153	0.00179	0.00213	0.00255	0.00298	0.00340
60	0.00122	0.00153	0.00184	0.00214	0.00255	0.00306	0.00357	0.00408
70	0.00143	0.00179	0.00214	0.00250	0.00298	0.00357	0.00417	0.00476
80	0.00163	0.00204	0.00245	0.00286	0.00340	0.00408	0.00476	0.00544
90	0.00184	0.00230	0.00275	0.00321	0.00383	0.00459	0.00536	0.00612
100	0.00204	0.00255	0.00306	0.00357	0.00425	0.00510	0.00595	0.00680
110	0.00224	0.00281	0.00337	0.00393	0.00468	0.00561	0.00655	0.00748
120	0.00245	0.00306	0.00367	0.00428	0.00510	0.00612	0.00714	0.00816
130	0.00265	0.00332	0.00398	0.00464	0.00553	0.00663	0.00774	0.00884
140	0.00286	0.00357	0.00428	0.00500	0.00595	0.00714	0.00833	0.00952
150	0.00306	0.00383	0.00459	0.00536	0.00638	0.00765	0.00893	0.01020
160	0.00326	0.00408	0.00490	0.00571	0.00680	0.00816	0.00952	0.01088
170	0.00347	0.00434	0.00520	0.00607	0.00723	0.00867	0.01012	0.01156

续表7

材宽/mm	材长1.7 m							
	材厚/mm							
	12	15	18	21	25	30	35	40
	材积/m^3							
180	0.00367	0.00459	0.00551	0.00643	0.00765	0.00918	0.01071	0.01224
190	0.00388	0.00485	0.00581	0.00678	0.00808	0.00969	0.01131	0.01292
200	0.00408	0.00510	0.00612	0.00714	0.00850	0.01020	0.01190	0.01360
210	0.00428	0.00536	0.00643	0.00750	0.00893	0.01071	0.01250	0.01428
220	0.00449	0.00561	0.00673	0.00785	0.00935	0.01122	0.01309	0.01496
230	0.00469	0.00587	0.00704	0.00821	0.00978	0.01173	0.01369	0.01564
240	0.00490	0.00612	0.00734	0.00857	0.01020	0.01224	0.01428	0.01632
250	0.00510	0.00638	0.00765	0.00893	0.01063	0.01275	0.01488	0.01700
260	0.00530	0.00663	0.00796	0.00928	0.01105	0.01326	0.01547	0.01768
270	0.00551	0.00689	0.00826	0.00964	0.01148	0.01377	0.01607	0.01836
280	0.00571	0.00714	0.00857	0.01000	0.01190	0.01428	0.01666	0.01904
290	0.00592	0.00740	0.00887	0.01035	0.01233	0.01479	0.01726	0.01972
300	0.00612	0.00765	0.00918	0.01071	0.01275	0.01530	0.01785	0.02040

续表7

材宽/mm	材长1.7 m						
	材厚/mm						
	45	50	60	70	80	90	100
	材积/m^3						
30	0.00230	0.00255	0.00306	0.00357	0.00408	0.00459	0.00510
40	0.00306	0.00340	0.00408	0.00476	0.00544	0.00612	0.00680
50	0.00383	0.00425	0.00510	0.00595	0.00680	0.00765	0.00850
60	0.00459	0.00510	0.00612	0.00714	0.00816	0.00918	0.01020
70	0.00536	0.00595	0.00714	0.00833	0.00952	0.01071	0.01190
80	0.00612	0.00680	0.00816	0.00952	0.01088	0.01224	0.01360
90	0.00689	0.00765	0.00918	0.01071	0.01224	0.01377	0.01530
100	0.00765	0.00850	0.01020	0.01190	0.01360	0.01530	0.01700
110	0.00842	0.00935	0.01122	0.01309	0.01496	0.01683	0.01870
120	0.00918	0.01020	0.01224	0.01428	0.01632	0.01836	0.02040
130	0.00995	0.01105	0.01326	0.01547	0.01768	0.01989	0.02210
140	0.01071	0.01190	0.01428	0.01666	0.01904	0.02142	0.02380
150	0.01148	0.01275	0.01530	0.01785	0.02040	0.02295	0.02550
160	0.01224	0.01360	0.01632	0.01904	0.02176	0.02448	0.02720
170	0.01301	0.01445	0.01734	0.02023	0.02312	0.02601	0.02890

续表7

材宽/mm	材长1.7 m 材厚/mm 45	50	60	70	80	90	100
	材积/m^3						
180	0.01377	0.01530	0.01836	0.02142	0.02448	0.02754	0.03060
190	0.01454	0.01615	0.01938	0.02261	0.02584	0.02907	0.03230
200	0.01530	0.01700	0.02040	0.02380	0.02720	0.03060	0.03400
210	0.01607	0.01785	0.02142	0.02499	0.02856	0.03213	0.03570
220	0.01683	0.01870	0.02244	0.02618	0.02992	0.03366	0.03740
230	0.01760	0.01955	0.02346	0.02737	0.03128	0.03519	0.03910
240	0.01836	0.02040	0.02448	0.02856	0.03264	0.03672	0.04080
250	0.01913	0.02125	0.02550	0.02975	0.03400	0.03825	0.04250
260	0.01989	0.02210	0.02652	0.03094	0.03536	0.03978	0.04420
270	0.02066	0.02295	0.02754	0.03213	0.03672	0.04131	0.04590
280	0.02142	0.02380	0.02856	0.03332	0.03808	0.04284	0.04760
290	0.02219	0.02465	0.02958	0.03451	0.03944	0.04437	0.04930
300	0.02295	0.02550	0.03060	0.03570	0.04080	0.04590	0.05100

续表7

材宽/mm	材长1.8 m							
	材厚/mm							
	12	15	18	21	25	30	35	40
	材积/m^3							
30	0.00065	0.00081	0.00097	0.00113	0.00135	0.00162	0.00189	0.00216
40	0.00086	0.00108	0.00130	0.00151	0.00180	0.00216	0.00252	0.00288
50	0.00108	0.00135	0.00162	0.00189	0.00225	0.00270	0.00315	0.00360
60	0.00130	0.00162	0.00194	0.00227	0.00270	0.00324	0.00378	0.00432
70	0.00151	0.00189	0.00227	0.00265	0.00315	0.00378	0.00441	0.00504
80	0.00173	0.00216	0.00259	0.00302	0.00360	0.00432	0.00504	0.00576
90	0.00194	0.00243	0.00292	0.00340	0.00405	0.00486	0.00567	0.00648
100	0.00216	0.00270	0.00324	0.00378	0.00450	0.00540	0.00630	0.00720
110	0.00238	0.00297	0.00356	0.00416	0.00495	0.00594	0.00693	0.00792
120	0.00259	0.00324	0.00389	0.00454	0.00540	0.00648	0.00756	0.00864
130	0.00281	0.00351	0.00421	0.00491	0.00585	0.00702	0.00819	0.00936
140	0.00302	0.00378	0.00454	0.00529	0.00630	0.00756	0.00882	0.01008
150	0.00324	0.00405	0.00486	0.00567	0.00675	0.00810	0.00945	0.01080
160	0.00346	0.00432	0.00518	0.00605	0.00720	0.00864	0.01008	0.01152
170	0.00367	0.00459	0.00551	0.00643	0.00765	0.00918	0.01071	0.01224

续表7

材宽/mm	材长1.8 m							
	材厚/mm							
	12	15	18	21	25	30	35	40
	材积/m^3							
180	0.00389	0.00486	0.00583	0.00680	0.00810	0.00972	0.01134	0.01296
190	0.00410	0.00513	0.00616	0.00718	0.00855	0.01026	0.01197	0.01368
200	0.00432	0.00540	0.00648	0.00756	0.00900	0.01080	0.01260	0.01440
210	0.00454	0.00567	0.00680	0.00794	0.00945	0.01134	0.01323	0.01512
220	0.00475	0.00594	0.00713	0.00832	0.00990	0.01188	0.01386	0.01584
230	0.00497	0.00621	0.00745	0.00869	0.01035	0.01242	0.01449	0.01656
240	0.00518	0.00648	0.00778	0.00907	0.01080	0.01296	0.01512	0.01728
250	0.00540	0.00675	0.00810	0.00945	0.01125	0.01350	0.01575	0.01800
260	0.00562	0.00702	0.00842	0.00983	0.01170	0.01404	0.01638	0.01872
270	0.00583	0.00729	0.00875	0.01021	0.01215	0.01458	0.01701	0.01944
280	0.00605	0.00756	0.00907	0.01058	0.01260	0.01512	0.01764	0.02016
290	0.00626	0.00783	0.00940	0.01096	0.01305	0.01566	0.01827	0.02088
300	0.00648	0.00810	0.00972	0.01134	0.01350	0.01620	0.01890	0.02160

续表7

材宽/mm	材长1.8 m						
	材厚/mm						
	45	50	60	70	80	90	100
	材积/m^3						
30	0.00243	0.00270	0.00324	0.00378	0.00432	0.00486	0.00540
40	0.00324	0.00360	0.00432	0.00504	0.00576	0.00648	0.00720
50	0.00405	0.00450	0.00540	0.00630	0.00720	0.00810	0.00900
60	0.00486	0.00540	0.00648	0.00756	0.00864	0.00972	0.01080
70	0.00567	0.00630	0.00756	0.00882	0.01008	0.01134	0.01260
80	0.00648	0.00720	0.00864	0.01008	0.01152	0.01296	0.01440
90	0.00729	0.00810	0.00972	0.01134	0.01296	0.01458	0.01620
100	0.00810	0.00900	0.01080	0.01260	0.01440	0.01620	0.01800
110	0.00891	0.00990	0.01188	0.01386	0.01584	0.01782	0.01980
120	0.00972	0.01080	0.01296	0.01512	0.01728	0.01944	0.02160
130	0.01053	0.01170	0.01404	0.01638	0.01872	0.02106	0.02340
140	0.01134	0.01260	0.01512	0.01764	0.02016	0.02268	0.02520
150	0.01215	0.01350	0.01620	0.01890	0.02160	0.02430	0.02700
160	0.01296	0.01440	0.01728	0.02016	0.02304	0.02592	0.02880
170	0.01377	0.01530	0.01836	0.02142	0.02448	0.02754	0.03060

续表7

材宽/mm	材长1.8 m						
	材厚/mm						
	45	50	60	70	80	90	100
	材积/m³						
180	0.01458	0.01620	0.01944	0.02268	0.02592	0.02916	0.03240
190	0.01539	0.01710	0.02052	0.02394	0.02736	0.03078	0.03420
200	0.01620	0.01800	0.02160	0.02520	0.02880	0.03240	0.03600
210	0.01701	0.01890	0.02268	0.02646	0.03024	0.03402	0.03780
220	0.01782	0.01980	0.02376	0.02772	0.03168	0.03564	0.03960
230	0.01863	0.02070	0.02484	0.02898	0.03312	0.03726	0.04140
240	0.01944	0.02160	0.02592	0.03024	0.03456	0.03888	0.04320
250	0.02025	0.02250	0.02700	0.03150	0.03600	0.04050	0.04500
260	0.02106	0.02340	0.02808	0.03276	0.03744	0.04212	0.04680
270	0.02187	0.02430	0.02916	0.03402	0.03888	0.04374	0.04860
280	0.02268	0.02520	0.03024	0.03528	0.04032	0.04536	0.05040
290	0.02349	0.02610	0.03132	0.03654	0.04176	0.04698	0.05220
300	0.02430	0.02700	0.03240	0.03780	0.04320	0.04860	0.05400

续表7

材宽/mm	材长1.9 m							
	材厚/mm							
	12	15	18	21	25	30	35	40
	材积/m^3							
30	0.00068	0.00086	0.00103	0.00120	0.00143	0.00171	0.00200	0.00228
40	0.00091	0.00114	0.00137	0.00160	0.00190	0.00228	0.00266	0.00304
50	0.00114	0.00143	0.00171	0.00200	0.00238	0.00285	0.00333	0.00380
60	0.00137	0.00171	0.00205	0.00239	0.00285	0.00342	0.00399	0.00456
70	0.00160	0.00200	0.00239	0.00279	0.00333	0.00399	0.00466	0.00532
80	0.00182	0.00228	0.00274	0.00319	0.00380	0.00456	0.00532	0.00608
90	0.00205	0.00257	0.00308	0.00359	0.00428	0.00513	0.00599	0.00684
100	0.00228	0.00285	0.00342	0.00399	0.00475	0.00570	0.00665	0.00760
110	0.00251	0.00314	0.00376	0.00439	0.00523	0.00627	0.00732	0.00836
120	0.00274	0.00342	0.00410	0.00479	0.00570	0.00684	0.00798	0.00912
130	0.00296	0.00371	0.00445	0.00519	0.00618	0.00741	0.00865	0.00988
140	0.00319	0.00399	0.00479	0.00559	0.00665	0.00798	0.00931	0.01064
150	0.00342	0.00428	0.00513	0.00599	0.00713	0.00855	0.00998	0.01140
160	0.00365	0.00456	0.00547	0.00638	0.00760	0.00912	0.01064	0.01216
170	0.00388	0.00485	0.00581	0.00678	0.00808	0.00969	0.01131	0.01292

续表7

材宽/mm	材长1.9 m							
	材厚/mm							
	12	15	18	21	25	30	35	40
	材积/m³							
180	0.00410	0.00513	0.00616	0.00718	0.00855	0.01026	0.01197	0.01368
190	0.00433	0.00542	0.00650	0.00758	0.00903	0.01083	0.01264	0.01444
200	0.00456	0.00570	0.00684	0.00798	0.00950	0.01140	0.01330	0.01520
210	0.00479	0.00599	0.00718	0.00838	0.00998	0.01197	0.01397	0.01596
220	0.00502	0.00627	0.00752	0.00878	0.01045	0.01254	0.01463	0.01672
230	0.00524	0.00656	0.00787	0.00918	0.01093	0.01311	0.01530	0.01748
240	0.00547	0.00684	0.00821	0.00958	0.01140	0.01368	0.01596	0.01824
250	0.00570	0.00713	0.00855	0.00998	0.01188	0.01425	0.01663	0.01900
260	0.00593	0.00741	0.00889	0.01037	0.01235	0.01482	0.01729	0.01976
270	0.00616	0.00770	0.00923	0.01077	0.01283	0.01539	0.01796	0.02052
280	0.00638	0.00798	0.00958	0.01117	0.01330	0.01596	0.01862	0.02128
290	0.00661	0.00827	0.00992	0.01157	0.01378	0.01653	0.01929	0.02204
300	0.00684	0.00855	0.01026	0.01197	0.01425	0.01710	0.01995	0.02280

续表7

材宽/mm	材长1.9 m						
	材厚/mm						
	45	50	60	70	80	90	100
	材积/m³						
30	0.00257	0.00285	0.00342	0.00399	0.00456	0.00513	0.00570
40	0.00342	0.00380	0.00456	0.00532	0.00608	0.00684	0.00760
50	0.00428	0.00475	0.00570	0.00665	0.00760	0.00855	0.00950
60	0.00513	0.00570	0.00684	0.00798	0.00912	0.01026	0.01140
70	0.00599	0.00665	0.00798	0.00931	0.01064	0.01197	0.01330
80	0.00684	0.00760	0.00912	0.01064	0.01216	0.01368	0.01520
90	0.00770	0.00855	0.01026	0.01197	0.01368	0.01539	0.01710
100	0.00855	0.00950	0.01140	0.01330	0.01520	0.01710	0.01900
110	0.00941	0.01045	0.01254	0.01463	0.01672	0.01881	0.02090
120	0.01026	0.01140	0.01368	0.01596	0.01824	0.02052	0.02280
130	0.01112	0.01235	0.01482	0.01729	0.01976	0.02223	0.02470
140	0.01197	0.01330	0.01596	0.01862	0.02128	0.02394	0.02660
150	0.01283	0.01425	0.01710	0.01995	0.02280	0.02565	0.02850
160	0.01368	0.01520	0.01824	0.02128	0.02432	0.02736	0.03040
170	0.01454	0.01615	0.01938	0.02261	0.02584	0.02907	0.03230

续表7

材宽/mm	材长1.9 m						
	材厚/mm						
	45	50	60	70	80	90	100
	材积/m^3						
180	0.01539	0.01710	0.02052	0.02394	0.02736	0.03078	0.03420
190	0.01625	0.01805	0.02166	0.02527	0.02888	0.03249	0.03610
200	0.01710	0.01900	0.02280	0.02660	0.03040	0.03420	0.03800
210	0.01796	0.01995	0.02394	0.02793	0.03192	0.03591	0.03990
220	0.01881	0.02090	0.02508	0.02926	0.03344	0.03762	0.04180
230	0.01967	0.02185	0.02622	0.03059	0.03496	0.03933	0.04370
240	0.02052	0.02280	0.02736	0.03192	0.03648	0.04104	0.04560
250	0.02138	0.02375	0.02850	0.03325	0.03800	0.04275	0.04750
260	0.02223	0.02470	0.02964	0.03458	0.03952	0.04446	0.04940
270	0.02309	0.02565	0.03078	0.03591	0.04104	0.04617	0.05130
280	0.02394	0.02660	0.03192	0.03724	0.04256	0.04788	0.05320
290	0.02480	0.02755	0.03306	0.03857	0.04408	0.04959	0.05510
300	0.02565	0.02850	0.03420	0.03990	0.04560	0.05130	0.05700

续表7

材宽/mm	材长2.0 m							
	材厚/mm							
	12	15	18	21	25	30	35	40
	材积/m³							
30	0.00072	0.00090	0.00108	0.00126	0.00150	0.00180	0.00210	0.00240
40	0.00096	0.00120	0.00144	0.00168	0.00200	0.00240	0.00280	0.00320
50	0.00120	0.00150	0.00180	0.00210	0.00250	0.00300	0.00350	0.00400
60	0.00144	0.00180	0.00216	0.00252	0.00300	0.00360	0.00420	0.00480
70	0.00168	0.00210	0.00252	0.00294	0.00350	0.00420	0.00490	0.00560
80	0.00192	0.00240	0.00288	0.00336	0.00400	0.00480	0.00560	0.00640
90	0.00216	0.00270	0.00324	0.00378	0.00450	0.00540	0.00630	0.00720
100	0.00240	0.00300	0.00360	0.00420	0.00500	0.00600	0.00700	0.00800
110	0.00264	0.00330	0.00396	0.00462	0.00550	0.00660	0.00770	0.00880
120	0.00288	0.00360	0.00432	0.00504	0.00600	0.00720	0.00840	0.00960
130	0.00312	0.00390	0.00468	0.00546	0.00650	0.00780	0.00910	0.01040
140	0.00336	0.00420	0.00504	0.00588	0.00700	0.00840	0.00980	0.01120
150	0.00360	0.00450	0.00540	0.00630	0.00750	0.00900	0.01050	0.01200
160	0.00384	0.00480	0.00576	0.00672	0.00800	0.00960	0.01120	0.01280
170	0.00408	0.00510	0.00612	0.00714	0.00850	0.01020	0.01190	0.01360

续表7

材宽/mm	材长2.0 m							
	材厚/mm							
	12	15	18	21	25	30	35	40
	材积/m^3							
180	0.00432	0.00540	0.00648	0.00756	0.00900	0.01080	0.01260	0.01440
190	0.00456	0.00570	0.00684	0.00798	0.00950	0.01140	0.01330	0.01520
200	0.00480	0.00600	0.00720	0.00840	0.01000	0.01200	0.01400	0.01600
210	0.00504	0.00630	0.00756	0.00882	0.01050	0.01260	0.01470	0.01680
220	0.00528	0.00660	0.00792	0.00924	0.01100	0.01320	0.01540	0.01760
230	0.00552	0.00690	0.00828	0.00966	0.01150	0.01380	0.01610	0.01840
240	0.00576	0.00720	0.00864	0.01008	0.01200	0.01440	0.01680	0.01920
250	0.00600	0.00750	0.00900	0.01050	0.01250	0.01500	0.01750	0.02000
260	0.00624	0.00780	0.00936	0.01092	0.01300	0.01560	0.01820	0.02080
270	0.00648	0.00810	0.00972	0.01134	0.01350	0.01620	0.01890	0.02160
280	0.00672	0.00840	0.01008	0.01176	0.01400	0.01680	0.01960	0.02240
290	0.00696	0.00870	0.01044	0.01218	0.01450	0.01740	0.02030	0.02320
300	0.00720	0.00900	0.01080	0.01260	0.01500	0.01800	0.02100	0.02400

续表7

材宽/mm	材长2.0 m						
	材厚/mm						
	45	50	60	70	80	90	100
	材积/m³						
30	0.00270	0.00300	0.00360	0.00420	0.00480	0.00540	0.00600
40	0.00360	0.00400	0.00480	0.00560	0.00640	0.00720	0.00800
50	0.00450	0.00500	0.00600	0.00700	0.00800	0.00900	0.01000
60	0.00540	0.00600	0.00720	0.00840	0.00960	0.01080	0.01200
70	0.00630	0.00700	0.00840	0.00980	0.01120	0.01260	0.01400
80	0.00720	0.00800	0.00960	0.01120	0.01280	0.01440	0.01600
90	0.00810	0.00900	0.01080	0.01260	0.01440	0.01620	0.01800
100	0.00900	0.01000	0.01200	0.01400	0.01600	0.01800	0.02000
110	0.00990	0.01100	0.01320	0.01540	0.01760	0.01980	0.02200
120	0.01080	0.01200	0.01440	0.01680	0.01920	0.02160	0.02400
130	0.01170	0.01300	0.01560	0.01820	0.02080	0.02340	0.02600
140	0.01260	0.01400	0.01680	0.01960	0.02240	0.02520	0.02800
150	0.01350	0.01500	0.01800	0.02100	0.02400	0.02700	0.03000
160	0.01440	0.01600	0.01920	0.02240	0.02560	0.02880	0.03200
170	0.01530	0.01700	0.02040	0.02380	0.02720	0.03060	0.03400

续表7

材宽/mm	材长2.0 m						
	材厚/mm						
	45	50	60	70	80	90	100
	材积/m^3						
180	0.01620	0.01800	0.02160	0.02520	0.02880	0.03240	0.03600
190	0.01710	0.01900	0.02280	0.02660	0.03040	0.03420	0.03800
200	0.01800	0.02000	0.02400	0.02800	0.03200	0.03600	0.04000
210	0.01890	0.02100	0.02520	0.02940	0.03360	0.03780	0.04200
220	0.01980	0.02200	0.02640	0.03080	0.03520	0.03960	0.04400
230	0.02070	0.02300	0.02760	0.03220	0.03680	0.04140	0.04600
240	0.02160	0.02400	0.02880	0.03360	0.03840	0.04320	0.04800
250	0.02250	0.02500	0.03000	0.03500	0.04000	0.04500	0.05000
260	0.02340	0.02600	0.03120	0.03640	0.04160	0.04680	0.05200
270	0.02430	0.02700	0.03240	0.03780	0.04320	0.04860	0.05400
280	0.02520	0.02800	0.03360	0.03920	0.04480	0.05040	0.05600
290	0.02610	0.02900	0.03480	0.04060	0.04640	0.05220	0.05800
300	0.02700	0.03000	0.03600	0.04200	0.04800	0.05400	0.06000

续表7

材宽/mm	材长2.2 m							
	材厚/mm							
	12	15	18	21	25	30	35	40
	材积/m³							
30	0.0008	0.0010	0.0012	0.0014	0.0017	0.0020	0.0023	0.0026
40	0.0011	0.0013	0.0016	0.0018	0.0022	0.0026	0.0031	0.0035
50	0.0013	0.0017	0.0020	0.0023	0.0028	0.0033	0.0039	0.0044
60	0.0016	0.0020	0.0024	0.0028	0.0033	0.0040	0.0046	0.0053
70	0.0018	0.0023	0.0028	0.0032	0.0039	0.0046	0.0054	0.0062
80	0.0021	0.0026	0.0032	0.0037	0.0044	0.0053	0.0062	0.0070
90	0.0024	0.0030	0.0036	0.0042	0.0050	0.0059	0.0069	0.0079
100	0.0026	0.0033	0.0040	0.0046	0.0055	0.0066	0.0077	0.0088
110	0.0029	0.0036	0.0044	0.0051	0.0061	0.0073	0.0085	0.0097
120	0.0032	0.0040	0.0048	0.0055	0.0066	0.0079	0.0092	0.0106
130	0.0034	0.0043	0.0051	0.0060	0.0072	0.0086	0.0100	0.0114
140	0.0037	0.0046	0.0055	0.0065	0.0077	0.0092	0.0108	0.0123
150	0.0040	0.0050	0.0059	0.0069	0.0083	0.0099	0.0116	0.0132
160	0.0042	0.0053	0.0063	0.0074	0.0088	0.0106	0.0123	0.0141
170	0.0045	0.0056	0.0067	0.0079	0.0094	0.0112	0.0131	0.0150

续表7

材宽/mm	材长2.2 m							
	材厚/mm							
	12	15	18	21	25	30	35	40
	材积/m³							
180	0.0048	0.0059	0.0071	0.0083	0.0099	0.0119	0.0139	0.0158
190	0.0050	0.0063	0.0075	0.0088	0.0105	0.0125	0.0146	0.0167
200	0.0053	0.0066	0.0079	0.0092	0.0110	0.0132	0.0154	0.0176
210	0.0055	0.0069	0.0083	0.0097	0.0116	0.0139	0.0162	0.0185
220	0.0058	0.0073	0.0087	0.0102	0.0121	0.0145	0.0169	0.0194
230	0.0061	0.0076	0.0091	0.0106	0.0127	0.0152	0.0177	0.0202
240	0.0063	0.0079	0.0095	0.0111	0.0132	0.0158	0.0185	0.0211
250	0.0066	0.0083	0.0099	0.0116	0.0138	0.0165	0.0193	0.0220
260	0.0069	0.0086	0.0103	0.0120	0.0143	0.0172	0.0200	0.0229
270	0.0071	0.0089	0.0107	0.0125	0.0149	0.0178	0.0208	0.0238
280	0.0074	0.0092	0.0111	0.0129	0.0154	0.0185	0.0216	0.0246
290	0.0077	0.0096	0.0115	0.0134	0.0160	0.0191	0.0223	0.0255
300	0.0079	0.0099	0.0119	0.0139	0.0165	0.0198	0.0231	0.0264

续表7

材宽/mm	材长2.2 m						
	材厚/mm						
	45	50	60	70	80	90	100
	材积/m^3						
30	0.0030	0.0033	0.0040	0.0046	0.0053	0.0059	0.0066
40	0.0040	0.0044	0.0053	0.0062	0.0070	0.0079	0.0088
50	0.0050	0.0055	0.0066	0.0077	0.0088	0.0099	0.0110
60	0.0059	0.0066	0.0079	0.0092	0.0106	0.0119	0.0132
70	0.0069	0.0077	0.0092	0.0108	0.0123	0.0139	0.0154
80	0.0079	0.0088	0.0106	0.0123	0.0141	0.0158	0.0176
90	0.0089	0.0099	0.0119	0.0139	0.0158	0.0178	0.0198
100	0.0099	0.0110	0.0132	0.0154	0.0176	0.0198	0.0220
110	0.0109	0.0121	0.0145	0.0169	0.0194	0.0218	0.0242
120	0.0119	0.0132	0.0158	0.0185	0.0211	0.0238	0.0264
130	0.0129	0.0143	0.0172	0.0200	0.0229	0.0257	0.0286
140	0.0139	0.0154	0.0185	0.0216	0.0246	0.0277	0.0308
150	0.0149	0.0165	0.0198	0.0231	0.0264	0.0297	0.0330
160	0.0158	0.0176	0.0211	0.0246	0.0282	0.0317	0.0352
170	0.0168	0.0187	0.0224	0.0262	0.0299	0.0337	0.0374

续表7

材宽/mm	材长2.2 m						
	材厚/mm						
	45	50	60	70	80	90	100
	材积/m^3						
180	0.0178	0.0198	0.0238	0.0277	0.0317	0.0356	0.0396
190	0.0188	0.0209	0.0251	0.0293	0.0334	0.0376	0.0418
200	0.0198	0.0220	0.0264	0.0308	0.0352	0.0396	0.0440
210	0.0208	0.0231	0.0277	0.0323	0.0370	0.0416	0.0462
220	0.0218	0.0242	0.0290	0.0339	0.0387	0.0436	0.0484
230	0.0228	0.0253	0.0304	0.0354	0.0405	0.0455	0.0506
240	0.0238	0.0264	0.0317	0.0370	0.0422	0.0475	0.0528
250	0.0248	0.0275	0.0330	0.0385	0.0440	0.0495	0.0550
260	0.0257	0.0286	0.0343	0.0400	0.0458	0.0515	0.0572
270	0.0267	0.0297	0.0356	0.0416	0.0475	0.0535	0.0594
280	0.0277	0.0308	0.0370	0.0431	0.0493	0.0554	0.0616
290	0.0287	0.0319	0.0383	0.0447	0.0510	0.0574	0.0638
300	0.0297	0.0330	0.0396	0.0462	0.0528	0.0594	0.0660

续表7

材宽/mm	材长2.4 m							
	材厚/mm							
	12	15	18	21	25	30	35	40
	材积/m³							
30	0.0009	0.0011	0.0013	0.0015	0.0018	0.0022	0.0025	0.0029
40	0.0012	0.0014	0.0017	0.0020	0.0024	0.0029	0.0034	0.0038
50	0.0014	0.0018	0.0022	0.0025	0.0030	0.0036	0.0042	0.0048
60	0.0017	0.0022	0.0026	0.0030	0.0036	0.0043	0.0050	0.0058
70	0.0020	0.0025	0.0030	0.0035	0.0042	0.0050	0.0059	0.0067
80	0.0023	0.0029	0.0035	0.0040	0.0048	0.0058	0.0067	0.0077
90	0.0026	0.0032	0.0039	0.0045	0.0054	0.0065	0.0076	0.0086
100	0.0029	0.0036	0.0043	0.0050	0.0060	0.0072	0.0084	0.0096
110	0.0032	0.0040	0.0048	0.0055	0.0066	0.0079	0.0092	0.0106
120	0.0035	0.0043	0.0052	0.0060	0.0072	0.0086	0.0101	0.0115
130	0.0037	0.0047	0.0056	0.0066	0.0078	0.0094	0.0109	0.0125
140	0.0040	0.0050	0.0060	0.0071	0.0084	0.0101	0.0118	0.0134
150	0.0043	0.0054	0.0065	0.0076	0.0090	0.0108	0.0126	0.0144
160	0.0046	0.0058	0.0069	0.0081	0.0096	0.0115	0.0134	0.0154
170	0.0049	0.0061	0.0073	0.0086	0.0102	0.0122	0.0143	0.0163

续表7

材宽/mm	材长2.4 m							
	材厚/mm							
	12	15	18	21	25	30	35	40
	材积/m³							
180	0.0052	0.0065	0.0078	0.0091	0.0108	0.0130	0.0151	0.0173
190	0.0055	0.0068	0.0082	0.0096	0.0114	0.0137	0.0160	0.0182
200	0.0058	0.0072	0.0086	0.0101	0.0120	0.0144	0.0168	0.0192
210	0.0060	0.0076	0.0091	0.0106	0.0126	0.0151	0.0176	0.0202
220	0.0063	0.0079	0.0095	0.0111	0.0132	0.0158	0.0185	0.0211
230	0.0066	0.0083	0.0099	0.0116	0.0138	0.0166	0.0193	0.0221
240	0.0069	0.0086	0.0104	0.0121	0.0144	0.0173	0.0202	0.0230
250	0.0072	0.0090	0.0108	0.0126	0.0150	0.0180	0.0210	0.0240
260	0.0075	0.0094	0.0112	0.0131	0.0156	0.0187	0.0218	0.0250
270	0.0078	0.0097	0.0117	0.0136	0.0162	0.0194	0.0227	0.0259
280	0.0081	0.0101	0.0121	0.0141	0.0168	0.0202	0.0235	0.0269
290	0.0084	0.0104	0.0125	0.0146	0.0174	0.0209	0.0244	0.0278
300	0.0086	0.0108	0.0130	0.0151	0.0180	0.0216	0.0252	0.0288

续表7

材宽/mm	材长2.4 m						
	材厚/mm						
	45	50	60	70	80	90	100
	材积/m^3						
30	0.0032	0.0036	0.0043	0.0050	0.0058	0.0065	0.0072
40	0.0043	0.0048	0.0058	0.0067	0.0077	0.0086	0.0096
50	0.0054	0.0060	0.0072	0.0084	0.0096	0.0108	0.0120
60	0.0065	0.0072	0.0086	0.0101	0.0115	0.0130	0.0144
70	0.0076	0.0084	0.0101	0.0118	0.0134	0.0151	0.0168
80	0.0086	0.0096	0.0115	0.0134	0.0154	0.0173	0.0192
90	0.0097	0.0108	0.0130	0.0151	0.0173	0.0194	0.0216
100	0.0108	0.0120	0.0144	0.0168	0.0192	0.0216	0.0240
110	0.0119	0.0132	0.0158	0.0185	0.0211	0.0238	0.0264
120	0.0130	0.0144	0.0173	0.0202	0.0230	0.0259	0.0288
130	0.0140	0.0156	0.0187	0.0218	0.0250	0.0281	0.0312
140	0.0151	0.0168	0.0202	0.0235	0.0269	0.0302	0.0336
150	0.0162	0.0180	0.0216	0.0252	0.0288	0.0324	0.0360
160	0.0173	0.0192	0.0230	0.0269	0.0307	0.0346	0.0384
170	0.0184	0.0204	0.0245	0.0286	0.0326	0.0367	0.0408

续表7

材宽/mm	材长2.4 m						
	材厚/mm						
	45	50	60	70	80	90	100
	材积/m³						
180	0.0194	0.0216	0.0259	0.0302	0.0346	0.0389	0.0432
190	0.0205	0.0228	0.0274	0.0319	0.0365	0.0410	0.0456
200	0.0216	0.0240	0.0288	0.0336	0.0384	0.0432	0.0480
210	0.0227	0.0252	0.0302	0.0353	0.0403	0.0454	0.0504
220	0.0238	0.0264	0.0317	0.0370	0.0422	0.0475	0.0528
230	0.0248	0.0276	0.0331	0.0386	0.0442	0.0497	0.0552
240	0.0259	0.0288	0.0346	0.0403	0.0461	0.0518	0.0576
250	0.0270	0.0300	0.0360	0.0420	0.0480	0.0540	0.0600
260	0.0281	0.0312	0.0374	0.0437	0.0499	0.0562	0.0624
270	0.0292	0.0324	0.0389	0.0454	0.0518	0.0583	0.0648
280	0.0302	0.0336	0.0403	0.0470	0.0538	0.0605	0.0672
290	0.0313	0.0348	0.0418	0.0487	0.0557	0.0626	0.0696
300	0.0324	0.0360	0.0432	0.0504	0.0576	0.0648	0.0720

续表7

材宽/mm	材长2.6 m							
	材厚/mm							
	12	15	18	21	25	30	35	40
	材积/m^3							
30	0.0009	0.0012	0.0014	0.0016	0.0020	0.0023	0.0027	0.0031
40	0.0012	0.0016	0.0019	0.0022	0.0026	0.0031	0.0036	0.0042
50	0.0016	0.0020	0.0023	0.0027	0.0033	0.0039	0.0046	0.0052
60	0.0019	0.0023	0.0028	0.0033	0.0039	0.0047	0.0055	0.0062
70	0.0022	0.0027	0.0033	0.0038	0.0046	0.0055	0.0064	0.0073
80	0.0025	0.0031	0.0037	0.0044	0.0052	0.0062	0.0073	0.0083
90	0.0028	0.0035	0.0042	0.0049	0.0059	0.0070	0.0082	0.0094
100	0.0031	0.0039	0.0047	0.0055	0.0065	0.0078	0.0091	0.0104
110	0.0034	0.0043	0.0051	0.0060	0.0072	0.0086	0.0100	0.0114
120	0.0037	0.0047	0.0056	0.0066	0.0078	0.0094	0.0109	0.0125
130	0.0041	0.0051	0.0061	0.0071	0.0085	0.0101	0.0118	0.0135
140	0.0044	0.0055	0.0066	0.0076	0.0091	0.0109	0.0127	0.0146
150	0.0047	0.0059	0.0070	0.0082	0.0098	0.0117	0.0137	0.0156
160	0.0050	0.0062	0.0075	0.0087	0.0104	0.0125	0.0146	0.0166
170	0.0053	0.0066	0.0080	0.0093	0.0111	0.0133	0.0155	0.0177

续表7

材宽/mm	材长2.6 m							
	材厚/mm							
	12	15	18	21	25	30	35	40
	材积/m^3							
180	0.0056	0.0070	0.0084	0.0098	0.0117	0.0140	0.0164	0.0187
190	0.0059	0.0074	0.0089	0.0104	0.0124	0.0148	0.0173	0.0198
200	0.0062	0.0078	0.0094	0.0109	0.0130	0.0156	0.0182	0.0208
210	0.0066	0.0082	0.0098	0.0115	0.0137	0.0164	0.0191	0.0218
220	0.0069	0.0086	0.0103	0.0120	0.0143	0.0172	0.0200	0.0229
230	0.0072	0.0090	0.0108	0.0126	0.0150	0.0179	0.0209	0.0239
240	0.0075	0.0094	0.0112	0.0131	0.0156	0.0187	0.0218	0.0250
250	0.0078	0.0098	0.0117	0.0137	0.0163	0.0195	0.0228	0.0260
260	0.0081	0.0101	0.0122	0.0142	0.0169	0.0203	0.0237	0.0270
270	0.0084	0.0105	0.0126	0.0147	0.0176	0.0211	0.0246	0.0281
280	0.0087	0.0109	0.0131	0.0153	0.0182	0.0218	0.0255	0.0291
290	0.0090	0.0113	0.0136	0.0158	0.0189	0.0226	0.0264	0.0302
300	0.0094	0.0117	0.0140	0.0164	0.0195	0.0234	0.0273	0.0312

续表7

材宽/mm	材长2.6 m						
	材厚/mm						
	45	50	60	70	80	90	100
	材积/m³						
30	0.0035	0.0039	0.0047	0.0055	0.0062	0.0070	0.0078
40	0.0047	0.0052	0.0062	0.0073	0.0083	0.0094	0.0104
50	0.0059	0.0065	0.0078	0.0091	0.0104	0.0117	0.0130
60	0.0070	0.0078	0.0094	0.0109	0.0125	0.0140	0.0156
70	0.0082	0.0091	0.0109	0.0127	0.0146	0.0164	0.0182
80	0.0094	0.0104	0.0125	0.0146	0.0166	0.0187	0.0208
90	0.0105	0.0117	0.0140	0.0164	0.0187	0.0211	0.0234
100	0.0117	0.0130	0.0156	0.0182	0.0208	0.0234	0.0260
110	0.0129	0.0143	0.0172	0.0200	0.0229	0.0257	0.0286
120	0.0140	0.0156	0.0187	0.0218	0.0250	0.0281	0.0312
130	0.0152	0.0169	0.0203	0.0237	0.0270	0.0304	0.0338
140	0.0164	0.0182	0.0218	0.0255	0.0291	0.0328	0.0364
150	0.0176	0.0195	0.0234	0.0273	0.0312	0.0351	0.0390
160	0.0187	0.0208	0.0250	0.0291	0.0333	0.0374	0.0416
170	0.0199	0.0221	0.0265	0.0309	0.0354	0.0398	0.0442

续表7

材宽/mm	材长2.6 m						
	材厚/mm						
	45	50	60	70	80	90	100
	材积/m^3						
180	0.0211	0.0234	0.0281	0.0328	0.0374	0.0421	0.0468
190	0.0222	0.0247	0.0296	0.0346	0.0395	0.0445	0.0494
200	0.0234	0.0260	0.0312	0.0364	0.0416	0.0468	0.0520
210	0.0246	0.0273	0.0328	0.0382	0.0437	0.0491	0.0546
220	0.0257	0.0286	0.0343	0.0400	0.0458	0.0515	0.0572
230	0.0269	0.0299	0.0359	0.0419	0.0478	0.0538	0.0598
240	0.0281	0.0312	0.0374	0.0437	0.0499	0.0562	0.0624
250	0.0293	0.0325	0.0390	0.0455	0.0520	0.0585	0.0650
260	0.0304	0.0338	0.0406	0.0473	0.0541	0.0608	0.0676
270	0.0316	0.0351	0.0421	0.0491	0.0562	0.0632	0.0702
280	0.0328	0.0364	0.0437	0.0510	0.0582	0.0655	0.0728
290	0.0339	0.0377	0.0452	0.0528	0.0603	0.0679	0.0754
300	0.0351	0.0390	0.0468	0.0546	0.0624	0.0702	0.0780

续表7

材宽/mm	材长2.8 m							
	材厚/mm							
	12	15	18	21	25	30	35	40
	材积/m^3							
30	0.0010	0.0013	0.0015	0.0018	0.0021	0.0025	0.0029	0.0034
40	0.0013	0.0017	0.0020	0.0024	0.0028	0.0034	0.0039	0.0045
50	0.0017	0.0021	0.0025	0.0029	0.0035	0.0042	0.0049	0.0056
60	0.0020	0.0025	0.0030	0.0035	0.0042	0.0050	0.0059	0.0067
70	0.0024	0.0029	0.0035	0.0041	0.0049	0.0059	0.0069	0.0078
80	0.0027	0.0034	0.0040	0.0047	0.0056	0.0067	0.0078	0.0090
90	0.0030	0.0038	0.0045	0.0053	0.0063	0.0076	0.0088	0.0101
100	0.0034	0.0042	0.0050	0.0059	0.0070	0.0084	0.0098	0.0112
110	0.0037	0.0046	0.0055	0.0065	0.0077	0.0092	0.0108	0.0123
120	0.0040	0.0050	0.0060	0.0071	0.0084	0.0101	0.0118	0.0134
130	0.0044	0.0055	0.0066	0.0076	0.0091	0.0109	0.0127	0.0146
140	0.0047	0.0059	0.0071	0.0082	0.0098	0.0118	0.0137	0.0157
150	0.0050	0.0063	0.0076	0.0088	0.0105	0.0126	0.0147	0.0168
160	0.0054	0.0067	0.0081	0.0094	0.0112	0.0134	0.0157	0.0179
170	0.0057	0.0071	0.0086	0.0100	0.0119	0.0143	0.0167	0.0190

续表7

材宽/mm	材长2.8 m							
	材厚/mm							
	12	15	18	21	25	30	35	40
	材积/m³							
180	0.0060	0.0076	0.0091	0.0106	0.0126	0.0151	0.0176	0.0202
190	0.0064	0.0080	0.0096	0.0112	0.0133	0.0160	0.0186	0.0213
200	0.0067	0.0084	0.0101	0.0118	0.0140	0.0168	0.0196	0.0224
210	0.0071	0.0088	0.0106	0.0123	0.0147	0.0176	0.0206	0.0235
220	0.0074	0.0092	0.0111	0.0129	0.0154	0.0185	0.0216	0.0246
230	0.0077	0.0097	0.0116	0.0135	0.0161	0.0193	0.0225	0.0258
240	0.0081	0.0101	0.0121	0.0141	0.0168	0.0202	0.0235	0.0269
250	0.0084	0.0105	0.0126	0.0147	0.0175	0.0210	0.0245	0.0280
260	0.0087	0.0109	0.0131	0.0153	0.0182	0.0218	0.0255	0.0291
270	0.0091	0.0113	0.0136	0.0159	0.0189	0.0227	0.0265	0.0302
280	0.0094	0.0118	0.0141	0.0165	0.0196	0.0235	0.0274	0.0314
290	0.0097	0.0122	0.0146	0.0171	0.0203	0.0244	0.0284	0.0325
300	0.0101	0.0126	0.0151	0.0176	0.0210	0.0252	0.0294	0.0336

续表7

材宽/mm	材长2.8 m						
	材厚/mm						
	45	50	60	70	80	90	100
	材积/m³						
30	0.0038	0.0042	0.0050	0.0059	0.0067	0.0076	0.0084
40	0.0050	0.0056	0.0067	0.0078	0.0090	0.0101	0.0112
50	0.0063	0.0070	0.0084	0.0098	0.0112	0.0126	0.0140
60	0.0076	0.0084	0.0101	0.0118	0.0134	0.0151	0.0168
70	0.0088	0.0098	0.0118	0.0137	0.0157	0.0176	0.0196
80	0.0101	0.0112	0.0134	0.0157	0.0179	0.0202	0.0224
90	0.0113	0.0126	0.0151	0.0176	0.0202	0.0227	0.0252
100	0.0126	0.0140	0.0168	0.0196	0.0224	0.0252	0.0280
110	0.0139	0.0154	0.0185	0.0216	0.0246	0.0277	0.0308
120	0.0151	0.0168	0.0202	0.0235	0.0269	0.0302	0.0336
130	0.0164	0.0182	0.0218	0.0255	0.0291	0.0328	0.0364
140	0.0176	0.0196	0.0235	0.0274	0.0314	0.0353	0.0392
150	0.0189	0.0210	0.0252	0.0294	0.0336	0.0378	0.0420
160	0.0202	0.0224	0.0269	0.0314	0.0358	0.0403	0.0448
170	0.0214	0.0238	0.0286	0.0333	0.0381	0.0428	0.0476

续表7

材宽/mm	材长2.8 m						
	材厚/mm						
	45	50	60	70	80	90	100
	材积/m³						
180	0.0227	0.0252	0.0302	0.0353	0.0403	0.0454	0.0504
190	0.0239	0.0266	0.0319	0.0372	0.0426	0.0479	0.0532
200	0.0252	0.0280	0.0336	0.0392	0.0448	0.0504	0.0560
210	0.0265	0.0294	0.0353	0.0412	0.0470	0.0529	0.0588
220	0.0277	0.0308	0.0370	0.0431	0.0493	0.0554	0.0616
230	0.0290	0.0322	0.0386	0.0451	0.0515	0.0580	0.0644
240	0.0302	0.0336	0.0403	0.0470	0.0538	0.0605	0.0672
250	0.0315	0.0350	0.0420	0.0490	0.0560	0.0630	0.0700
260	0.0328	0.0364	0.0437	0.0510	0.0582	0.0655	0.0728
270	0.0340	0.0378	0.0454	0.0529	0.0605	0.0680	0.0756
280	0.0353	0.0392	0.0470	0.0549	0.0627	0.0706	0.0784
290	0.0365	0.0406	0.0487	0.0568	0.0650	0.0731	0.0812
300	0.0378	0.0420	0.0504	0.0588	0.0672	0.0756	0.0840

续表7

材宽/mm	材长3.0 m							
	材厚/mm							
	12	15	18	21	25	30	35	40
	材积/m^3							
30	0.0011	0.0014	0.0016	0.0019	0.0023	0.0027	0.0032	0.0036
40	0.0014	0.0018	0.0022	0.0025	0.0030	0.0036	0.0042	0.0048
50	0.0018	0.0023	0.0027	0.0032	0.0038	0.0045	0.0053	0.0060
60	0.0022	0.0027	0.0032	0.0038	0.0045	0.0054	0.0063	0.0072
70	0.0025	0.0032	0.0038	0.0044	0.0053	0.0063	0.0074	0.0084
80	0.0029	0.0036	0.0043	0.0050	0.0060	0.0072	0.0084	0.0096
90	0.0032	0.0041	0.0049	0.0057	0.0068	0.0081	0.0095	0.0108
100	0.0036	0.0045	0.0054	0.0063	0.0075	0.0090	0.0105	0.0120
110	0.0040	0.0050	0.0059	0.0069	0.0083	0.0099	0.0116	0.0132
120	0.0043	0.0054	0.0065	0.0076	0.0090	0.0108	0.0126	0.0144
130	0.0047	0.0059	0.0070	0.0082	0.0098	0.0117	0.0137	0.0156
140	0.0050	0.0063	0.0076	0.0088	0.0105	0.0126	0.0147	0.0168
150	0.0054	0.0068	0.0081	0.0095	0.0113	0.0135	0.0158	0.0180
160	0.0058	0.0072	0.0086	0.0101	0.0120	0.0144	0.0168	0.0192
170	0.0061	0.0077	0.0092	0.0107	0.0128	0.0153	0.0179	0.0204

续表7

材宽/mm	材长3.0 m							
	材厚/mm							
	12	15	18	21	25	30	35	40
	材积/m^3							
180	0.0065	0.0081	0.0097	0.0113	0.0135	0.0162	0.0189	0.0216
190	0.0068	0.0086	0.0103	0.0120	0.0143	0.0171	0.0200	0.0228
200	0.0072	0.0090	0.0108	0.0126	0.0150	0.0180	0.0210	0.0240
210	0.0076	0.0095	0.0113	0.0132	0.0158	0.0189	0.0221	0.0252
220	0.0079	0.0099	0.0119	0.0139	0.0165	0.0198	0.0231	0.0264
230	0.0083	0.0104	0.0124	0.0145	0.0173	0.0207	0.0242	0.0276
240	0.0086	0.0108	0.0130	0.0151	0.0180	0.0216	0.0252	0.0288
250	0.0090	0.0113	0.0135	0.0158	0.0188	0.0225	0.0263	0.0300
260	0.0094	0.0117	0.0140	0.0164	0.0195	0.0234	0.0273	0.0312
270	0.0097	0.0122	0.0146	0.0170	0.0203	0.0243	0.0284	0.0324
280	0.0101	0.0126	0.0151	0.0176	0.0210	0.0252	0.0294	0.0336
290	0.0104	0.0131	0.0157	0.0183	0.0218	0.0261	0.0305	0.0348
300	0.0108	0.0135	0.0162	0.0189	0.0225	0.0270	0.0315	0.0360

续表7

材宽/mm	材长3.0 m						
	材厚/mm						
	45	50	60	70	80	90	100
	材积/m^3						
30	0.0041	0.0045	0.0054	0.0063	0.0072	0.0081	0.0090
40	0.0054	0.0060	0.0072	0.0084	0.0096	0.0108	0.0120
50	0.0068	0.0075	0.0090	0.0105	0.0120	0.0135	0.0150
60	0.0081	0.0090	0.0108	0.0126	0.0144	0.0162	0.0180
70	0.0095	0.0105	0.0126	0.0147	0.0168	0.0189	0.0210
80	0.0108	0.0120	0.0144	0.0168	0.0192	0.0216	0.0240
90	0.0122	0.0135	0.0162	0.0189	0.0216	0.0243	0.0270
100	0.0135	0.0150	0.0180	0.0210	0.0240	0.0270	0.0300
110	0.0149	0.0165	0.0198	0.0231	0.0264	0.0297	0.0330
120	0.0162	0.0180	0.0216	0.0252	0.0288	0.0324	0.0360
130	0.0176	0.0195	0.0234	0.0273	0.0312	0.0351	0.0390
140	0.0189	0.0210	0.0252	0.0294	0.0336	0.0378	0.0420
150	0.0203	0.0225	0.0270	0.0315	0.0360	0.0405	0.0450
160	0.0216	0.0240	0.0288	0.0336	0.0384	0.0432	0.0480
170	0.0230	0.0255	0.0306	0.0357	0.0408	0.0459	0.0510

续表7

材宽/mm	材长3.0 m						
	材厚/mm						
	45	50	60	70	80	90	100
	材积/m³						
180	0.0243	0.0270	0.0324	0.0378	0.0432	0.0486	0.0540
190	0.0257	0.0285	0.0342	0.0399	0.0456	0.0513	0.0570
200	0.0270	0.0300	0.0360	0.0420	0.0480	0.0540	0.0600
210	0.0284	0.0315	0.0378	0.0441	0.0504	0.0567	0.0630
220	0.0297	0.0330	0.0396	0.0462	0.0528	0.0594	0.0660
230	0.0311	0.0345	0.0414	0.0483	0.0552	0.0621	0.0690
240	0.0324	0.0360	0.0432	0.0504	0.0576	0.0648	0.0720
250	0.0338	0.0375	0.0450	0.0525	0.0600	0.0675	0.0750
260	0.0351	0.0390	0.0468	0.0546	0.0624	0.0702	0.0780
270	0.0365	0.0405	0.0486	0.0567	0.0648	0.0729	0.0810
280	0.0378	0.0420	0.0504	0.0588	0.0672	0.0756	0.0840
290	0.0392	0.0435	0.0522	0.0609	0.0696	0.0783	0.0870
300	0.0405	0.0450	0.0540	0.0630	0.0720	0.0810	0.0900

续表7

材宽/mm	材长3.2 m							
	材厚/mm							
	12	15	18	21	25	30	35	40
	材积/m^3							
30	0.0012	0.0014	0.0017	0.0020	0.0024	0.0029	0.0034	0.0038
40	0.0015	0.0019	0.0023	0.0027	0.0032	0.0038	0.0045	0.0051
50	0.0019	0.0024	0.0029	0.0034	0.0040	0.0048	0.0056	0.0064
60	0.0023	0.0029	0.0035	0.0040	0.0048	0.0058	0.0067	0.0077
70	0.0027	0.0034	0.0040	0.0047	0.0056	0.0067	0.0078	0.0090
80	0.0031	0.0038	0.0046	0.0054	0.0064	0.0077	0.0090	0.0102
90	0.0035	0.0043	0.0052	0.0060	0.0072	0.0086	0.0101	0.0115
100	0.0038	0.0048	0.0058	0.0067	0.0080	0.0096	0.0112	0.0128
110	0.0042	0.0053	0.0063	0.0074	0.0088	0.0106	0.0123	0.0141
120	0.0046	0.0058	0.0069	0.0081	0.0096	0.0115	0.0134	0.0154
130	0.0050	0.0062	0.0075	0.0087	0.0104	0.0125	0.0146	0.0166
140	0.0054	0.0067	0.0081	0.0094	0.0112	0.0134	0.0157	0.0179
150	0.0058	0.0072	0.0086	0.0101	0.0120	0.0144	0.0168	0.0192
160	0.0061	0.0077	0.0092	0.0108	0.0128	0.0154	0.0179	0.0205
170	0.0065	0.0082	0.0098	0.0114	0.0136	0.0163	0.0190	0.0218

续表7

材宽/mm	材长3.2 m							
	材厚/mm							
	12	15	18	21	25	30	35	40
	材积/m^3							
180	0.0069	0.0086	0.0104	0.0121	0.0144	0.0173	0.0202	0.0230
190	0.0073	0.0091	0.0109	0.0128	0.0152	0.0182	0.0213	0.0243
200	0.0077	0.0096	0.0115	0.0134	0.0160	0.0192	0.0224	0.0256
210	0.0081	0.0101	0.0121	0.0141	0.0168	0.0202	0.0235	0.0269
220	0.0084	0.0106	0.0127	0.0148	0.0176	0.0211	0.0246	0.0282
230	0.0088	0.0110	0.0132	0.0155	0.0184	0.0221	0.0258	0.0294
240	0.0092	0.0115	0.0138	0.0161	0.0192	0.0230	0.0269	0.0307
250	0.0096	0.0120	0.0144	0.0168	0.0200	0.0240	0.0280	0.0320
260	0.0100	0.0125	0.0150	0.0175	0.0208	0.0250	0.0291	0.0333
270	0.0104	0.0130	0.0156	0.0181	0.0216	0.0259	0.0302	0.0346
280	0.0108	0.0134	0.0161	0.0188	0.0224	0.0269	0.0314	0.0358
290	0.0111	0.0139	0.0167	0.0195	0.0232	0.0278	0.0325	0.0371
300	0.0115	0.0144	0.0173	0.0202	0.0240	0.0288	0.0336	0.0384

续表7

材宽/mm	材长3.2 m						
	材厚/mm						
	45	50	60	70	80	90	100
	材积/m³						
30	0.0043	0.0048	0.0058	0.0067	0.0077	0.0086	0.0096
40	0.0058	0.0064	0.0077	0.0090	0.0102	0.0115	0.0128
50	0.0072	0.0080	0.0096	0.0112	0.0128	0.0144	0.0160
60	0.0086	0.0096	0.0115	0.0134	0.0154	0.0173	0.0192
70	0.0101	0.0112	0.0134	0.0157	0.0179	0.0202	0.0224
80	0.0115	0.0128	0.0154	0.0179	0.0205	0.0230	0.0256
90	0.0130	0.0144	0.0173	0.0202	0.0230	0.0259	0.0288
100	0.0144	0.0160	0.0192	0.0224	0.0256	0.0288	0.0320
110	0.0158	0.0176	0.0211	0.0246	0.0282	0.0317	0.0352
120	0.0173	0.0192	0.0230	0.0269	0.0307	0.0346	0.0384
130	0.0187	0.0208	0.0250	0.0291	0.0333	0.0374	0.0416
140	0.0202	0.0224	0.0269	0.0314	0.0358	0.0403	0.0448
150	0.0216	0.0240	0.0288	0.0336	0.0384	0.0432	0.0480
160	0.0230	0.0256	0.0307	0.0358	0.0410	0.0461	0.0512
170	0.0245	0.0272	0.0326	0.0381	0.0435	0.0490	0.0544

续表7

材宽/mm	材长3.2 m						
	材厚/mm						
	45	50	60	70	80	90	100
	材积/m³						
180	0.0259	0.0288	0.0346	0.0403	0.0461	0.0518	0.0576
190	0.0274	0.0304	0.0365	0.0426	0.0486	0.0547	0.0608
200	0.0288	0.0320	0.0384	0.0448	0.0512	0.0576	0.0640
210	0.0302	0.0336	0.0403	0.0470	0.0538	0.0605	0.0672
220	0.0317	0.0352	0.0422	0.0493	0.0563	0.0634	0.0704
230	0.0331	0.0368	0.0442	0.0515	0.0589	0.0662	0.0736
240	0.0346	0.0384	0.0461	0.0538	0.0614	0.0691	0.0768
250	0.0360	0.0400	0.0480	0.0560	0.0640	0.0720	0.0800
260	0.0374	0.0416	0.0499	0.0582	0.0666	0.0749	0.0832
270	0.0389	0.0432	0.0518	0.0605	0.0691	0.0778	0.0864
280	0.0403	0.0448	0.0538	0.0627	0.0717	0.0806	0.0896
290	0.0418	0.0464	0.0557	0.0650	0.0742	0.0835	0.0928
300	0.0432	0.0480	0.0576	0.0672	0.0768	0.0864	0.0960

续表7

材宽/mm	材长3.4 m							
	材厚/mm							
	12	15	18	21	25	30	35	40
	材积/m^3							
30	0.0012	0.0015	0.0018	0.0021	0.0026	0.0031	0.0036	0.0041
40	0.0016	0.0020	0.0024	0.0029	0.0034	0.0041	0.0048	0.0054
50	0.0020	0.0026	0.0031	0.0036	0.0043	0.0051	0.0060	0.0068
60	0.0024	0.0031	0.0037	0.0043	0.0051	0.0061	0.0071	0.0082
70	0.0029	0.0036	0.0043	0.0050	0.0060	0.0071	0.0083	0.0095
80	0.0033	0.0041	0.0049	0.0057	0.0068	0.0082	0.0095	0.0109
90	0.0037	0.0046	0.0055	0.0064	0.0077	0.0092	0.0107	0.0122
100	0.0041	0.0051	0.0061	0.0071	0.0085	0.0102	0.0119	0.0136
110	0.0045	0.0056	0.0067	0.0079	0.0094	0.0112	0.0131	0.0150
120	0.0049	0.0061	0.0073	0.0086	0.0102	0.0122	0.0143	0.0163
130	0.0053	0.0066	0.0080	0.0093	0.0111	0.0133	0.0155	0.0177
140	0.0057	0.0071	0.0086	0.0100	0.0119	0.0143	0.0167	0.0190
150	0.0061	0.0077	0.0092	0.0107	0.0128	0.0153	0.0179	0.0204
160	0.0065	0.0082	0.0098	0.0114	0.0136	0.0163	0.0190	0.0218
170	0.0069	0.0087	0.0104	0.0121	0.0145	0.0173	0.0202	0.0231

续表7

材宽/mm	材长3.4 m							
	材厚/mm							
	12	15	18	21	25	30	35	40
	材积/m^3							
180	0.0073	0.0092	0.0110	0.0129	0.0153	0.0184	0.0214	0.0245
190	0.0078	0.0097	0.0116	0.0136	0.0162	0.0194	0.0226	0.0258
200	0.0082	0.0102	0.0122	0.0143	0.0170	0.0204	0.0238	0.0272
210	0.0086	0.0107	0.0129	0.0150	0.0179	0.0214	0.0250	0.0286
220	0.0090	0.0112	0.0135	0.0157	0.0187	0.0224	0.0262	0.0299
230	0.0094	0.0117	0.0141	0.0164	0.0196	0.0235	0.0274	0.0313
240	0.0098	0.0122	0.0147	0.0171	0.0204	0.0245	0.0286	0.0326
250	0.0102	0.0128	0.0153	0.0179	0.0213	0.0255	0.0298	0.0340
260	0.0106	0.0133	0.0159	0.0186	0.0221	0.0265	0.0309	0.0354
270	0.0110	0.0138	0.0165	0.0193	0.0230	0.0275	0.0321	0.0367
280	0.0114	0.0143	0.0171	0.0200	0.0238	0.0286	0.0333	0.0381
290	0.0118	0.0148	0.0177	0.0207	0.0247	0.0296	0.0345	0.0394
300	0.0122	0.0153	0.0184	0.0214	0.0255	0.0306	0.0357	0.0408

续表7

材宽/mm	材长3.4 m						
	材厚/mm						
	45	50	60	70	80	90	100
	材积/m^3						
30	0.0046	0.0051	0.0061	0.0071	0.0082	0.0092	0.0102
40	0.0061	0.0068	0.0082	0.0095	0.0109	0.0122	0.0136
50	0.0077	0.0085	0.0102	0.0119	0.0136	0.0153	0.0170
60	0.0092	0.0102	0.0122	0.0143	0.0163	0.0184	0.0204
70	0.0107	0.0119	0.0143	0.0167	0.0190	0.0214	0.0238
80	0.0122	0.0136	0.0163	0.0190	0.0218	0.0245	0.0272
90	0.0138	0.0153	0.0184	0.0214	0.0245	0.0275	0.0306
100	0.0153	0.0170	0.0204	0.0238	0.0272	0.0306	0.0340
110	0.0168	0.0187	0.0224	0.0262	0.0299	0.0337	0.0374
120	0.0184	0.0204	0.0245	0.0286	0.0326	0.0367	0.0408
130	0.0199	0.0221	0.0265	0.0309	0.0354	0.0398	0.0442
140	0.0214	0.0238	0.0286	0.0333	0.0381	0.0428	0.0476
150	0.0230	0.0255	0.0306	0.0357	0.0408	0.0459	0.0510
160	0.0245	0.0272	0.0326	0.0381	0.0435	0.0490	0.0544
170	0.0260	0.0289	0.0347	0.0405	0.0462	0.0520	0.0578

续表7

材宽/mm	材长3.4 m						
	材厚/mm						
	45	50	60	70	80	90	100
	材积/m^3						
180	0.0275	0.0306	0.0367	0.0428	0.0490	0.0551	0.0612
190	0.0291	0.0323	0.0388	0.0452	0.0517	0.0581	0.0646
200	0.0306	0.0340	0.0408	0.0476	0.0544	0.0612	0.0680
210	0.0321	0.0357	0.0428	0.0500	0.0571	0.0643	0.0714
220	0.0337	0.0374	0.0449	0.0524	0.0598	0.0673	0.0748
230	0.0352	0.0391	0.0469	0.0547	0.0626	0.0704	0.0782
240	0.0367	0.0408	0.0490	0.0571	0.0653	0.0734	0.0816
250	0.0383	0.0425	0.0510	0.0595	0.0680	0.0765	0.0850
260	0.0398	0.0442	0.0530	0.0619	0.0707	0.0796	0.0884
270	0.0413	0.0459	0.0551	0.0643	0.0734	0.0826	0.0918
280	0.0428	0.0476	0.0571	0.0666	0.0762	0.0857	0.0952
290	0.0444	0.0493	0.0592	0.0690	0.0789	0.0887	0.0986
300	0.0459	0.0510	0.0612	0.0714	0.0816	0.0918	0.1020

续表7

材宽/mm	材长3.6 m							
	材厚/mm							
	12	15	18	21	25	30	35	40
	材积/m³							
30	0.0013	0.0016	0.0019	0.0023	0.0027	0.0032	0.0038	0.0043
40	0.0017	0.0022	0.0026	0.0030	0.0036	0.0043	0.0050	0.0058
50	0.0022	0.0027	0.0032	0.0038	0.0045	0.0054	0.0063	0.0072
60	0.0026	0.0032	0.0039	0.0045	0.0054	0.0065	0.0076	0.0086
70	0.0030	0.0038	0.0045	0.0053	0.0063	0.0076	0.0088	0.0101
80	0.0035	0.0043	0.0052	0.0060	0.0072	0.0086	0.0101	0.0115
90	0.0039	0.0049	0.0058	0.0068	0.0081	0.0097	0.0113	0.0130
100	0.0043	0.0054	0.0065	0.0076	0.0090	0.0108	0.0126	0.0144
110	0.0048	0.0059	0.0071	0.0083	0.0099	0.0119	0.0139	0.0158
120	0.0052	0.0065	0.0078	0.0091	0.0108	0.0130	0.0151	0.0173
130	0.0056	0.0070	0.0084	0.0098	0.0117	0.0140	0.0164	0.0187
140	0.0060	0.0076	0.0091	0.0106	0.0126	0.0151	0.0176	0.0202
150	0.0065	0.0081	0.0097	0.0113	0.0135	0.0162	0.0189	0.0216
160	0.0069	0.0086	0.0104	0.0121	0.0144	0.0173	0.0202	0.0230
170	0.0073	0.0092	0.0110	0.0129	0.0153	0.0184	0.0214	0.0245

续表7

材宽/mm	材长3.6 m							
	材厚/mm							
	12	15	18	21	25	30	35	40
	材积/m^3							
180	0.0078	0.0097	0.0117	0.0136	0.0162	0.0194	0.0227	0.0259
190	0.0082	0.0103	0.0123	0.0144	0.0171	0.0205	0.0239	0.0274
200	0.0086	0.0108	0.0130	0.0151	0.0180	0.0216	0.0252	0.0288
210	0.0091	0.0113	0.0136	0.0159	0.0189	0.0227	0.0265	0.0302
220	0.0095	0.0119	0.0143	0.0166	0.0198	0.0238	0.0277	0.0317
230	0.0099	0.0124	0.0149	0.0174	0.0207	0.0248	0.0290	0.0331
240	0.0104	0.0130	0.0156	0.0181	0.0216	0.0259	0.0302	0.0346
250	0.0108	0.0135	0.0162	0.0189	0.0225	0.0270	0.0315	0.0360
260	0.0112	0.0140	0.0168	0.0197	0.0234	0.0281	0.0328	0.0374
270	0.0117	0.0146	0.0175	0.0204	0.0243	0.0292	0.0340	0.0389
280	0.0121	0.0151	0.0181	0.0212	0.0252	0.0302	0.0353	0.0403
290	0.0125	0.0157	0.0188	0.0219	0.0261	0.0313	0.0365	0.0418
300	0.0130	0.0162	0.0194	0.0227	0.0270	0.0324	0.0378	0.0432

续表7

材宽/mm	材长3.6 m						
	材厚/mm						
	45	50	60	70	80	90	100
	材积/m³						
30	0.0049	0.0054	0.0065	0.0076	0.0086	0.0097	0.0108
40	0.0065	0.0072	0.0086	0.0101	0.0115	0.0130	0.0144
50	0.0081	0.0090	0.0108	0.0126	0.0144	0.0162	0.0180
60	0.0097	0.0108	0.0130	0.0151	0.0173	0.0194	0.0216
70	0.0113	0.0126	0.0151	0.0176	0.0202	0.0227	0.0252
80	0.0130	0.0144	0.0173	0.0202	0.0230	0.0259	0.0288
90	0.0146	0.0162	0.0194	0.0227	0.0259	0.0292	0.0324
100	0.0162	0.0180	0.0216	0.0252	0.0288	0.0324	0.0360
110	0.0178	0.0198	0.0238	0.0277	0.0317	0.0356	0.0396
120	0.0194	0.0216	0.0259	0.0302	0.0346	0.0389	0.0432
130	0.0211	0.0234	0.0281	0.0328	0.0374	0.0421	0.0468
140	0.0227	0.0252	0.0302	0.0353	0.0403	0.0454	0.0504
150	0.0243	0.0270	0.0324	0.0378	0.0432	0.0486	0.0540
160	0.0259	0.0288	0.0346	0.0403	0.0461	0.0518	0.0576
170	0.0275	0.0306	0.0367	0.0428	0.0490	0.0551	0.0612

续表7

材宽/mm	材长3.6 m						
	材厚/mm						
	45	50	60	70	80	90	100
	材积/m^3						
180	0.0292	0.0324	0.0389	0.0454	0.0518	0.0583	0.0648
190	0.0308	0.0342	0.0410	0.0479	0.0547	0.0616	0.0684
200	0.0324	0.0360	0.0432	0.0504	0.0576	0.0648	0.0720
210	0.0340	0.0378	0.0454	0.0529	0.0605	0.0680	0.0756
220	0.0356	0.0396	0.0475	0.0554	0.0634	0.0713	0.0792
230	0.0373	0.0414	0.0497	0.0580	0.0662	0.0745	0.0828
240	0.0389	0.0432	0.0518	0.0605	0.0691	0.0778	0.0864
250	0.0405	0.0450	0.0540	0.0630	0.0720	0.0810	0.0900
260	0.0421	0.0468	0.0562	0.0655	0.0749	0.0842	0.0936
270	0.0437	0.0486	0.0583	0.0680	0.0778	0.0875	0.0972
280	0.0454	0.0504	0.0605	0.0706	0.0806	0.0907	0.1008
290	0.0470	0.0522	0.0626	0.0731	0.0835	0.0940	0.1044
300	0.0486	0.0540	0.0648	0.0756	0.0864	0.0972	0.1080

续表7

材宽/mm	材长3.8 m							
	材厚/mm							
	12	15	18	21	25	30	35	40
	材积/m^3							
30	0.0014	0.0017	0.0021	0.0024	0.0029	0.0034	0.0040	0.0046
40	0.0018	0.0023	0.0027	0.0032	0.0038	0.0046	0.0053	0.0061
50	0.0023	0.0029	0.0034	0.0040	0.0048	0.0057	0.0067	0.0076
60	0.0027	0.0034	0.0041	0.0048	0.0057	0.0068	0.0080	0.0091
70	0.0032	0.0040	0.0048	0.0056	0.0067	0.0080	0.0093	0.0106
80	0.0036	0.0046	0.0055	0.0064	0.0076	0.0091	0.0106	0.0122
90	0.0041	0.0051	0.0062	0.0072	0.0086	0.0103	0.0120	0.0137
100	0.0046	0.0057	0.0068	0.0080	0.0095	0.0114	0.0133	0.0152
110	0.0050	0.0063	0.0075	0.0088	0.0105	0.0125	0.0146	0.0167
120	0.0055	0.0068	0.0082	0.0096	0.0114	0.0137	0.0160	0.0182
130	0.0059	0.0074	0.0089	0.0104	0.0124	0.0148	0.0173	0.0198
140	0.0064	0.0080	0.0096	0.0112	0.0133	0.0160	0.0186	0.0213
150	0.0068	0.0086	0.0103	0.0120	0.0143	0.0171	0.0200	0.0228
160	0.0073	0.0091	0.0109	0.0128	0.0152	0.0182	0.0213	0.0243
170	0.0078	0.0097	0.0116	0.0136	0.0162	0.0194	0.0226	0.0258

续表7

材宽/mm	材长3.8 m							
	材厚/mm							
	12	15	18	21	25	30	35	40
	材积/m^3							
180	0.0082	0.0103	0.0123	0.0144	0.0171	0.0205	0.0239	0.0274
190	0.0087	0.0108	0.0130	0.0152	0.0181	0.0217	0.0253	0.0289
200	0.0091	0.0114	0.0137	0.0160	0.0190	0.0228	0.0266	0.0304
210	0.0096	0.0120	0.0144	0.0168	0.0200	0.0239	0.0279	0.0319
220	0.0100	0.0125	0.0150	0.0176	0.0209	0.0251	0.0293	0.0334
230	0.0105	0.0131	0.0157	0.0184	0.0219	0.0262	0.0306	0.0350
240	0.0109	0.0137	0.0164	0.0192	0.0228	0.0274	0.0319	0.0365
250	0.0114	0.0143	0.0171	0.0200	0.0238	0.0285	0.0333	0.0380
260	0.0119	0.0148	0.0178	0.0207	0.0247	0.0296	0.0346	0.0395
270	0.0123	0.0154	0.0185	0.0215	0.0257	0.0308	0.0359	0.0410
280	0.0128	0.0160	0.0192	0.0223	0.0266	0.0319	0.0372	0.0426
290	0.0132	0.0165	0.0198	0.0231	0.0276	0.0331	0.0386	0.0441
300	0.0137	0.0171	0.0205	0.0239	0.0285	0.0342	0.0399	0.0456

续表7

材宽/mm	材长3.8 m						
	材厚/mm						
	45	50	60	70	80	90	100
	材积/m³						
30	0.0051	0.0057	0.0068	0.0080	0.0091	0.0103	0.0114
40	0.0068	0.0076	0.0091	0.0106	0.0122	0.0137	0.0152
50	0.0086	0.0095	0.0114	0.0133	0.0152	0.0171	0.0190
60	0.0103	0.0114	0.0137	0.0160	0.0182	0.0205	0.0228
70	0.0120	0.0133	0.0160	0.0186	0.0213	0.0239	0.0266
80	0.0137	0.0152	0.0182	0.0213	0.0243	0.0274	0.0304
90	0.0154	0.0171	0.0205	0.0239	0.0274	0.0308	0.0342
100	0.0171	0.0190	0.0228	0.0266	0.0304	0.0342	0.0380
110	0.0188	0.0209	0.0251	0.0293	0.0334	0.0376	0.0418
120	0.0205	0.0228	0.0274	0.0319	0.0365	0.0410	0.0456
130	0.0222	0.0247	0.0296	0.0346	0.0395	0.0445	0.0494
140	0.0239	0.0266	0.0319	0.0372	0.0426	0.0479	0.0532
150	0.0257	0.0285	0.0342	0.0399	0.0456	0.0513	0.0570
160	0.0274	0.0304	0.0365	0.0426	0.0486	0.0547	0.0608
170	0.0291	0.0323	0.0388	0.0452	0.0517	0.0581	0.0646

续表7

材宽/mm	材长3.8 m						
	材厚/mm						
	45	50	60	70	80	90	100
	材积/m^3						
180	0.0308	0.0342	0.0410	0.0479	0.0547	0.0616	0.0684
190	0.0325	0.0361	0.0433	0.0505	0.0578	0.0650	0.0722
200	0.0342	0.0380	0.0456	0.0532	0.0608	0.0684	0.0760
210	0.0359	0.0399	0.0479	0.0559	0.0638	0.0718	0.0798
220	0.0376	0.0418	0.0502	0.0585	0.0669	0.0752	0.0836
230	0.0393	0.0437	0.0524	0.0612	0.0699	0.0787	0.0874
240	0.0410	0.0456	0.0547	0.0638	0.0730	0.0821	0.0912
250	0.0428	0.0475	0.0570	0.0665	0.0760	0.0855	0.0950
260	0.0445	0.0494	0.0593	0.0692	0.0790	0.0889	0.0988
270	0.0462	0.0513	0.0616	0.0718	0.0821	0.0923	0.1026
280	0.0479	0.0532	0.0638	0.0745	0.0851	0.0958	0.1064
290	0.0496	0.0551	0.0661	0.0771	0.0882	0.0992	0.1102
300	0.0513	0.0570	0.0684	0.0798	0.0912	0.1026	0.1140

续表7

材宽/mm	材长4.0 m							
	材厚/mm							
	12	15	18	21	25	30	35	40
	材积/m^3							
30	0.0014	0.0018	0.0022	0.0025	0.0030	0.0036	0.0042	0.0048
40	0.0019	0.0024	0.0029	0.0034	0.0040	0.0048	0.0056	0.0064
50	0.0024	0.0030	0.0036	0.0042	0.0050	0.0060	0.0070	0.0080
60	0.0029	0.0036	0.0043	0.0050	0.0060	0.0072	0.0084	0.0096
70	0.0034	0.0042	0.0050	0.0059	0.0070	0.0084	0.0098	0.0112
80	0.0038	0.0048	0.0058	0.0067	0.0080	0.0096	0.0112	0.0128
90	0.0043	0.0054	0.0065	0.0076	0.0090	0.0108	0.0126	0.0144
100	0.0048	0.0060	0.0072	0.0084	0.0100	0.0120	0.0140	0.0160
110	0.0053	0.0066	0.0079	0.0092	0.0110	0.0132	0.0154	0.0176
120	0.0058	0.0072	0.0086	0.0101	0.0120	0.0144	0.0168	0.0192
130	0.0062	0.0078	0.0094	0.0109	0.0130	0.0156	0.0182	0.0208
140	0.0067	0.0084	0.0101	0.0118	0.0140	0.0168	0.0196	0.0224
150	0.0072	0.0090	0.0108	0.0126	0.0150	0.0180	0.0210	0.0240
160	0.0077	0.0096	0.0115	0.0134	0.0160	0.0192	0.0224	0.0256
170	0.0082	0.0102	0.0122	0.0143	0.0170	0.0204	0.0238	0.0272

续表7

材宽/mm	材长4.0 m							
	材厚/mm							
	12	15	18	21	25	30	35	40
	材积/m³							
180	0.0086	0.0108	0.0130	0.0151	0.0180	0.0216	0.0252	0.0288
190	0.0091	0.0114	0.0137	0.0160	0.0190	0.0228	0.0266	0.0304
200	0.0096	0.0120	0.0144	0.0168	0.0200	0.0240	0.0280	0.0320
210	0.0101	0.0126	0.0151	0.0176	0.0210	0.0252	0.0294	0.0336
220	0.0106	0.0132	0.0158	0.0185	0.0220	0.0264	0.0308	0.0352
230	0.0110	0.0138	0.0166	0.0193	0.0230	0.0276	0.0322	0.0368
240	0.0115	0.0144	0.0173	0.0202	0.0240	0.0288	0.0336	0.0384
250	0.0120	0.0150	0.0180	0.0210	0.0250	0.0300	0.0350	0.0400
260	0.0125	0.0156	0.0187	0.0218	0.0260	0.0312	0.0364	0.0416
270	0.0130	0.0162	0.0194	0.0227	0.0270	0.0324	0.0378	0.0432
280	0.0134	0.0168	0.0202	0.0235	0.0280	0.0336	0.0392	0.0448
290	0.0139	0.0174	0.0209	0.0244	0.0290	0.0348	0.0406	0.0464
300	0.0144	0.0180	0.0216	0.0252	0.0300	0.0360	0.0420	0.0480

续表7

材宽/mm	材长4.0 m						
	材厚/mm						
	45	50	60	70	80	90	100
	材积/m^3						
30	0.0054	0.0060	0.0072	0.0084	0.0096	0.0108	0.0120
40	0.0072	0.0080	0.0096	0.0112	0.0128	0.0144	0.0160
50	0.0090	0.0100	0.0120	0.0140	0.0160	0.0180	0.0200
60	0.0108	0.0120	0.0144	0.0168	0.0192	0.0216	0.0240
70	0.0126	0.0140	0.0168	0.0196	0.0224	0.0252	0.0280
80	0.0144	0.0160	0.0192	0.0224	0.0256	0.0288	0.0320
90	0.0162	0.0180	0.0216	0.0252	0.0288	0.0324	0.0360
100	0.0180	0.0200	0.0240	0.0280	0.0320	0.0360	0.0400
110	0.0198	0.0220	0.0264	0.0308	0.0352	0.0396	0.0440
120	0.0216	0.0240	0.0288	0.0336	0.0384	0.0432	0.0480
130	0.0234	0.0260	0.0312	0.0364	0.0416	0.0468	0.0520
140	0.0252	0.0280	0.0336	0.0392	0.0448	0.0504	0.0560
150	0.0270	0.0300	0.0360	0.0420	0.0480	0.0540	0.0600
160	0.0288	0.0320	0.0384	0.0448	0.0512	0.0576	0.0640
170	0.0306	0.0340	0.0408	0.0476	0.0544	0.0612	0.0680

续表7

材宽/mm	材长4.0 m						
	材厚/mm						
	45	50	60	70	80	90	100
	材积/m^3						
180	0.0324	0.0360	0.0432	0.0504	0.0576	0.0648	0.0720
190	0.0342	0.0380	0.0456	0.0532	0.0608	0.0684	0.0760
200	0.0360	0.0400	0.0480	0.0560	0.0640	0.0720	0.0800
210	0.0378	0.0420	0.0504	0.0588	0.0672	0.0756	0.0840
220	0.0396	0.0440	0.0528	0.0616	0.0704	0.0792	0.0880
230	0.0414	0.0460	0.0552	0.0644	0.0736	0.0828	0.0920
240	0.0432	0.0480	0.0576	0.0672	0.0768	0.0864	0.0960
250	0.0450	0.0500	0.0600	0.0700	0.0800	0.0900	0.1000
260	0.0468	0.0520	0.0624	0.0728	0.0832	0.0936	0.1040
270	0.0486	0.0540	0.0648	0.0756	0.0864	0.0972	0.1080
280	0.0504	0.0560	0.0672	0.0784	0.0896	0.1008	0.1120
290	0.0522	0.0580	0.0696	0.0812	0.0928	0.1044	0.1160
300	0.0540	0.0600	0.0720	0.0840	0.0960	0.1080	0.1200

续表7

材宽/mm	材长4.2 m							
	材厚/mm							
	12	15	18	21	25	30	35	40
	材积/m³							
30	0.0015	0.0019	0.0023	0.0026	0.0032	0.0038	0.0044	0.0050
40	0.0020	0.0025	0.0030	0.0035	0.0042	0.0050	0.0059	0.0067
50	0.0025	0.0032	0.0038	0.0044	0.0053	0.0063	0.0074	0.0084
60	0.0030	0.0038	0.0045	0.0053	0.0063	0.0076	0.0088	0.0101
70	0.0035	0.0044	0.0053	0.0062	0.0074	0.0088	0.0103	0.0118
80	0.0040	0.0050	0.0060	0.0071	0.0084	0.0101	0.0118	0.0134
90	0.0045	0.0057	0.0068	0.0079	0.0095	0.0113	0.0132	0.0151
100	0.0050	0.0063	0.0076	0.0088	0.0105	0.0126	0.0147	0.0168
110	0.0055	0.0069	0.0083	0.0097	0.0116	0.0139	0.0162	0.0185
120	0.0060	0.0076	0.0091	0.0106	0.0126	0.0151	0.0176	0.0202
130	0.0066	0.0082	0.0098	0.0115	0.0137	0.0164	0.0191	0.0218
140	0.0071	0.0088	0.0106	0.0123	0.0147	0.0176	0.0206	0.0235
150	0.0076	0.0095	0.0113	0.0132	0.0158	0.0189	0.0221	0.0252
160	0.0081	0.0101	0.0121	0.0141	0.0168	0.0202	0.0235	0.0269
170	0.0086	0.0107	0.0129	0.0150	0.0179	0.0214	0.0250	0.0286

续表7

材宽/mm	材长4.2 m							
	材厚/mm							
	12	15	18	21	25	30	35	40
	材积/m³							
180	0.0091	0.0113	0.0136	0.0159	0.0189	0.0227	0.0265	0.0302
190	0.0096	0.0120	0.0144	0.0168	0.0200	0.0239	0.0279	0.0319
200	0.0101	0.0126	0.0151	0.0176	0.0210	0.0252	0.0294	0.0336
210	0.0106	0.0132	0.0159	0.0185	0.0221	0.0265	0.0309	0.0353
220	0.0111	0.0139	0.0166	0.0194	0.0231	0.0277	0.0323	0.0370
230	0.0116	0.0145	0.0174	0.0203	0.0242	0.0290	0.0338	0.0386
240	0.0121	0.0151	0.0181	0.0212	0.0252	0.0302	0.0353	0.0403
250	0.0126	0.0158	0.0189	0.0221	0.0263	0.0315	0.0368	0.0420
260	0.0131	0.0164	0.0197	0.0229	0.0273	0.0328	0.0382	0.0437
270	0.0136	0.0170	0.0204	0.0238	0.0284	0.0340	0.0397	0.0454
280	0.0141	0.0176	0.0212	0.0247	0.0294	0.0353	0.0412	0.0470
290	0.0146	0.0183	0.0219	0.0256	0.0305	0.0365	0.0426	0.0487
300	0.0151	0.0189	0.0227	0.0265	0.0315	0.0378	0.0441	0.0504

续表7

材宽/mm	材长4.2 m						
	材厚/mm						
	45	50	60	70	80	90	100
	材积/m³						
30	0.0057	0.0063	0.0076	0.0088	0.0101	0.0113	0.0126
40	0.0076	0.0084	0.0101	0.0118	0.0134	0.0151	0.0168
50	0.0095	0.0105	0.0126	0.0147	0.0168	0.0189	0.0210
60	0.0113	0.0126	0.0151	0.0176	0.0202	0.0227	0.0252
70	0.0132	0.0147	0.0176	0.0206	0.0235	0.0265	0.0294
80	0.0151	0.0168	0.0202	0.0235	0.0269	0.0302	0.0336
90	0.0170	0.0189	0.0227	0.0265	0.0302	0.0340	0.0378
100	0.0189	0.0210	0.0252	0.0294	0.0336	0.0378	0.0420
110	0.0208	0.0231	0.0277	0.0323	0.0370	0.0416	0.0462
120	0.0227	0.0252	0.0302	0.0353	0.0403	0.0454	0.0504
130	0.0246	0.0273	0.0328	0.0382	0.0437	0.0491	0.0546
140	0.0265	0.0294	0.0353	0.0412	0.0470	0.0529	0.0588
150	0.0284	0.0315	0.0378	0.0441	0.0504	0.0567	0.0630
160	0.0302	0.0336	0.0403	0.0470	0.0538	0.0605	0.0672
170	0.0321	0.0357	0.0428	0.0500	0.0571	0.0643	0.0714

续表7

材宽/mm	材长4.2 m						
	材厚/mm						
	45	50	60	70	80	90	100
	材积/m^3						
180	0.0340	0.0378	0.0454	0.0529	0.0605	0.0680	0.0756
190	0.0359	0.0399	0.0479	0.0559	0.0638	0.0718	0.0798
200	0.0378	0.0420	0.0504	0.0588	0.0672	0.0756	0.0840
210	0.0397	0.0441	0.0529	0.0617	0.0706	0.0794	0.0882
220	0.0416	0.0462	0.0554	0.0647	0.0739	0.0832	0.0924
230	0.0435	0.0483	0.0580	0.0676	0.0773	0.0869	0.0966
240	0.0454	0.0504	0.0605	0.0706	0.0806	0.0907	0.1008
250	0.0473	0.0525	0.0630	0.0735	0.0840	0.0945	0.1050
260	0.0491	0.0546	0.0655	0.0764	0.0874	0.0983	0.1092
270	0.0510	0.0567	0.0680	0.0794	0.0907	0.1021	0.1134
280	0.0529	0.0588	0.0706	0.0823	0.0941	0.1058	0.1176
290	0.0548	0.0609	0.0731	0.0853	0.0974	0.1096	0.1218
300	0.0567	0.0630	0.0756	0.0882	0.1008	0.1134	0.1260

续表7

材宽/mm	材长4.4 m							
	材厚/mm							
	12	15	18	21	25	30	35	40
	材积/m^3							
30	0.0016	0.0020	0.0024	0.0028	0.0033	0.0040	0.0046	0.0053
40	0.0021	0.0026	0.0032	0.0037	0.0044	0.0053	0.0062	0.0070
50	0.0026	0.0033	0.0040	0.0046	0.0055	0.0066	0.0077	0.0088
60	0.0032	0.0040	0.0048	0.0055	0.0066	0.0079	0.0092	0.0106
70	0.0037	0.0046	0.0055	0.0065	0.0077	0.0092	0.0108	0.0123
80	0.0042	0.0053	0.0063	0.0074	0.0088	0.0106	0.0123	0.0141
90	0.0048	0.0059	0.0071	0.0083	0.0099	0.0119	0.0139	0.0158
100	0.0053	0.0066	0.0079	0.0092	0.0110	0.0132	0.0154	0.0176
110	0.0058	0.0073	0.0087	0.0102	0.0121	0.0145	0.0169	0.0194
120	0.0063	0.0079	0.0095	0.0111	0.0132	0.0158	0.0185	0.0211
130	0.0069	0.0086	0.0103	0.0120	0.0143	0.0172	0.0200	0.0229
140	0.0074	0.0092	0.0111	0.0129	0.0154	0.0185	0.0216	0.0246
150	0.0079	0.0099	0.0119	0.0139	0.0165	0.0198	0.0231	0.0264
160	0.0084	0.0106	0.0127	0.0148	0.0176	0.0211	0.0246	0.0282
170	0.0090	0.0112	0.0135	0.0157	0.0187	0.0224	0.0262	0.0299

续表7

材宽/mm	材长4.4 m 材厚/mm 12	15	18	21	25	30	35	40
	材积/m^3							
180	0.0095	0.0119	0.0143	0.0166	0.0198	0.0238	0.0277	0.0317
190	0.0100	0.0125	0.0150	0.0176	0.0209	0.0251	0.0293	0.0334
200	0.0106	0.0132	0.0158	0.0185	0.0220	0.0264	0.0308	0.0352
210	0.0111	0.0139	0.0166	0.0194	0.0231	0.0277	0.0323	0.0370
220	0.0116	0.0145	0.0174	0.0203	0.0242	0.0290	0.0339	0.0387
230	0.0121	0.0152	0.0182	0.0213	0.0253	0.0304	0.0354	0.0405
240	0.0127	0.0158	0.0190	0.0222	0.0264	0.0317	0.0370	0.0422
250	0.0132	0.0165	0.0198	0.0231	0.0275	0.0330	0.0385	0.0440
260	0.0137	0.0172	0.0206	0.0240	0.0286	0.0343	0.0400	0.0458
270	0.0143	0.0178	0.0214	0.0249	0.0297	0.0356	0.0416	0.0475
280	0.0148	0.0185	0.0222	0.0259	0.0308	0.0370	0.0431	0.0493
290	0.0153	0.0191	0.0230	0.0268	0.0319	0.0383	0.0447	0.0510
300	0.0158	0.0198	0.0238	0.0277	0.0330	0.0396	0.0462	0.0528

续表7

材宽/mm	材长4.4 m						
	材厚/mm						
	45	50	60	70	80	90	100
	材积/m³						
30	0.0059	0.0066	0.0079	0.0092	0.0106	0.0119	0.0132
40	0.0079	0.0088	0.0106	0.0123	0.0141	0.0158	0.0176
50	0.0099	0.0110	0.0132	0.0154	0.0176	0.0198	0.0220
60	0.0119	0.0132	0.0158	0.0185	0.0211	0.0238	0.0264
70	0.0139	0.0154	0.0185	0.0216	0.0246	0.0277	0.0308
80	0.0158	0.0176	0.0211	0.0246	0.0282	0.0317	0.0352
90	0.0178	0.0198	0.0238	0.0277	0.0317	0.0356	0.0396
100	0.0198	0.0220	0.0264	0.0308	0.0352	0.0396	0.0440
110	0.0218	0.0242	0.0290	0.0339	0.0387	0.0436	0.0484
120	0.0238	0.0264	0.0317	0.0370	0.0422	0.0475	0.0528
130	0.0257	0.0286	0.0343	0.0400	0.0458	0.0515	0.0572
140	0.0277	0.0308	0.0370	0.0431	0.0493	0.0554	0.0616
150	0.0297	0.0330	0.0396	0.0462	0.0528	0.0594	0.0660
160	0.0317	0.0352	0.0422	0.0493	0.0563	0.0634	0.0704
170	0.0337	0.0374	0.0449	0.0524	0.0598	0.0673	0.0748

续表7

材宽/mm	材长4.4 m						
	材厚/mm						
	45	50	60	70	80	90	100
	材积/m^3						
180	0.0356	0.0396	0.0475	0.0554	0.0634	0.0713	0.0792
190	0.0376	0.0418	0.0502	0.0585	0.0669	0.0752	0.0836
200	0.0396	0.0440	0.0528	0.0616	0.0704	0.0792	0.0880
210	0.0416	0.0462	0.0554	0.0647	0.0739	0.0832	0.0924
220	0.0436	0.0484	0.0581	0.0678	0.0774	0.0871	0.0968
230	0.0455	0.0506	0.0607	0.0708	0.0810	0.0911	0.1012
240	0.0475	0.0528	0.0634	0.0739	0.0845	0.0950	0.1056
250	0.0495	0.0550	0.0660	0.0770	0.0880	0.0990	0.1100
260	0.0515	0.0572	0.0686	0.0801	0.0915	0.1030	0.1144
270	0.0535	0.0594	0.0713	0.0832	0.0950	0.1069	0.1188
280	0.0554	0.0616	0.0739	0.0862	0.0986	0.1109	0.1232
290	0.0574	0.0638	0.0766	0.0893	0.1021	0.1148	0.1276
300	0.0594	0.0660	0.0792	0.0924	0.1056	0.1188	0.1320

续表7

材宽/mm	材长4.6 m							
	材厚/mm							
	12	15	18	21	25	30	35	40
	材积/m^3							
30	0.0017	0.0021	0.0025	0.0029	0.0035	0.0041	0.0048	0.0055
40	0.0022	0.0028	0.0033	0.0039	0.0046	0.0055	0.0064	0.0074
50	0.0028	0.0035	0.0041	0.0048	0.0058	0.0069	0.0081	0.0092
60	0.0033	0.0041	0.0050	0.0058	0.0069	0.0083	0.0097	0.0110
70	0.0039	0.0048	0.0058	0.0068	0.0081	0.0097	0.0113	0.0129
80	0.0044	0.0055	0.0066	0.0077	0.0092	0.0110	0.0129	0.0147
90	0.0050	0.0062	0.0075	0.0087	0.0104	0.0124	0.0145	0.0166
100	0.0055	0.0069	0.0083	0.0097	0.0115	0.0138	0.0161	0.0184
110	0.0061	0.0076	0.0091	0.0106	0.0127	0.0152	0.0177	0.0202
120	0.0066	0.0083	0.0099	0.0116	0.0138	0.0166	0.0193	0.0221
130	0.0072	0.0090	0.0108	0.0126	0.0150	0.0179	0.0209	0.0239
140	0.0077	0.0097	0.0116	0.0135	0.0161	0.0193	0.0225	0.0258
150	0.0083	0.0104	0.0124	0.0145	0.0173	0.0207	0.0242	0.0276
160	0.0088	0.0110	0.0132	0.0155	0.0184	0.0221	0.0258	0.0294
170	0.0094	0.0117	0.0141	0.0164	0.0196	0.0235	0.0274	0.0313

续表7

材宽/mm	材长4.6 m							
	材厚/mm							
	12	15	18	21	25	30	35	40
	材积/m^3							
180	0.0099	0.0124	0.0149	0.0174	0.0207	0.0248	0.0290	0.0331
190	0.0105	0.0131	0.0157	0.0184	0.0219	0.0262	0.0306	0.0350
200	0.0110	0.0138	0.0166	0.0193	0.0230	0.0276	0.0322	0.0368
210	0.0116	0.0145	0.0174	0.0203	0.0242	0.0290	0.0338	0.0386
220	0.0121	0.0152	0.0182	0.0213	0.0253	0.0304	0.0354	0.0405
230	0.0127	0.0159	0.0190	0.0222	0.0265	0.0317	0.0370	0.0423
240	0.0132	0.0166	0.0199	0.0232	0.0276	0.0331	0.0386	0.0442
250	0.0138	0.0173	0.0207	0.0242	0.0288	0.0345	0.0403	0.0460
260	0.0144	0.0179	0.0215	0.0251	0.0299	0.0359	0.0419	0.0478
270	0.0149	0.0186	0.0224	0.0261	0.0311	0.0373	0.0435	0.0497
280	0.0155	0.0193	0.0232	0.0270	0.0322	0.0386	0.0451	0.0515
290	0.0160	0.0200	0.0240	0.0280	0.0334	0.0400	0.0467	0.0534
300	0.0166	0.0207	0.0248	0.0290	0.0345	0.0414	0.0483	0.0552

续表7

材宽/mm	材长4.6 m						
	材厚/mm						
	45	50	60	70	80	90	100
	材积/m^3						
30	0.0062	0.0069	0.0083	0.0097	0.0110	0.0124	0.0138
40	0.0083	0.0092	0.0110	0.0129	0.0147	0.0166	0.0184
50	0.0104	0.0115	0.0138	0.0161	0.0184	0.0207	0.0230
60	0.0124	0.0138	0.0166	0.0193	0.0221	0.0248	0.0276
70	0.0145	0.0161	0.0193	0.0225	0.0258	0.0290	0.0322
80	0.0166	0.0184	0.0221	0.0258	0.0294	0.0331	0.0368
90	0.0186	0.0207	0.0248	0.0290	0.0331	0.0373	0.0414
100	0.0207	0.0230	0.0276	0.0322	0.0368	0.0414	0.0460
110	0.0228	0.0253	0.0304	0.0354	0.0405	0.0455	0.0506
120	0.0248	0.0276	0.0331	0.0386	0.0442	0.0497	0.0552
130	0.0269	0.0299	0.0359	0.0419	0.0478	0.0538	0.0598
140	0.0290	0.0322	0.0386	0.0451	0.0515	0.0580	0.0644
150	0.0311	0.0345	0.0414	0.0483	0.0552	0.0621	0.0690
160	0.0331	0.0368	0.0442	0.0515	0.0589	0.0662	0.0736
170	0.0352	0.0391	0.0469	0.0547	0.0626	0.0704	0.0782

续表7

材宽/mm	材长4.6 m						
	材厚/mm						
	45	50	60	70	80	90	100
	材积/m³						
180	0.0373	0.0414	0.0497	0.0580	0.0662	0.0745	0.0828
190	0.0393	0.0437	0.0524	0.0612	0.0699	0.0787	0.0874
200	0.0414	0.0460	0.0552	0.0644	0.0736	0.0828	0.0920
210	0.0435	0.0483	0.0580	0.0676	0.0773	0.0869	0.0966
220	0.0455	0.0506	0.0607	0.0708	0.0810	0.0911	0.1012
230	0.0476	0.0529	0.0635	0.0741	0.0846	0.0952	0.1058
240	0.0497	0.0552	0.0662	0.0773	0.0883	0.0994	0.1104
250	0.0518	0.0575	0.0690	0.0805	0.0920	0.1035	0.1150
260	0.0538	0.0598	0.0718	0.0837	0.0957	0.1076	0.1196
270	0.0559	0.0621	0.0745	0.0869	0.0994	0.1118	0.1242
280	0.0580	0.0644	0.0773	0.0902	0.1030	0.1159	0.1288
290	0.0600	0.0667	0.0800	0.0934	0.1067	0.1201	0.1334
300	0.0621	0.0690	0.0828	0.0966	0.1104	0.1242	0.1380

续表7

材宽/mm	材长4.8 m							
	材厚/mm							
	12	15	18	21	25	30	35	40
	材积/m^3							
30	0.0017	0.0022	0.0026	0.0030	0.0036	0.0043	0.0050	0.0058
40	0.0023	0.0029	0.0035	0.0040	0.0048	0.0058	0.0067	0.0077
50	0.0029	0.0036	0.0043	0.0050	0.0060	0.0072	0.0084	0.0096
60	0.0035	0.0043	0.0052	0.0060	0.0072	0.0086	0.0101	0.0115
70	0.0040	0.0050	0.0060	0.0071	0.0084	0.0101	0.0118	0.0134
80	0.0046	0.0058	0.0069	0.0081	0.0096	0.0115	0.0134	0.0154
90	0.0052	0.0065	0.0078	0.0091	0.0108	0.0130	0.0151	0.0173
100	0.0058	0.0072	0.0086	0.0101	0.0120	0.0144	0.0168	0.0192
110	0.0063	0.0079	0.0095	0.0111	0.0132	0.0158	0.0185	0.0211
120	0.0069	0.0086	0.0104	0.0121	0.0144	0.0173	0.0202	0.0230
130	0.0075	0.0094	0.0112	0.0131	0.0156	0.0187	0.0218	0.0250
140	0.0081	0.0101	0.0121	0.0141	0.0168	0.0202	0.0235	0.0269
150	0.0086	0.0108	0.0130	0.0151	0.0180	0.0216	0.0252	0.0288
160	0.0092	0.0115	0.0138	0.0161	0.0192	0.0230	0.0269	0.0307
170	0.0098	0.0122	0.0147	0.0171	0.0204	0.0245	0.0286	0.0326

续表7

材宽/mm	材长4.8 m							
	材厚/mm							
	12	15	18	21	25	30	35	40
	材积/m^3							
180	0.0104	0.0130	0.0156	0.0181	0.0216	0.0259	0.0302	0.0346
190	0.0109	0.0137	0.0164	0.0192	0.0228	0.0274	0.0319	0.0365
200	0.0115	0.0144	0.0173	0.0202	0.0240	0.0288	0.0336	0.0384
210	0.0121	0.0151	0.0181	0.0212	0.0252	0.0302	0.0353	0.0403
220	0.0127	0.0158	0.0190	0.0222	0.0264	0.0317	0.0370	0.0422
230	0.0132	0.0166	0.0199	0.0232	0.0276	0.0331	0.0386	0.0442
240	0.0138	0.0173	0.0207	0.0242	0.0288	0.0346	0.0403	0.0461
250	0.0144	0.0180	0.0216	0.0252	0.0300	0.0360	0.0420	0.0480
260	0.0150	0.0187	0.0225	0.0262	0.0312	0.0374	0.0437	0.0499
270	0.0156	0.0194	0.0233	0.0272	0.0324	0.0389	0.0454	0.0518
280	0.0161	0.0202	0.0242	0.0282	0.0336	0.0403	0.0470	0.0538
290	0.0167	0.0209	0.0251	0.0292	0.0348	0.0418	0.0487	0.0557
300	0.0173	0.0216	0.0259	0.0302	0.0360	0.0432	0.0504	0.0576

续表7

材宽/mm	材长4.8 m						
	材厚/mm						
	45	50	60	70	80	90	100
	材积/m³						
30	0.0065	0.0072	0.0086	0.0101	0.0115	0.0130	0.0144
40	0.0086	0.0096	0.0115	0.0134	0.0154	0.0173	0.0192
50	0.0108	0.0120	0.0144	0.0168	0.0192	0.0216	0.0240
60	0.0130	0.0144	0.0173	0.0202	0.0230	0.0259	0.0288
70	0.0151	0.0168	0.0202	0.0235	0.0269	0.0302	0.0336
80	0.0173	0.0192	0.0230	0.0269	0.0307	0.0346	0.0384
90	0.0194	0.0216	0.0259	0.0302	0.0346	0.0389	0.0432
100	0.0216	0.0240	0.0288	0.0336	0.0384	0.0432	0.0480
110	0.0238	0.0264	0.0317	0.0370	0.0422	0.0475	0.0528
120	0.0259	0.0288	0.0346	0.0403	0.0461	0.0518	0.0576
130	0.0281	0.0312	0.0374	0.0437	0.0499	0.0562	0.0624
140	0.0302	0.0336	0.0403	0.0470	0.0538	0.0605	0.0672
150	0.0324	0.0360	0.0432	0.0504	0.0576	0.0648	0.0720
160	0.0346	0.0384	0.0461	0.0538	0.0614	0.0691	0.0768
170	0.0367	0.0408	0.0490	0.0571	0.0653	0.0734	0.0816

续表7

材宽/mm	材长4.8 m						
	材厚/mm						
	45	50	60	70	80	90	100
	材积/m³						
180	0.0389	0.0432	0.0518	0.0605	0.0691	0.0778	0.0864
190	0.0410	0.0456	0.0547	0.0638	0.0730	0.0821	0.0912
200	0.0432	0.0480	0.0576	0.0672	0.0768	0.0864	0.0960
210	0.0454	0.0504	0.0605	0.0706	0.0806	0.0907	0.1008
220	0.0475	0.0528	0.0634	0.0739	0.0845	0.0950	0.1056
230	0.0497	0.0552	0.0662	0.0773	0.0883	0.0994	0.1104
240	0.0518	0.0576	0.0691	0.0806	0.0922	0.1037	0.1152
250	0.0540	0.0600	0.0720	0.0840	0.0960	0.1080	0.1200
260	0.0562	0.0624	0.0749	0.0874	0.0998	0.1123	0.1248
270	0.0583	0.0648	0.0778	0.0907	0.1037	0.1166	0.1296
280	0.0605	0.0672	0.0806	0.0941	0.1075	0.1210	0.1344
290	0.0626	0.0696	0.0835	0.0974	0.1114	0.1253	0.1392
300	0.0648	0.0720	0.0864	0.1008	0.1152	0.1296	0.1440

续表7

材宽/mm	材长5.0 m							
	材厚/mm							
	12	15	18	21	25	30	35	40
	材积/m³							
30	0.0018	0.0023	0.0027	0.0032	0.0038	0.0045	0.0053	0.0060
40	0.0024	0.0030	0.0036	0.0042	0.0050	0.0060	0.0070	0.0080
50	0.0030	0.0038	0.0045	0.0053	0.0063	0.0075	0.0088	0.0100
60	0.0036	0.0045	0.0054	0.0063	0.0075	0.0090	0.0105	0.0120
70	0.0042	0.0053	0.0063	0.0074	0.0088	0.0105	0.0123	0.0140
80	0.0048	0.0060	0.0072	0.0084	0.0100	0.0120	0.0140	0.0160
90	0.0054	0.0068	0.0081	0.0095	0.0113	0.0135	0.0158	0.0180
100	0.0060	0.0075	0.0090	0.0105	0.0125	0.0150	0.0175	0.0200
110	0.0066	0.0083	0.0099	0.0116	0.0138	0.0165	0.0193	0.0220
120	0.0072	0.0090	0.0108	0.0126	0.0150	0.0180	0.0210	0.0240
130	0.0078	0.0098	0.0117	0.0137	0.0163	0.0195	0.0228	0.0260
140	0.0084	0.0105	0.0126	0.0147	0.0175	0.0210	0.0245	0.0280
150	0.0090	0.0113	0.0135	0.0158	0.0188	0.0225	0.0263	0.0300
160	0.0096	0.0120	0.0144	0.0168	0.0200	0.0240	0.0280	0.0320
170	0.0102	0.0128	0.0153	0.0179	0.0213	0.0255	0.0298	0.0340

续表7

材宽/mm	材长5.0 m							
	材厚/mm							
	12	15	18	21	25	30	35	40
	材积/m^3							
180	0.0108	0.0135	0.0162	0.0189	0.0225	0.0270	0.0315	0.0360
190	0.0114	0.0143	0.0171	0.0200	0.0238	0.0285	0.0333	0.0380
200	0.0120	0.0150	0.0180	0.0210	0.0250	0.0300	0.0350	0.0400
210	0.0126	0.0158	0.0189	0.0221	0.0263	0.0315	0.0368	0.0420
220	0.0132	0.0165	0.0198	0.0231	0.0275	0.0330	0.0385	0.0440
230	0.0138	0.0173	0.0207	0.0242	0.0288	0.0345	0.0403	0.0460
240	0.0144	0.0180	0.0216	0.0252	0.0300	0.0360	0.0420	0.0480
250	0.0150	0.0188	0.0225	0.0263	0.0313	0.0375	0.0438	0.0500
260	0.0156	0.0195	0.0234	0.0273	0.0325	0.0390	0.0455	0.0520
270	0.0162	0.0203	0.0243	0.0284	0.0338	0.0405	0.0473	0.0540
280	0.0168	0.0210	0.0252	0.0294	0.0350	0.0420	0.0490	0.0560
290	0.0174	0.0218	0.0261	0.0305	0.0363	0.0435	0.0508	0.0580
300	0.0180	0.0225	0.0270	0.0315	0.0375	0.0450	0.0525	0.0600

续表7

材宽/mm	材长5.0 m						
	材厚/mm						
	45	50	60	70	80	90	100
	材积/m^3						
30	0.0068	0.0075	0.0090	0.0105	0.0120	0.0135	0.0150
40	0.0090	0.0100	0.0120	0.0140	0.0160	0.0180	0.0200
50	0.0113	0.0125	0.0150	0.0175	0.0200	0.0225	0.0250
60	0.0135	0.0150	0.0180	0.0210	0.0240	0.0270	0.0300
70	0.0158	0.0175	0.0210	0.0245	0.0280	0.0315	0.0350
80	0.0180	0.0200	0.0240	0.0280	0.0320	0.0360	0.0400
90	0.0203	0.0225	0.0270	0.0315	0.0360	0.0405	0.0450
100	0.0225	0.0250	0.0300	0.0350	0.0400	0.0450	0.0500
110	0.0248	0.0275	0.0330	0.0385	0.0440	0.0495	0.0550
120	0.0270	0.0300	0.0360	0.0420	0.0480	0.0540	0.0600
130	0.0293	0.0325	0.0390	0.0455	0.0520	0.0585	0.0650
140	0.0315	0.0350	0.0420	0.0490	0.0560	0.0630	0.0700
150	0.0338	0.0375	0.0450	0.0525	0.0600	0.0675	0.0750
160	0.0360	0.0400	0.0480	0.0560	0.0640	0.0720	0.0800
170	0.0383	0.0425	0.0510	0.0595	0.0680	0.0765	0.0850

续表7

材宽/mm	材长5.0 m						
	材厚/mm						
	45	50	60	70	80	90	100
	材积/m^3						
180	0.0405	0.0450	0.0540	0.0630	0.0720	0.0810	0.0900
190	0.0428	0.0475	0.0570	0.0665	0.0760	0.0855	0.0950
200	0.0450	0.0500	0.0600	0.0700	0.0800	0.0900	0.1000
210	0.0473	0.0525	0.0630	0.0735	0.0840	0.0945	0.1050
220	0.0495	0.0550	0.0660	0.0770	0.0880	0.0990	0.1100
230	0.0518	0.0575	0.0690	0.0805	0.0920	0.1035	0.1150
240	0.0540	0.0600	0.0720	0.0840	0.0960	0.1080	0.1200
250	0.0563	0.0625	0.0750	0.0875	0.1000	0.1125	0.1250
260	0.0585	0.0650	0.0780	0.0910	0.1040	0.1170	0.1300
270	0.0608	0.0675	0.0810	0.0945	0.1080	0.1215	0.1350
280	0.0630	0.0700	0.0840	0.0980	0.1120	0.1260	0.1400
290	0.0653	0.0725	0.0870	0.1015	0.1160	0.1305	0.1450
300	0.0675	0.0750	0.0900	0.1050	0.1200	0.1350	0.1500

续表7

材宽/mm	材长5.2 m							
	材厚/mm							
	12	15	18	21	25	30	35	40
	材积/m^3							
30	0.0019	0.0023	0.0028	0.0033	0.0039	0.0047	0.0055	0.0062
40	0.0025	0.0031	0.0037	0.0044	0.0052	0.0062	0.0073	0.0083
50	0.0031	0.0039	0.0047	0.0055	0.0065	0.0078	0.0091	0.0104
60	0.0037	0.0047	0.0056	0.0066	0.0078	0.0094	0.0109	0.0125
70	0.0044	0.0055	0.0066	0.0076	0.0091	0.0109	0.0127	0.0146
80	0.0050	0.0062	0.0075	0.0087	0.0104	0.0125	0.0146	0.0166
90	0.0056	0.0070	0.0084	0.0098	0.0117	0.0140	0.0164	0.0187
100	0.0062	0.0078	0.0094	0.0109	0.0130	0.0156	0.0182	0.0208
110	0.0069	0.0086	0.0103	0.0120	0.0143	0.0172	0.0200	0.0229
120	0.0075	0.0094	0.0112	0.0131	0.0156	0.0187	0.0218	0.0250
130	0.0081	0.0101	0.0122	0.0142	0.0169	0.0203	0.0237	0.0270
140	0.0087	0.0109	0.0131	0.0153	0.0182	0.0218	0.0255	0.0291
150	0.0094	0.0117	0.0140	0.0164	0.0195	0.0234	0.0273	0.0312
160	0.0100	0.0125	0.0150	0.0175	0.0208	0.0250	0.0291	0.0333
170	0.0106	0.0133	0.0159	0.0186	0.0221	0.0265	0.0309	0.0354

续表7

材宽/mm	材长5.2 m							
	材厚/mm							
	12	15	18	21	25	30	35	40
	材积/m^3							
180	0.0112	0.0140	0.0168	0.0197	0.0234	0.0281	0.0328	0.0374
190	0.0119	0.0148	0.0178	0.0207	0.0247	0.0296	0.0346	0.0395
200	0.0125	0.0156	0.0187	0.0218	0.0260	0.0312	0.0364	0.0416
210	0.0131	0.0164	0.0197	0.0229	0.0273	0.0328	0.0382	0.0437
220	0.0137	0.0172	0.0206	0.0240	0.0286	0.0343	0.0400	0.0458
230	0.0144	0.0179	0.0215	0.0251	0.0299	0.0359	0.0419	0.0478
240	0.0150	0.0187	0.0225	0.0262	0.0312	0.0374	0.0437	0.0499
250	0.0156	0.0195	0.0234	0.0273	0.0325	0.0390	0.0455	0.0520
260	0.0162	0.0203	0.0243	0.0284	0.0338	0.0406	0.0473	0.0541
270	0.0168	0.0211	0.0253	0.0295	0.0351	0.0421	0.0491	0.0562
280	0.0175	0.0218	0.0262	0.0306	0.0364	0.0437	0.0510	0.0582
290	0.0181	0.0226	0.0271	0.0317	0.0377	0.0452	0.0528	0.0603
300	0.0187	0.0234	0.0281	0.0328	0.0390	0.0468	0.0546	0.0624

续表7

材宽/mm	材长5.2 m						
	材厚/mm						
	45	50	60	70	80	90	100
	材积/m^3						
30	0.0070	0.0078	0.0094	0.0109	0.0125	0.0140	0.0156
40	0.0094	0.0104	0.0125	0.0146	0.0166	0.0187	0.0208
50	0.0117	0.0130	0.0156	0.0182	0.0208	0.0234	0.0260
60	0.0140	0.0156	0.0187	0.0218	0.0250	0.0281	0.0312
70	0.0164	0.0182	0.0218	0.0255	0.0291	0.0328	0.0364
80	0.0187	0.0208	0.0250	0.0291	0.0333	0.0374	0.0416
90	0.0211	0.0234	0.0281	0.0328	0.0374	0.0421	0.0468
100	0.0234	0.0260	0.0312	0.0364	0.0416	0.0468	0.0520
110	0.0257	0.0286	0.0343	0.0400	0.0458	0.0515	0.0572
120	0.0281	0.0312	0.0374	0.0437	0.0499	0.0562	0.0624
130	0.0304	0.0338	0.0406	0.0473	0.0541	0.0608	0.0676
140	0.0328	0.0364	0.0437	0.0510	0.0582	0.0655	0.0728
150	0.0351	0.0390	0.0468	0.0546	0.0624	0.0702	0.0780
160	0.0374	0.0416	0.0499	0.0582	0.0666	0.0749	0.0832
170	0.0398	0.0442	0.0530	0.0619	0.0707	0.0796	0.0884

续表7

材宽/mm	材长5.2 m						
	材厚/mm						
	45	50	60	70	80	90	100
	材积/m³						
180	0.0421	0.0468	0.0562	0.0655	0.0749	0.0842	0.0936
190	0.0445	0.0494	0.0593	0.0692	0.0790	0.0889	0.0988
200	0.0468	0.0520	0.0624	0.0728	0.0832	0.0936	0.1040
210	0.0491	0.0546	0.0655	0.0764	0.0874	0.0983	0.1092
220	0.0515	0.0572	0.0686	0.0801	0.0915	0.1030	0.1144
230	0.0538	0.0598	0.0718	0.0837	0.0957	0.1076	0.1196
240	0.0562	0.0624	0.0749	0.0874	0.0998	0.1123	0.1248
250	0.0585	0.0650	0.0780	0.0910	0.1040	0.1170	0.1300
260	0.0608	0.0676	0.0811	0.0946	0.1082	0.1217	0.1352
270	0.0632	0.0702	0.0842	0.0983	0.1123	0.1264	0.1404
280	0.0655	0.0728	0.0874	0.1019	0.1165	0.1310	0.1456
290	0.0679	0.0754	0.0905	0.1056	0.1206	0.1357	0.1508
300	0.0702	0.0780	0.0936	0.1092	0.1248	0.1404	0.1560

续表7

材宽/mm	材长5.4 m							
	材厚/mm							
	12	15	18	21	25	30	35	40
	材积/m^3							
30	0.0019	0.0024	0.0029	0.0034	0.0041	0.0049	0.0057	0.0065
40	0.0026	0.0032	0.0039	0.0045	0.0054	0.0065	0.0076	0.0086
50	0.0032	0.0041	0.0049	0.0057	0.0068	0.0081	0.0095	0.0108
60	0.0039	0.0049	0.0058	0.0068	0.0081	0.0097	0.0113	0.0130
70	0.0045	0.0057	0.0068	0.0079	0.0095	0.0113	0.0132	0.0151
80	0.0052	0.0065	0.0078	0.0091	0.0108	0.0130	0.0151	0.0173
90	0.0058	0.0073	0.0087	0.0102	0.0122	0.0146	0.0170	0.0194
100	0.0065	0.0081	0.0097	0.0113	0.0135	0.0162	0.0189	0.0216
110	0.0071	0.0089	0.0107	0.0125	0.0149	0.0178	0.0208	0.0238
120	0.0078	0.0097	0.0117	0.0136	0.0162	0.0194	0.0227	0.0259
130	0.0084	0.0105	0.0126	0.0147	0.0176	0.0211	0.0246	0.0281
140	0.0091	0.0113	0.0136	0.0159	0.0189	0.0227	0.0265	0.0302
150	0.0097	0.0122	0.0146	0.0170	0.0203	0.0243	0.0284	0.0324
160	0.0104	0.0130	0.0156	0.0181	0.0216	0.0259	0.0302	0.0346
170	0.0110	0.0138	0.0165	0.0193	0.0230	0.0275	0.0321	0.0367

续表7

材宽/mm	材长5.4 m							
	材厚/mm							
	12	15	18	21	25	30	35	40
	材积/m^3							
180	0.0117	0.0146	0.0175	0.0204	0.0243	0.0292	0.0340	0.0389
190	0.0123	0.0154	0.0185	0.0215	0.0257	0.0308	0.0359	0.0410
200	0.0130	0.0162	0.0194	0.0227	0.0270	0.0324	0.0378	0.0432
210	0.0136	0.0170	0.0204	0.0238	0.0284	0.0340	0.0397	0.0454
220	0.0143	0.0178	0.0214	0.0249	0.0297	0.0356	0.0416	0.0475
230	0.0149	0.0186	0.0224	0.0261	0.0311	0.0373	0.0435	0.0497
240	0.0156	0.0194	0.0233	0.0272	0.0324	0.0389	0.0454	0.0518
250	0.0162	0.0203	0.0243	0.0284	0.0338	0.0405	0.0473	0.0540
260	0.0168	0.0211	0.0253	0.0295	0.0351	0.0421	0.0491	0.0562
270	0.0175	0.0219	0.0262	0.0306	0.0365	0.0437	0.0510	0.0583
280	0.0181	0.0227	0.0272	0.0318	0.0378	0.0454	0.0529	0.0605
290	0.0188	0.0235	0.0282	0.0329	0.0392	0.0470	0.0548	0.0626
300	0.0194	0.0243	0.0292	0.0340	0.0405	0.0486	0.0567	0.0648

续表7

材宽/mm	材长5.4 m						
	材厚/mm						
	45	50	60	70	80	90	100
	材积/m^3						
30	0.0073	0.0081	0.0097	0.0113	0.0130	0.0146	0.0162
40	0.0097	0.0108	0.0130	0.0151	0.0173	0.0194	0.0216
50	0.0122	0.0135	0.0162	0.0189	0.0216	0.0243	0.0270
60	0.0146	0.0162	0.0194	0.0227	0.0259	0.0292	0.0324
70	0.0170	0.0189	0.0227	0.0265	0.0302	0.0340	0.0378
80	0.0194	0.0216	0.0259	0.0302	0.0346	0.0389	0.0432
90	0.0219	0.0243	0.0292	0.0340	0.0389	0.0437	0.0486
100	0.0243	0.0270	0.0324	0.0378	0.0432	0.0486	0.0540
110	0.0267	0.0297	0.0356	0.0416	0.0475	0.0535	0.0594
120	0.0292	0.0324	0.0389	0.0454	0.0518	0.0583	0.0648
130	0.0316	0.0351	0.0421	0.0491	0.0562	0.0632	0.0702
140	0.0340	0.0378	0.0454	0.0529	0.0605	0.0680	0.0756
150	0.0365	0.0405	0.0486	0.0567	0.0648	0.0729	0.0810
160	0.0389	0.0432	0.0518	0.0605	0.0691	0.0778	0.0864
170	0.0413	0.0459	0.0551	0.0643	0.0734	0.0826	0.0918

续表7

材宽/mm	材长5.4 m						
	材厚/mm						
	45	50	60	70	80	90	100
	材积/m^3						
180	0.0437	0.0486	0.0583	0.0680	0.0778	0.0875	0.0972
190	0.0462	0.0513	0.0616	0.0718	0.0821	0.0923	0.1026
200	0.0486	0.0540	0.0648	0.0756	0.0864	0.0972	0.1080
210	0.0510	0.0567	0.0680	0.0794	0.0907	0.1021	0.1134
220	0.0535	0.0594	0.0713	0.0832	0.0950	0.1069	0.1188
230	0.0559	0.0621	0.0745	0.0869	0.0994	0.1118	0.1242
240	0.0583	0.0648	0.0778	0.0907	0.1037	0.1166	0.1296
250	0.0608	0.0675	0.0810	0.0945	0.1080	0.1215	0.1350
260	0.0632	0.0702	0.0842	0.0983	0.1123	0.1264	0.1404
270	0.0656	0.0729	0.0875	0.1021	0.1166	0.1312	0.1458
280	0.0680	0.0756	0.0907	0.1058	0.1210	0.1361	0.1512
290	0.0705	0.0783	0.0940	0.1096	0.1253	0.1409	0.1566
300	0.0729	0.0810	0.0972	0.1134	0.1296	0.1458	0.1620

续表7

材宽/mm	材长5.6 m							
	材厚/mm							
	12	15	18	21	25	30	35	40
	材积/m^3							
30	0.0020	0.0025	0.0030	0.0035	0.0042	0.0050	0.0059	0.0067
40	0.0027	0.0034	0.0040	0.0047	0.0056	0.0067	0.0078	0.0090
50	0.0034	0.0042	0.0050	0.0059	0.0070	0.0084	0.0098	0.0112
60	0.0040	0.0050	0.0060	0.0071	0.0084	0.0101	0.0118	0.0134
70	0.0047	0.0059	0.0071	0.0082	0.0098	0.0118	0.0137	0.0157
80	0.0054	0.0067	0.0081	0.0094	0.0112	0.0134	0.0157	0.0179
90	0.0060	0.0076	0.0091	0.0106	0.0126	0.0151	0.0176	0.0202
100	0.0067	0.0084	0.0101	0.0118	0.0140	0.0168	0.0196	0.0224
110	0.0074	0.0092	0.0111	0.0129	0.0154	0.0185	0.0216	0.0246
120	0.0081	0.0101	0.0121	0.0141	0.0168	0.0202	0.0235	0.0269
130	0.0087	0.0109	0.0131	0.0153	0.0182	0.0218	0.0255	0.0291
140	0.0094	0.0118	0.0141	0.0165	0.0196	0.0235	0.0274	0.0314
150	0.0101	0.0126	0.0151	0.0176	0.0210	0.0252	0.0294	0.0336
160	0.0108	0.0134	0.0161	0.0188	0.0224	0.0269	0.0314	0.0358
170	0.0114	0.0143	0.0171	0.0200	0.0238	0.0286	0.0333	0.0381

续表7

材宽/mm	材长5.6 m							
	材厚/mm							
	12	15	18	21	25	30	35	40
	材积/m^3							
180	0.0121	0.0151	0.0181	0.0212	0.0252	0.0302	0.0353	0.0403
190	0.0128	0.0160	0.0192	0.0223	0.0266	0.0319	0.0372	0.0426
200	0.0134	0.0168	0.0202	0.0235	0.0280	0.0336	0.0392	0.0448
210	0.0141	0.0176	0.0212	0.0247	0.0294	0.0353	0.0412	0.0470
220	0.0148	0.0185	0.0222	0.0259	0.0308	0.0370	0.0431	0.0493
230	0.0155	0.0193	0.0232	0.0270	0.0322	0.0386	0.0451	0.0515
240	0.0161	0.0202	0.0242	0.0282	0.0336	0.0403	0.0470	0.0538
250	0.0168	0.0210	0.0252	0.0294	0.0350	0.0420	0.0490	0.0560
260	0.0175	0.0218	0.0262	0.0306	0.0364	0.0437	0.0510	0.0582
270	0.0181	0.0227	0.0272	0.0318	0.0378	0.0454	0.0529	0.0605
280	0.0188	0.0235	0.0282	0.0329	0.0392	0.0470	0.0549	0.0627
290	0.0195	0.0244	0.0292	0.0341	0.0406	0.0487	0.0568	0.0650
300	0.0202	0.0252	0.0302	0.0353	0.0420	0.0504	0.0588	0.0672

续表7

材宽/mm	材长5.6 m						
	材厚/mm						
	45	50	60	70	80	90	100
	材积/m³						
30	0.0076	0.0084	0.0101	0.0118	0.0134	0.0151	0.0168
40	0.0101	0.0112	0.0134	0.0157	0.0179	0.0202	0.0224
50	0.0126	0.0140	0.0168	0.0196	0.0224	0.0252	0.0280
60	0.0151	0.0168	0.0202	0.0235	0.0269	0.0302	0.0336
70	0.0176	0.0196	0.0235	0.0274	0.0314	0.0353	0.0392
80	0.0202	0.0224	0.0269	0.0314	0.0358	0.0403	0.0448
90	0.0227	0.0252	0.0302	0.0353	0.0403	0.0454	0.0504
100	0.0252	0.0280	0.0336	0.0392	0.0448	0.0504	0.0560
110	0.0277	0.0308	0.0370	0.0431	0.0493	0.0554	0.0616
120	0.0302	0.0336	0.0403	0.0470	0.0538	0.0605	0.0672
130	0.0328	0.0364	0.0437	0.0510	0.0582	0.0655	0.0728
140	0.0353	0.0392	0.0470	0.0549	0.0627	0.0706	0.0784
150	0.0378	0.0420	0.0504	0.0588	0.0672	0.0756	0.0840
160	0.0403	0.0448	0.0538	0.0627	0.0717	0.0806	0.0896
170	0.0428	0.0476	0.0571	0.0666	0.0762	0.0857	0.0952

续表7

材宽/mm	材长5.6 m						
	材厚/mm						
	45	50	60	70	80	90	100
	材积/m^3						
180	0.0454	0.0504	0.0605	0.0706	0.0806	0.0907	0.1008
190	0.0479	0.0532	0.0638	0.0745	0.0851	0.0958	0.1064
200	0.0504	0.0560	0.0672	0.0784	0.0896	0.1008	0.1120
210	0.0529	0.0588	0.0706	0.0823	0.0941	0.1058	0.1176
220	0.0554	0.0616	0.0739	0.0862	0.0986	0.1109	0.1232
230	0.0580	0.0644	0.0773	0.0902	0.1030	0.1159	0.1288
240	0.0605	0.0672	0.0806	0.0941	0.1075	0.1210	0.1344
250	0.0630	0.0700	0.0840	0.0980	0.1120	0.1260	0.1400
260	0.0655	0.0728	0.0874	0.1019	0.1165	0.1310	0.1456
270	0.0680	0.0756	0.0907	0.1058	0.1210	0.1361	0.1512
280	0.0706	0.0784	0.0941	0.1098	0.1254	0.1411	0.1568
290	0.0731	0.0812	0.0974	0.1137	0.1299	0.1462	0.1624
300	0.0756	0.0840	0.1008	0.1176	0.1344	0.1512	0.1680

续表7

材宽/mm	材长5.8 m							
	材厚/mm							
	12	15	18	21	25	30	35	40
	材积/m^3							
30	0.0021	0.0026	0.0031	0.0037	0.0044	0.0052	0.0061	0.0070
40	0.0028	0.0035	0.0042	0.0049	0.0058	0.0070	0.0081	0.0093
50	0.0035	0.0044	0.0052	0.0061	0.0073	0.0087	0.0102	0.0116
60	0.0042	0.0052	0.0063	0.0073	0.0087	0.0104	0.0122	0.0139
70	0.0049	0.0061	0.0073	0.0085	0.0102	0.0122	0.0142	0.0162
80	0.0056	0.0070	0.0084	0.0097	0.0116	0.0139	0.0162	0.0186
90	0.0063	0.0078	0.0094	0.0110	0.0131	0.0157	0.0183	0.0209
100	0.0070	0.0087	0.0104	0.0122	0.0145	0.0174	0.0203	0.0232
110	0.0077	0.0096	0.0115	0.0134	0.0160	0.0191	0.0223	0.0255
120	0.0084	0.0104	0.0125	0.0146	0.0174	0.0209	0.0244	0.0278
130	0.0090	0.0113	0.0136	0.0158	0.0189	0.0226	0.0264	0.0302
140	0.0097	0.0122	0.0146	0.0171	0.0203	0.0244	0.0284	0.0325
150	0.0104	0.0131	0.0157	0.0183	0.0218	0.0261	0.0305	0.0348
160	0.0111	0.0139	0.0167	0.0195	0.0232	0.0278	0.0325	0.0371
170	0.0118	0.0148	0.0177	0.0207	0.0247	0.0296	0.0345	0.0394

续表7

材宽/mm	材长5.8 m							
	材厚/mm							
	12	15	18	21	25	30	35	40
	材积/m³							
180	0.0125	0.0157	0.0188	0.0219	0.0261	0.0313	0.0365	0.0418
190	0.0132	0.0165	0.0198	0.0231	0.0276	0.0331	0.0386	0.0441
200	0.0139	0.0174	0.0209	0.0244	0.0290	0.0348	0.0406	0.0464
210	0.0146	0.0183	0.0219	0.0256	0.0305	0.0365	0.0426	0.0487
220	0.0153	0.0191	0.0230	0.0268	0.0319	0.0383	0.0447	0.0510
230	0.0160	0.0200	0.0240	0.0280	0.0334	0.0400	0.0467	0.0534
240	0.0167	0.0209	0.0251	0.0292	0.0348	0.0418	0.0487	0.0557
250	0.0174	0.0218	0.0261	0.0305	0.0363	0.0435	0.0508	0.0580
260	0.0181	0.0226	0.0271	0.0317	0.0377	0.0452	0.0528	0.0603
270	0.0188	0.0235	0.0282	0.0329	0.0392	0.0470	0.0548	0.0626
280	0.0195	0.0244	0.0292	0.0341	0.0406	0.0487	0.0568	0.0650
290	0.0202	0.0252	0.0303	0.0353	0.0421	0.0505	0.0589	0.0673
300	0.0209	0.0261	0.0313	0.0365	0.0435	0.0522	0.0609	0.0696

续表7

材宽/mm	材长5.8 m						
	材厚/mm						
	45	50	60	70	80	90	100
	材积/m^3						
30	0.0078	0.0087	0.0104	0.0122	0.0139	0.0157	0.0174
40	0.0104	0.0116	0.0139	0.0162	0.0186	0.0209	0.0232
50	0.0131	0.0145	0.0174	0.0203	0.0232	0.0261	0.0290
60	0.0157	0.0174	0.0209	0.0244	0.0278	0.0313	0.0348
70	0.0183	0.0203	0.0244	0.0284	0.0325	0.0365	0.0406
80	0.0209	0.0232	0.0278	0.0325	0.0371	0.0418	0.0464
90	0.0235	0.0261	0.0313	0.0365	0.0418	0.0470	0.0522
100	0.0261	0.0290	0.0348	0.0406	0.0464	0.0522	0.0580
110	0.0287	0.0319	0.0383	0.0447	0.0510	0.0574	0.0638
120	0.0313	0.0348	0.0418	0.0487	0.0557	0.0626	0.0696
130	0.0339	0.0377	0.0452	0.0528	0.0603	0.0679	0.0754
140	0.0365	0.0406	0.0487	0.0568	0.0650	0.0731	0.0812
150	0.0392	0.0435	0.0522	0.0609	0.0696	0.0783	0.0870
160	0.0418	0.0464	0.0557	0.0650	0.0742	0.0835	0.0928
170	0.0444	0.0493	0.0592	0.0690	0.0789	0.0887	0.0986

续表7

材宽/mm	材长5.8 m						
	材厚/mm						
	45	50	60	70	80	90	100
	材积/m^3						
180	0.0470	0.0522	0.0626	0.0730	0.0835	0.0940	0.1044
190	0.0496	0.0551	0.0661	0.0771	0.0882	0.0992	0.1102
200	0.0522	0.0580	0.0696	0.0812	0.0928	0.1044	0.1160
210	0.0548	0.0609	0.0731	0.0853	0.0974	0.1096	0.1218
220	0.0574	0.0638	0.0766	0.0893	0.1021	0.1148	0.1276
230	0.0600	0.0667	0.0800	0.0934	0.1067	0.1201	0.1334
240	0.0626	0.0696	0.0835	0.0974	0.1114	0.1253	0.1392
250	0.0653	0.0725	0.0870	0.1015	0.1160	0.1305	0.1450
260	0.0679	0.0754	0.0905	0.1056	0.1206	0.1357	0.1508
270	0.0705	0.0783	0.0940	0.1096	0.1253	0.1409	0.1566
280	0.0731	0.0812	0.0974	0.1137	0.1299	0.1462	0.1624
290	0.0757	0.0841	0.1009	0.1177	0.1346	0.1514	0.1682
300	0.0783	0.0870	0.1044	0.1218	0.1392	0.1566	0.1740

续表7

材宽/mm	材长6.0 m							
	材厚/mm							
	12	15	18	21	25	30	35	40
	材积/m³							
30	0.0022	0.0027	0.0032	0.0038	0.0045	0.0054	0.0063	0.0072
40	0.0029	0.0036	0.0043	0.0050	0.0060	0.0072	0.0084	0.0096
50	0.0036	0.0045	0.0054	0.0063	0.0075	0.0090	0.0105	0.0120
60	0.0043	0.0054	0.0065	0.0076	0.0090	0.0108	0.0126	0.0144
70	0.0050	0.0063	0.0076	0.0088	0.0105	0.0126	0.0147	0.0168
80	0.0058	0.0072	0.0086	0.0101	0.0120	0.0144	0.0168	0.0192
90	0.0065	0.0081	0.0097	0.0113	0.0135	0.0162	0.0189	0.0216
100	0.0072	0.0090	0.0108	0.0126	0.0150	0.0180	0.0210	0.0240
110	0.0079	0.0099	0.0119	0.0139	0.0165	0.0198	0.0231	0.0264
120	0.0086	0.0108	0.0130	0.0151	0.0180	0.0216	0.0252	0.0288
130	0.0094	0.0117	0.0140	0.0164	0.0195	0.0234	0.0273	0.0312
140	0.0101	0.0126	0.0151	0.0176	0.0210	0.0252	0.0294	0.0336
150	0.0108	0.0135	0.0162	0.0189	0.0225	0.0270	0.0315	0.0360
160	0.0115	0.0144	0.0173	0.0202	0.0240	0.0288	0.0336	0.0384
170	0.0122	0.0153	0.0184	0.0214	0.0255	0.0306	0.0357	0.0408

续表7

材宽/mm	材长6.0 m							
	材厚/mm							
	12	15	18	21	25	30	35	40
	材积/m^3							
180	0.0130	0.0162	0.0194	0.0227	0.0270	0.0324	0.0378	0.0432
190	0.0137	0.0171	0.0205	0.0239	0.0285	0.0342	0.0399	0.0456
200	0.0144	0.0180	0.0216	0.0252	0.0300	0.0360	0.0420	0.0480
210	0.0151	0.0189	0.0227	0.0265	0.0315	0.0378	0.0441	0.0504
220	0.0158	0.0198	0.0238	0.0277	0.0330	0.0396	0.0462	0.0528
230	0.0166	0.0207	0.0248	0.0290	0.0345	0.0414	0.0483	0.0552
240	0.0173	0.0216	0.0259	0.0302	0.0360	0.0432	0.0504	0.0576
250	0.0180	0.0225	0.0270	0.0315	0.0375	0.0450	0.0525	0.0600
260	0.0187	0.0234	0.0281	0.0328	0.0390	0.0468	0.0546	0.0624
270	0.0194	0.0243	0.0292	0.0340	0.0405	0.0486	0.0567	0.0648
280	0.0202	0.0252	0.0302	0.0353	0.0420	0.0504	0.0588	0.0672
290	0.0209	0.0261	0.0313	0.0365	0.0435	0.0522	0.0609	0.0696
300	0.0216	0.0270	0.0324	0.0378	0.0450	0.0540	0.0630	0.0720

续表7

材宽/mm	材长6.0 m						
	材厚/mm						
	45	50	60	70	80	90	100
	材积/m^3						
30	0.0081	0.0090	0.0108	0.0126	0.0144	0.0162	0.0180
40	0.0108	0.0120	0.0144	0.0168	0.0192	0.0216	0.0240
50	0.0135	0.0150	0.0180	0.0210	0.0240	0.0270	0.0300
60	0.0162	0.0180	0.0216	0.0252	0.0288	0.0324	0.0360
70	0.0189	0.0210	0.0252	0.0294	0.0336	0.0378	0.0420
80	0.0216	0.0240	0.0288	0.0336	0.0384	0.0432	0.0480
90	0.0243	0.0270	0.0324	0.0378	0.0432	0.0486	0.0540
100	0.0270	0.0300	0.0360	0.0420	0.0480	0.0540	0.0600
110	0.0297	0.0330	0.0396	0.0462	0.0528	0.0594	0.0660
120	0.0324	0.0360	0.0432	0.0504	0.0576	0.0648	0.0720
130	0.0351	0.0390	0.0468	0.0546	0.0624	0.0702	0.0780
140	0.0378	0.0420	0.0504	0.0588	0.0672	0.0756	0.0840
150	0.0405	0.0450	0.0540	0.0630	0.0720	0.0810	0.0900
160	0.0432	0.0480	0.0576	0.0672	0.0768	0.0864	0.0960
170	0.0459	0.0510	0.0612	0.0714	0.0816	0.0918	0.1020

续表7

材宽/mm	材长6.0 m						
	材厚/mm						
	45	50	60	70	80	90	100
	材积/m^3						
180	0.0486	0.0540	0.0648	0.0756	0.0864	0.0972	0.1080
190	0.0513	0.0570	0.0684	0.0798	0.0912	0.1026	0.1140
200	0.0540	0.0600	0.0720	0.0840	0.0960	0.1080	0.1200
210	0.0567	0.0630	0.0756	0.0882	0.1008	0.1134	0.1260
220	0.0594	0.0660	0.0792	0.0924	0.1056	0.1188	0.1320
230	0.0621	0.0690	0.0828	0.0966	0.1104	0.1242	0.1380
240	0.0648	0.0720	0.0864	0.1008	0.1152	0.1296	0.1440
250	0.0675	0.0750	0.0900	0.1050	0.1200	0.1350	0.1500
260	0.0702	0.0780	0.0936	0.1092	0.1248	0.1404	0.1560
270	0.0729	0.0810	0.0972	0.1134	0.1296	0.1458	0.1620
280	0.0756	0.0840	0.1008	0.1176	0.1344	0.1512	0.1680
290	0.0783	0.0870	0.1044	0.1218	0.1392	0.1566	0.1740
300	0.0810	0.0900	0.1080	0.1260	0.1440	0.1620	0.1800

续表7

材宽/mm	材长6.2 m							
	材厚/mm							
	12	15	18	21	25	30	35	40
	材积/m³							
30	0.0022	0.0028	0.0033	0.0039	0.0047	0.0056	0.0065	0.0074
40	0.0030	0.0037	0.0045	0.0052	0.0062	0.0074	0.0087	0.0099
50	0.0037	0.0047	0.0056	0.0065	0.0078	0.0093	0.0109	0.0124
60	0.0045	0.0056	0.0067	0.0078	0.0093	0.0112	0.0130	0.0149
70	0.0052	0.0065	0.0078	0.0091	0.0109	0.0130	0.0152	0.0174
80	0.0060	0.0074	0.0089	0.0104	0.0124	0.0149	0.0174	0.0198
90	0.0067	0.0084	0.0100	0.0117	0.0140	0.0167	0.0195	0.0223
100	0.0074	0.0093	0.0112	0.0130	0.0155	0.0186	0.0217	0.0248
110	0.0082	0.0102	0.0123	0.0143	0.0171	0.0205	0.0239	0.0273
120	0.0089	0.0112	0.0134	0.0156	0.0186	0.0223	0.0260	0.0298
130	0.0097	0.0121	0.0145	0.0169	0.0202	0.0242	0.0282	0.0322
140	0.0104	0.0130	0.0156	0.0182	0.0217	0.0260	0.0304	0.0347
150	0.0112	0.0140	0.0167	0.0195	0.0233	0.0279	0.0326	0.0372
160	0.0119	0.0149	0.0179	0.0208	0.0248	0.0298	0.0347	0.0397
170	0.0126	0.0158	0.0190	0.0221	0.0264	0.0316	0.0369	0.0422

续表7

材宽/mm	材长6.2 m							
	材厚/mm							
	12	15	18	21	25	30	35	40
	材积/m³							
180	0.0134	0.0167	0.0201	0.0234	0.0279	0.0335	0.0391	0.0446
190	0.0141	0.0177	0.0212	0.0247	0.0295	0.0353	0.0412	0.0471
200	0.0149	0.0186	0.0223	0.0260	0.0310	0.0372	0.0434	0.0496
210	0.0156	0.0195	0.0234	0.0273	0.0326	0.0391	0.0456	0.0521
220	0.0164	0.0205	0.0246	0.0286	0.0341	0.0409	0.0477	0.0546
230	0.0171	0.0214	0.0257	0.0299	0.0357	0.0428	0.0499	0.0570
240	0.0179	0.0223	0.0268	0.0312	0.0372	0.0446	0.0521	0.0595
250	0.0186	0.0233	0.0279	0.0326	0.0388	0.0465	0.0543	0.0620
260	0.0193	0.0242	0.0290	0.0339	0.0403	0.0484	0.0564	0.0645
270	0.0201	0.0251	0.0301	0.0352	0.0419	0.0502	0.0586	0.0670
280	0.0208	0.0260	0.0312	0.0365	0.0434	0.0521	0.0608	0.0694
290	0.0216	0.0270	0.0324	0.0378	0.0450	0.0539	0.0629	0.0719
300	0.0223	0.0279	0.0335	0.0391	0.0465	0.0558	0.0651	0.0744

续表7

材宽/mm	材长6.2 m						
	材厚/mm						
	45	50	60	70	80	90	100
	材积/m³						
30	0.0084	0.0093	0.0112	0.0130	0.0149	0.0167	0.0186
40	0.0112	0.0124	0.0149	0.0174	0.0198	0.0223	0.0248
50	0.0140	0.0155	0.0186	0.0217	0.0248	0.0279	0.0310
60	0.0167	0.0186	0.0223	0.0260	0.0298	0.0335	0.0372
70	0.0195	0.0217	0.0260	0.0304	0.0347	0.0391	0.0434
80	0.0223	0.0248	0.0298	0.0347	0.0397	0.0446	0.0496
90	0.0251	0.0279	0.0335	0.0391	0.0446	0.0502	0.0558
100	0.0279	0.0310	0.0372	0.0434	0.0496	0.0558	0.0620
110	0.0307	0.0341	0.0409	0.0477	0.0546	0.0614	0.0682
120	0.0335	0.0372	0.0446	0.0521	0.0595	0.0670	0.0744
130	0.0363	0.0403	0.0484	0.0564	0.0645	0.0725	0.0806
140	0.0391	0.0434	0.0521	0.0608	0.0694	0.0781	0.0868
150	0.0419	0.0465	0.0558	0.0651	0.0744	0.0837	0.0930
160	0.0446	0.0496	0.0595	0.0694	0.0794	0.0893	0.0992
170	0.0474	0.0527	0.0632	0.0738	0.0843	0.0949	0.1054

续表7

材宽/mm	材长6.2 m						
	材厚/mm						
	45	50	60	70	80	90	100
	材积/m³						
180	0.0502	0.0558	0.0670	0.0781	0.0893	0.1004	0.1116
190	0.0530	0.0589	0.0707	0.0825	0.0942	0.1060	0.1178
200	0.0558	0.0620	0.0744	0.0868	0.0992	0.1116	0.1240
210	0.0586	0.0651	0.0781	0.0911	0.1042	0.1172	0.1302
220	0.0614	0.0682	0.0818	0.0955	0.1091	0.1228	0.1364
230	0.0642	0.0713	0.0856	0.0998	0.1141	0.1283	0.1426
240	0.0670	0.0744	0.0893	0.1042	0.1190	0.1339	0.1488
250	0.0698	0.0775	0.0930	0.1085	0.1240	0.1395	0.1550
260	0.0725	0.0806	0.0967	0.1128	0.1290	0.1451	0.1612
270	0.0753	0.0837	0.1004	0.1172	0.1339	0.1507	0.1674
280	0.0781	0.0868	0.1042	0.1215	0.1389	0.1562	0.1736
290	0.0809	0.0899	0.1079	0.1259	0.1438	0.1618	0.1798
300	0.0837	0.0930	0.1116	0.1302	0.1488	0.1674	0.1860

续表7

材宽/mm	材长6.4 m							
	材厚/mm							
	12	15	18	21	25	30	35	40
	材积/m³							
30	0.0023	0.0029	0.0035	0.0040	0.0048	0.0058	0.0067	0.0077
40	0.0031	0.0038	0.0046	0.0054	0.0064	0.0077	0.0090	0.0102
50	0.0038	0.0048	0.0058	0.0067	0.0080	0.0096	0.0112	0.0128
60	0.0046	0.0058	0.0069	0.0081	0.0096	0.0115	0.0134	0.0154
70	0.0054	0.0067	0.0081	0.0094	0.0112	0.0134	0.0157	0.0179
80	0.0061	0.0077	0.0092	0.0108	0.0128	0.0154	0.0179	0.0205
90	0.0069	0.0086	0.0104	0.0121	0.0144	0.0173	0.0202	0.0230
100	0.0077	0.0096	0.0115	0.0134	0.0160	0.0192	0.0224	0.0256
110	0.0084	0.0106	0.0127	0.0148	0.0176	0.0211	0.0246	0.0282
120	0.0092	0.0115	0.0138	0.0161	0.0192	0.0230	0.0269	0.0307
130	0.0100	0.0125	0.0150	0.0175	0.0208	0.0250	0.0291	0.0333
140	0.0108	0.0134	0.0161	0.0188	0.0224	0.0269	0.0314	0.0358
150	0.0115	0.0144	0.0173	0.0202	0.0240	0.0288	0.0336	0.0384
160	0.0123	0.0154	0.0184	0.0215	0.0256	0.0307	0.0358	0.0410
170	0.0131	0.0163	0.0196	0.0228	0.0272	0.0326	0.0381	0.0435

续表7

材宽/mm	材长6.4 m							
	材厚/mm							
	12	15	18	21	25	30	35	40
	材积/m³							
180	0.0138	0.0173	0.0207	0.0242	0.0288	0.0346	0.0403	0.0461
190	0.0146	0.0182	0.0219	0.0255	0.0304	0.0365	0.0426	0.0486
200	0.0154	0.0192	0.0230	0.0269	0.0320	0.0384	0.0448	0.0512
210	0.0161	0.0202	0.0242	0.0282	0.0336	0.0403	0.0470	0.0538
220	0.0169	0.0211	0.0253	0.0296	0.0352	0.0422	0.0493	0.0563
230	0.0177	0.0221	0.0265	0.0309	0.0368	0.0442	0.0515	0.0589
240	0.0184	0.0230	0.0276	0.0323	0.0384	0.0461	0.0538	0.0614
250	0.0192	0.0240	0.0288	0.0336	0.0400	0.0480	0.0560	0.0640
260	0.0200	0.0250	0.0300	0.0349	0.0416	0.0499	0.0582	0.0666
270	0.0207	0.0259	0.0311	0.0363	0.0432	0.0518	0.0605	0.0691
280	0.0215	0.0269	0.0323	0.0376	0.0448	0.0538	0.0627	0.0717
290	0.0223	0.0278	0.0334	0.0390	0.0464	0.0557	0.0650	0.0742
300	0.0230	0.0288	0.0346	0.0403	0.0480	0.0576	0.0672	0.0768

续表7

材宽/mm	材长6.4 m						
	材厚/mm						
	45	50	60	70	80	90	100
	材积/m³						
30	0.0086	0.0096	0.0115	0.0134	0.0154	0.0173	0.0192
40	0.0115	0.0128	0.0154	0.0179	0.0205	0.0230	0.0256
50	0.0144	0.0160	0.0192	0.0224	0.0256	0.0288	0.0320
60	0.0173	0.0192	0.0230	0.0269	0.0307	0.0346	0.0384
70	0.0202	0.0224	0.0269	0.0314	0.0358	0.0403	0.0448
80	0.0230	0.0256	0.0307	0.0358	0.0410	0.0461	0.0512
90	0.0259	0.0288	0.0346	0.0403	0.0461	0.0518	0.0576
100	0.0288	0.0320	0.0384	0.0448	0.0512	0.0576	0.0640
110	0.0317	0.0352	0.0422	0.0493	0.0563	0.0634	0.0704
120	0.0346	0.0384	0.0461	0.0538	0.0614	0.0691	0.0768
130	0.0374	0.0416	0.0499	0.0582	0.0666	0.0749	0.0832
140	0.0403	0.0448	0.0538	0.0627	0.0717	0.0806	0.0896
150	0.0432	0.0480	0.0576	0.0672	0.0768	0.0864	0.0960
160	0.0461	0.0512	0.0614	0.0717	0.0819	0.0922	0.1024
170	0.0490	0.0544	0.0653	0.0762	0.0870	0.0979	0.1088

续表7

材宽/mm	材长6.4 m						
	材厚/mm						
	45	50	60	70	80	90	100
	材积/m³						
180	0.0518	0.0576	0.0691	0.0806	0.0922	0.1037	0.1152
190	0.0547	0.0608	0.0730	0.0851	0.0973	0.1094	0.1216
200	0.0576	0.0640	0.0768	0.0896	0.1024	0.1152	0.1280
210	0.0605	0.0672	0.0806	0.0941	0.1075	0.1210	0.1344
220	0.0634	0.0704	0.0845	0.0986	0.1126	0.1267	0.1408
230	0.0662	0.0736	0.0883	0.1030	0.1178	0.1325	0.1472
240	0.0691	0.0768	0.0922	0.1075	0.1229	0.1382	0.1536
250	0.0720	0.0800	0.0960	0.1120	0.1280	0.1440	0.1600
260	0.0749	0.0832	0.0998	0.1165	0.1331	0.1498	0.1664
270	0.0778	0.0864	0.1037	0.1210	0.1382	0.1555	0.1728
280	0.0806	0.0896	0.1075	0.1254	0.1434	0.1613	0.1792
290	0.0835	0.0928	0.1114	0.1299	0.1485	0.1670	0.1856
300	0.0864	0.0960	0.1152	0.1344	0.1536	0.1728	0.1920

续表7

材宽/mm	材长6.6 m							
	材厚/mm							
	12	15	18	21	25	30	35	40
	材积/m³							
30	0.0024	0.0030	0.0036	0.0042	0.0050	0.0059	0.0069	0.0079
40	0.0032	0.0040	0.0048	0.0055	0.0066	0.0079	0.0092	0.0106
50	0.0040	0.0050	0.0059	0.0069	0.0083	0.0099	0.0116	0.0132
60	0.0048	0.0059	0.0071	0.0083	0.0099	0.0119	0.0139	0.0158
70	0.0055	0.0069	0.0083	0.0097	0.0116	0.0139	0.0162	0.0185
80	0.0063	0.0079	0.0095	0.0111	0.0132	0.0158	0.0185	0.0211
90	0.0071	0.0089	0.0107	0.0125	0.0149	0.0178	0.0208	0.0238
100	0.0079	0.0099	0.0119	0.0139	0.0165	0.0198	0.0231	0.0264
110	0.0087	0.0109	0.0131	0.0152	0.0182	0.0218	0.0254	0.0290
120	0.0095	0.0119	0.0143	0.0166	0.0198	0.0238	0.0277	0.0317
130	0.0103	0.0129	0.0154	0.0180	0.0215	0.0257	0.0300	0.0343
140	0.0111	0.0139	0.0166	0.0194	0.0231	0.0277	0.0323	0.0370
150	0.0119	0.0149	0.0178	0.0208	0.0248	0.0297	0.0347	0.0396
160	0.0127	0.0158	0.0190	0.0222	0.0264	0.0317	0.0370	0.0422
170	0.0135	0.0168	0.0202	0.0236	0.0281	0.0337	0.0393	0.0449

续表7

材宽/mm	材长6.6 m							
	材厚/mm							
	12	15	18	21	25	30	35	40
	材积/m^3							
180	0.0143	0.0178	0.0214	0.0249	0.0297	0.0356	0.0416	0.0475
190	0.0150	0.0188	0.0226	0.0263	0.0314	0.0376	0.0439	0.0502
200	0.0158	0.0198	0.0238	0.0277	0.0330	0.0396	0.0462	0.0528
210	0.0166	0.0208	0.0249	0.0291	0.0347	0.0416	0.0485	0.0554
220	0.0174	0.0218	0.0261	0.0305	0.0363	0.0436	0.0508	0.0581
230	0.0182	0.0228	0.0273	0.0319	0.0380	0.0455	0.0531	0.0607
240	0.0190	0.0238	0.0285	0.0333	0.0396	0.0475	0.0554	0.0634
250	0.0198	0.0248	0.0297	0.0347	0.0413	0.0495	0.0578	0.0660
260	0.0206	0.0257	0.0309	0.0360	0.0429	0.0515	0.0601	0.0686
270	0.0214	0.0267	0.0321	0.0374	0.0446	0.0535	0.0624	0.0713
280	0.0222	0.0277	0.0333	0.0388	0.0462	0.0554	0.0647	0.0739
290	0.0230	0.0287	0.0345	0.0402	0.0479	0.0574	0.0670	0.0766
300	0.0238	0.0297	0.0356	0.0416	0.0495	0.0594	0.0693	0.0792

续表7

材宽/mm	材长6.6 m						
	材厚/mm						
	45	50	60	70	80	90	100
	材积/m³						
30	0.0089	0.0099	0.0119	0.0139	0.0158	0.0178	0.0198
40	0.0119	0.0132	0.0158	0.0185	0.0211	0.0238	0.0264
50	0.0149	0.0165	0.0198	0.0231	0.0264	0.0297	0.0330
60	0.0178	0.0198	0.0238	0.0277	0.0317	0.0356	0.0396
70	0.0208	0.0231	0.0277	0.0323	0.0370	0.0416	0.0462
80	0.0238	0.0264	0.0317	0.0370	0.0422	0.0475	0.0528
90	0.0267	0.0297	0.0356	0.0416	0.0475	0.0535	0.0594
100	0.0297	0.0330	0.0396	0.0462	0.0528	0.0594	0.0660
110	0.0327	0.0363	0.0436	0.0508	0.0581	0.0653	0.0726
120	0.0356	0.0396	0.0475	0.0554	0.0634	0.0713	0.0792
130	0.0386	0.0429	0.0515	0.0601	0.0686	0.0772	0.0858
140	0.0416	0.0462	0.0554	0.0647	0.0739	0.0832	0.0924
150	0.0446	0.0495	0.0594	0.0693	0.0792	0.0891	0.0990
160	0.0475	0.0528	0.0634	0.0739	0.0845	0.0950	0.1056
170	0.0505	0.0561	0.0673	0.0785	0.0898	0.1010	0.1122

续表7

材宽/mm	材长6.6 m						
	材厚/mm						
	45	50	60	70	80	90	100
	材积/m^3						
180	0.0535	0.0594	0.0713	0.0832	0.0950	0.1069	0.1188
190	0.0564	0.0627	0.0752	0.0878	0.1003	0.1129	0.1254
200	0.0594	0.0660	0.0792	0.0924	0.1056	0.1188	0.1320
210	0.0624	0.0693	0.0832	0.0970	0.1109	0.1247	0.1386
220	0.0653	0.0726	0.0871	0.1016	0.1162	0.1307	0.1452
230	0.0683	0.0759	0.0911	0.1063	0.1214	0.1366	0.1518
240	0.0713	0.0792	0.0950	0.1109	0.1267	0.1426	0.1584
250	0.0743	0.0825	0.0990	0.1155	0.1320	0.1485	0.1650
260	0.0772	0.0858	0.1030	0.1201	0.1373	0.1544	0.1716
270	0.0802	0.0891	0.1069	0.1247	0.1426	0.1604	0.1782
280	0.0832	0.0924	0.1109	0.1294	0.1478	0.1663	0.1848
290	0.0861	0.0957	0.1148	0.1340	0.1531	0.1723	0.1914
300	0.0891	0.0990	0.1188	0.1386	0.1584	0.1782	0.1980

续表7

材宽/mm	材长6.8 m							
	材厚/mm							
	12	15	18	21	25	30	35	40
	材积/m^3							
30	0.0024	0.0031	0.0037	0.0043	0.0051	0.0061	0.0071	0.0082
40	0.0033	0.0041	0.0049	0.0057	0.0068	0.0082	0.0095	0.0109
50	0.0041	0.0051	0.0061	0.0071	0.0085	0.0102	0.0119	0.0136
60	0.0049	0.0061	0.0073	0.0086	0.0102	0.0122	0.0143	0.0163
70	0.0057	0.0071	0.0086	0.0100	0.0119	0.0143	0.0167	0.0190
80	0.0065	0.0082	0.0098	0.0114	0.0136	0.0163	0.0190	0.0218
90	0.0073	0.0092	0.0110	0.0129	0.0153	0.0184	0.0214	0.0245
100	0.0082	0.0102	0.0122	0.0143	0.0170	0.0204	0.0238	0.0272
110	0.0090	0.0112	0.0135	0.0157	0.0187	0.0224	0.0262	0.0299
120	0.0098	0.0122	0.0147	0.0171	0.0204	0.0245	0.0286	0.0326
130	0.0106	0.0133	0.0159	0.0186	0.0221	0.0265	0.0309	0.0354
140	0.0114	0.0143	0.0171	0.0200	0.0238	0.0286	0.0333	0.0381
150	0.0122	0.0153	0.0184	0.0214	0.0255	0.0306	0.0357	0.0408
160	0.0131	0.0163	0.0196	0.0228	0.0272	0.0326	0.0381	0.0435
170	0.0139	0.0173	0.0208	0.0243	0.0289	0.0347	0.0405	0.0462

续表7

材宽/mm	材长6.8 m							
	材厚/mm							
	12	15	18	21	25	30	35	40
	材积/m^3							
180	0.0147	0.0184	0.0220	0.0257	0.0306	0.0367	0.0428	0.0490
190	0.0155	0.0194	0.0233	0.0271	0.0323	0.0388	0.0452	0.0517
200	0.0163	0.0204	0.0245	0.0286	0.0340	0.0408	0.0476	0.0544
210	0.0171	0.0214	0.0257	0.0300	0.0357	0.0428	0.0500	0.0571
220	0.0180	0.0224	0.0269	0.0314	0.0374	0.0449	0.0524	0.0598
230	0.0188	0.0235	0.0282	0.0328	0.0391	0.0469	0.0547	0.0626
240	0.0196	0.0245	0.0294	0.0343	0.0408	0.0490	0.0571	0.0653
250	0.0204	0.0255	0.0306	0.0357	0.0425	0.0510	0.0595	0.0680
260	0.0212	0.0265	0.0318	0.0371	0.0442	0.0530	0.0619	0.0707
270	0.0220	0.0275	0.0330	0.0386	0.0459	0.0551	0.0643	0.0734
280	0.0228	0.0286	0.0343	0.0400	0.0476	0.0571	0.0666	0.0762
290	0.0237	0.0296	0.0355	0.0414	0.0493	0.0592	0.0690	0.0789
300	0.0245	0.0306	0.0367	0.0428	0.0510	0.0612	0.0714	0.0816

续表7

材宽/mm	材长6.8 m						
	材厚/mm						
	45	50	60	70	80	90	100
	材积/m^3						
30	0.0092	0.0102	0.0122	0.0143	0.0163	0.0184	0.0204
40	0.0122	0.0136	0.0163	0.0190	0.0218	0.0245	0.0272
50	0.0153	0.0170	0.0204	0.0238	0.0272	0.0306	0.0340
60	0.0184	0.0204	0.0245	0.0286	0.0326	0.0367	0.0408
70	0.0214	0.0238	0.0286	0.0333	0.0381	0.0428	0.0476
80	0.0245	0.0272	0.0326	0.0381	0.0435	0.0490	0.0544
90	0.0275	0.0306	0.0367	0.0428	0.0490	0.0551	0.0612
100	0.0306	0.0340	0.0408	0.0476	0.0544	0.0612	0.0680
110	0.0337	0.0374	0.0449	0.0524	0.0598	0.0673	0.0748
120	0.0367	0.0408	0.0490	0.0571	0.0653	0.0734	0.0816
130	0.0398	0.0442	0.0530	0.0619	0.0707	0.0796	0.0884
140	0.0428	0.0476	0.0571	0.0666	0.0762	0.0857	0.0952
150	0.0459	0.0510	0.0612	0.0714	0.0816	0.0918	0.1020
160	0.0490	0.0544	0.0653	0.0762	0.0870	0.0979	0.1088
170	0.0520	0.0578	0.0694	0.0809	0.0925	0.1040	0.1156

续表7

材宽/mm	材长6.8 m						
	材厚/mm						
	45	50	60	70	80	90	100
	材积/m^3						
180	0.0551	0.0612	0.0734	0.0857	0.0979	0.1102	0.1224
190	0.0581	0.0646	0.0775	0.0904	0.1034	0.1163	0.1292
200	0.0612	0.0680	0.0816	0.0952	0.1088	0.1224	0.1360
210	0.0643	0.0714	0.0857	0.1000	0.1142	0.1285	0.1428
220	0.0673	0.0748	0.0898	0.1047	0.1197	0.1346	0.1496
230	0.0704	0.0782	0.0938	0.1095	0.1251	0.1408	0.1564
240	0.0734	0.0816	0.0979	0.1142	0.1306	0.1469	0.1632
250	0.0765	0.0850	0.1020	0.1190	0.1360	0.1530	0.1700
260	0.0796	0.0884	0.1061	0.1238	0.1414	0.1591	0.1768
270	0.0826	0.0918	0.1102	0.1285	0.1469	0.1652	0.1836
280	0.0857	0.0952	0.1142	0.1333	0.1523	0.1714	0.1904
290	0.0887	0.0986	0.1183	0.1380	0.1578	0.1775	0.1972
300	0.0918	0.1020	0.1224	0.1428	0.1632	0.1836	0.2040

续表7

材宽/mm	材长7.0 m							
	材厚/mm							
	12	15	18	21	25	30	35	40
	材积/m^3							
30	0.0025	0.0032	0.0038	0.0044	0.0053	0.0063	0.0074	0.0084
40	0.0034	0.0042	0.0050	0.0059	0.0070	0.0084	0.0098	0.0112
50	0.0042	0.0053	0.0063	0.0074	0.0088	0.0105	0.0123	0.0140
60	0.0050	0.0063	0.0076	0.0088	0.0105	0.0126	0.0147	0.0168
70	0.0059	0.0074	0.0088	0.0103	0.0123	0.0147	0.0172	0.0196
80	0.0067	0.0084	0.0101	0.0118	0.0140	0.0168	0.0196	0.0224
90	0.0076	0.0095	0.0113	0.0132	0.0158	0.0189	0.0221	0.0252
100	0.0084	0.0105	0.0126	0.0147	0.0175	0.0210	0.0245	0.0280
110	0.0092	0.0116	0.0139	0.0162	0.0193	0.0231	0.0270	0.0308
120	0.0101	0.0126	0.0151	0.0176	0.0210	0.0252	0.0294	0.0336
130	0.0109	0.0137	0.0164	0.0191	0.0228	0.0273	0.0319	0.0364
140	0.0118	0.0147	0.0176	0.0206	0.0245	0.0294	0.0343	0.0392
150	0.0126	0.0158	0.0189	0.0221	0.0263	0.0315	0.0368	0.0420
160	0.0134	0.0168	0.0202	0.0235	0.0280	0.0336	0.0392	0.0448
170	0.0143	0.0179	0.0214	0.0250	0.0298	0.0357	0.0417	0.0476

续表7

材宽/mm	材长7.0 m							
	材厚/mm							
	12	15	18	21	25	30	35	40
	材积/m^3							
180	0.0151	0.0189	0.0227	0.0265	0.0315	0.0378	0.0441	0.0504
190	0.0160	0.0200	0.0239	0.0279	0.0333	0.0399	0.0466	0.0532
200	0.0168	0.0210	0.0252	0.0294	0.0350	0.0420	0.0490	0.0560
210	0.0176	0.0221	0.0265	0.0309	0.0368	0.0441	0.0515	0.0588
220	0.0185	0.0231	0.0277	0.0323	0.0385	0.0462	0.0539	0.0616
230	0.0193	0.0242	0.0290	0.0338	0.0403	0.0483	0.0564	0.0644
240	0.0202	0.0252	0.0302	0.0353	0.0420	0.0504	0.0588	0.0672
250	0.0210	0.0263	0.0315	0.0368	0.0438	0.0525	0.0613	0.0700
260	0.0218	0.0273	0.0328	0.0382	0.0455	0.0546	0.0637	0.0728
270	0.0227	0.0284	0.0340	0.0397	0.0473	0.0567	0.0662	0.0756
280	0.0235	0.0294	0.0353	0.0412	0.0490	0.0588	0.0686	0.0784
290	0.0244	0.0305	0.0365	0.0426	0.0508	0.0609	0.0711	0.0812
300	0.0252	0.0315	0.0378	0.0441	0.0525	0.0630	0.0735	0.0840

续表7

材宽/mm	材长7.0 m						
	材厚/mm						
	45	50	60	70	80	90	100
	材积/m^3						
30	0.0095	0.0105	0.0126	0.0147	0.0168	0.0189	0.0210
40	0.0126	0.0140	0.0168	0.0196	0.0224	0.0252	0.0280
50	0.0158	0.0175	0.0210	0.0245	0.0280	0.0315	0.0350
60	0.0189	0.0210	0.0252	0.0294	0.0336	0.0378	0.0420
70	0.0221	0.0245	0.0294	0.0343	0.0392	0.0441	0.0490
80	0.0252	0.0280	0.0336	0.0392	0.0448	0.0504	0.0560
90	0.0284	0.0315	0.0378	0.0441	0.0504	0.0567	0.0630
100	0.0315	0.0350	0.0420	0.0490	0.0560	0.0630	0.0700
110	0.0347	0.0385	0.0462	0.0539	0.0616	0.0693	0.0770
120	0.0378	0.0420	0.0504	0.0588	0.0672	0.0756	0.0840
130	0.0410	0.0455	0.0546	0.0637	0.0728	0.0819	0.0910
140	0.0441	0.0490	0.0588	0.0686	0.0784	0.0882	0.0980
150	0.0473	0.0525	0.0630	0.0735	0.0840	0.0945	0.1050
160	0.0504	0.0560	0.0672	0.0784	0.0896	0.1008	0.1120
170	0.0536	0.0595	0.0714	0.0833	0.0952	0.1071	0.1190

续表7

材宽/mm	材长7.0 m						
	材厚/mm						
	45	50	60	70	80	90	100
	材积/m^3						
180	0.0567	0.0630	0.0756	0.0882	0.1008	0.1134	0.1260
190	0.0599	0.0665	0.0798	0.0931	0.1064	0.1197	0.1330
200	0.0630	0.0700	0.0840	0.0980	0.1120	0.1260	0.1400
210	0.0662	0.0735	0.0882	0.1029	0.1176	0.1323	0.1470
220	0.0693	0.0770	0.0924	0.1078	0.1232	0.1386	0.1540
230	0.0725	0.0805	0.0966	0.1127	0.1288	0.1449	0.1610
240	0.0756	0.0840	0.1008	0.1176	0.1344	0.1512	0.1680
250	0.0788	0.0875	0.1050	0.1225	0.1400	0.1575	0.1750
260	0.0819	0.0910	0.1092	0.1274	0.1456	0.1638	0.1820
270	0.0851	0.0945	0.1134	0.1323	0.1512	0.1701	0.1890
280	0.0882	0.0980	0.1176	0.1372	0.1568	0.1764	0.1960
290	0.0914	0.1015	0.1218	0.1421	0.1624	0.1827	0.2030
300	0.0945	0.1050	0.1260	0.1470	0.1680	0.1890	0.2100

续表7

材宽/mm	材长7.2 m							
	材厚/mm							
	12	15	18	21	25	30	35	40
	材积/m^3							
30	0.0026	0.0032	0.0039	0.0045	0.0054	0.0065	0.0076	0.0086
40	0.0035	0.0043	0.0052	0.0060	0.0072	0.0086	0.0101	0.0115
50	0.0043	0.0054	0.0065	0.0076	0.0090	0.0108	0.0126	0.0144
60	0.0052	0.0065	0.0078	0.0091	0.0108	0.0130	0.0151	0.0173
70	0.0060	0.0076	0.0091	0.0106	0.0126	0.0151	0.0176	0.0202
80	0.0069	0.0086	0.0104	0.0121	0.0144	0.0173	0.0202	0.0230
90	0.0078	0.0097	0.0117	0.0136	0.0162	0.0194	0.0227	0.0259
100	0.0086	0.0108	0.0130	0.0151	0.0180	0.0216	0.0252	0.0288
110	0.0095	0.0119	0.0143	0.0166	0.0198	0.0238	0.0277	0.0317
120	0.0104	0.0130	0.0156	0.0181	0.0216	0.0259	0.0302	0.0346
130	0.0112	0.0140	0.0168	0.0197	0.0234	0.0281	0.0328	0.0374
140	0.0121	0.0151	0.0181	0.0212	0.0252	0.0302	0.0353	0.0403
150	0.0130	0.0162	0.0194	0.0227	0.0270	0.0324	0.0378	0.0432
160	0.0138	0.0173	0.0207	0.0242	0.0288	0.0346	0.0403	0.0461
170	0.0147	0.0184	0.0220	0.0257	0.0306	0.0367	0.0428	0.0490

续表7

材宽/mm	材长7.2 m							
	材厚/mm							
	12	15	18	21	25	30	35	40
	材积/m^3							
180	0.0156	0.0194	0.0233	0.0272	0.0324	0.0389	0.0454	0.0518
190	0.0164	0.0205	0.0246	0.0287	0.0342	0.0410	0.0479	0.0547
200	0.0173	0.0216	0.0259	0.0302	0.0360	0.0432	0.0504	0.0576
210	0.0181	0.0227	0.0272	0.0318	0.0378	0.0454	0.0529	0.0605
220	0.0190	0.0238	0.0285	0.0333	0.0396	0.0475	0.0554	0.0634
230	0.0199	0.0248	0.0298	0.0348	0.0414	0.0497	0.0580	0.0662
240	0.0207	0.0259	0.0311	0.0363	0.0432	0.0518	0.0605	0.0691
250	0.0216	0.0270	0.0324	0.0378	0.0450	0.0540	0.0630	0.0720
260	0.0225	0.0281	0.0337	0.0393	0.0468	0.0562	0.0655	0.0749
270	0.0233	0.0292	0.0350	0.0408	0.0486	0.0583	0.0680	0.0778
280	0.0242	0.0302	0.0363	0.0423	0.0504	0.0605	0.0706	0.0806
290	0.0251	0.0313	0.0376	0.0438	0.0522	0.0626	0.0731	0.0835
300	0.0259	0.0324	0.0389	0.0454	0.0540	0.0648	0.0756	0.0864

续表7

材宽/mm	材长7.2 m						
	材厚/mm						
	45	50	60	70	80	90	100
	材积/m³						
30	0.0097	0.0108	0.0130	0.0151	0.0173	0.0194	0.0216
40	0.0130	0.0144	0.0173	0.0202	0.0230	0.0259	0.0288
50	0.0162	0.0180	0.0216	0.0252	0.0288	0.0324	0.0360
60	0.0194	0.0216	0.0259	0.0302	0.0346	0.0389	0.0432
70	0.0227	0.0252	0.0302	0.0353	0.0403	0.0454	0.0504
80	0.0259	0.0288	0.0346	0.0403	0.0461	0.0518	0.0576
90	0.0292	0.0324	0.0389	0.0454	0.0518	0.0583	0.0648
100	0.0324	0.0360	0.0432	0.0504	0.0576	0.0648	0.0720
110	0.0356	0.0396	0.0475	0.0554	0.0634	0.0713	0.0792
120	0.0389	0.0432	0.0518	0.0605	0.0691	0.0778	0.0864
130	0.0421	0.0468	0.0562	0.0655	0.0749	0.0842	0.0936
140	0.0454	0.0504	0.0605	0.0706	0.0806	0.0907	0.1008
150	0.0486	0.0540	0.0648	0.0756	0.0864	0.0972	0.1080
160	0.0518	0.0576	0.0691	0.0806	0.0922	0.1037	0.1152
170	0.0551	0.0612	0.0734	0.0857	0.0979	0.1102	0.1224

续表7

材宽/mm	材长7.2 m						
	材厚/mm						
	45	50	60	70	80	90	100
	材积/m^3						
180	0.0583	0.0648	0.0778	0.0907	0.1037	0.1166	0.1296
190	0.0616	0.0684	0.0821	0.0958	0.1094	0.1231	0.1368
200	0.0648	0.0720	0.0864	0.1008	0.1152	0.1296	0.1440
210	0.0680	0.0756	0.0907	0.1058	0.1210	0.1361	0.1512
220	0.0713	0.0792	0.0950	0.1109	0.1267	0.1426	0.1584
230	0.0745	0.0828	0.0994	0.1159	0.1325	0.1490	0.1656
240	0.0778	0.0864	0.1037	0.1210	0.1382	0.1555	0.1728
250	0.0810	0.0900	0.1080	0.1260	0.1440	0.1620	0.1800
260	0.0842	0.0936	0.1123	0.1310	0.1498	0.1685	0.1872
270	0.0875	0.0972	0.1166	0.1361	0.1555	0.1750	0.1944
280	0.0907	0.1008	0.1210	0.1411	0.1613	0.1814	0.2016
290	0.0940	0.1044	0.1253	0.1462	0.1670	0.1879	0.2088
300	0.0972	0.1080	0.1296	0.1512	0.1728	0.1944	0.2160

续表7

材宽/mm	材长7.4 m							
	材厚/mm							
	12	15	18	21	25	30	35	40
	材积/m³							
30	0.0027	0.0033	0.0040	0.0047	0.0056	0.0067	0.0078	0.0089
40	0.0036	0.0044	0.0053	0.0062	0.0074	0.0089	0.0104	0.0118
50	0.0044	0.0056	0.0067	0.0078	0.0093	0.0111	0.0130	0.0148
60	0.0053	0.0067	0.0080	0.0093	0.0111	0.0133	0.0155	0.0178
70	0.0062	0.0078	0.0093	0.0109	0.0130	0.0155	0.0181	0.0207
80	0.0071	0.0089	0.0107	0.0124	0.0148	0.0178	0.0207	0.0237
90	0.0080	0.0100	0.0120	0.0140	0.0167	0.0200	0.0233	0.0266
100	0.0089	0.0111	0.0133	0.0155	0.0185	0.0222	0.0259	0.0296
110	0.0098	0.0122	0.0147	0.0171	0.0204	0.0244	0.0285	0.0326
120	0.0107	0.0133	0.0160	0.0186	0.0222	0.0266	0.0311	0.0355
130	0.0115	0.0144	0.0173	0.0202	0.0241	0.0289	0.0337	0.0385
140	0.0124	0.0155	0.0186	0.0218	0.0259	0.0311	0.0363	0.0414
150	0.0133	0.0167	0.0200	0.0233	0.0278	0.0333	0.0389	0.0444
160	0.0142	0.0178	0.0213	0.0249	0.0296	0.0355	0.0414	0.0474
170	0.0151	0.0189	0.0226	0.0264	0.0315	0.0377	0.0440	0.0503

续表7

材宽/mm	材长7.4 m							
	材厚/mm							
	12	15	18	21	25	30	35	40
	材积/m³							
180	0.0160	0.0200	0.0240	0.0280	0.0333	0.0400	0.0466	0.0533
190	0.0169	0.0211	0.0253	0.0295	0.0352	0.0422	0.0492	0.0562
200	0.0178	0.0222	0.0266	0.0311	0.0370	0.0444	0.0518	0.0592
210	0.0186	0.0233	0.0280	0.0326	0.0389	0.0466	0.0544	0.0622
220	0.0195	0.0244	0.0293	0.0342	0.0407	0.0488	0.0570	0.0651
230	0.0204	0.0255	0.0306	0.0357	0.0426	0.0511	0.0596	0.0681
240	0.0213	0.0266	0.0320	0.0373	0.0444	0.0533	0.0622	0.0710
250	0.0222	0.0278	0.0333	0.0389	0.0463	0.0555	0.0648	0.0740
260	0.0231	0.0289	0.0346	0.0404	0.0481	0.0577	0.0673	0.0770
270	0.0240	0.0300	0.0360	0.0420	0.0500	0.0599	0.0699	0.0799
280	0.0249	0.0311	0.0373	0.0435	0.0518	0.0622	0.0725	0.0829
290	0.0258	0.0322	0.0386	0.0451	0.0537	0.0644	0.0751	0.0858
300	0.0266	0.0333	0.0400	0.0466	0.0555	0.0666	0.0777	0.0888

续表7

材宽/mm	材长7.4 m						
	材厚/mm						
	45	50	60	70	80	90	100
	材积/m³						
30	0.0100	0.0111	0.0133	0.0155	0.0178	0.0200	0.0222
40	0.0133	0.0148	0.0178	0.0207	0.0237	0.0266	0.0296
50	0.0167	0.0185	0.0222	0.0259	0.0296	0.0333	0.0370
60	0.0200	0.0222	0.0266	0.0311	0.0355	0.0400	0.0444
70	0.0233	0.0259	0.0311	0.0363	0.0414	0.0466	0.0518
80	0.0266	0.0296	0.0355	0.0414	0.0474	0.0533	0.0592
90	0.0300	0.0333	0.0400	0.0466	0.0533	0.0599	0.0666
100	0.0333	0.0370	0.0444	0.0518	0.0592	0.0666	0.0740
110	0.0366	0.0407	0.0488	0.0570	0.0651	0.0733	0.0814
120	0.0400	0.0444	0.0533	0.0622	0.0710	0.0799	0.0888
130	0.0433	0.0481	0.0577	0.0673	0.0770	0.0866	0.0962
140	0.0466	0.0518	0.0622	0.0725	0.0829	0.0932	0.1036
150	0.0500	0.0555	0.0666	0.0777	0.0888	0.0999	0.1110
160	0.0533	0.0592	0.0710	0.0829	0.0947	0.1066	0.1184
170	0.0566	0.0629	0.0755	0.0881	0.1006	0.1132	0.1258

续表7

材宽/mm	材长7.4 m						
	材厚/mm						
	45	50	60	70	80	90	100
	材积/m^3						
180	0.0599	0.0666	0.0799	0.0932	0.1066	0.1199	0.1332
190	0.0633	0.0703	0.0844	0.0984	0.1125	0.1265	0.1406
200	0.0666	0.0740	0.0888	0.1036	0.1184	0.1332	0.1480
210	0.0699	0.0777	0.0932	0.1088	0.1243	0.1399	0.1554
220	0.0733	0.0814	0.0977	0.1140	0.1302	0.1465	0.1628
230	0.0766	0.0851	0.1021	0.1191	0.1362	0.1532	0.1702
240	0.0799	0.0888	0.1066	0.1243	0.1421	0.1598	0.1776
250	0.0833	0.0925	0.1110	0.1295	0.1480	0.1665	0.1850
260	0.0866	0.0962	0.1154	0.1347	0.1539	0.1732	0.1924
270	0.0899	0.0999	0.1199	0.1399	0.1598	0.1798	0.1998
280	0.0932	0.1036	0.1243	0.1450	0.1658	0.1865	0.2072
290	0.0966	0.1073	0.1288	0.1502	0.1717	0.1931	0.2146
300	0.0999	0.1110	0.1332	0.1554	0.1776	0.1998	0.2220

续表7

材宽/mm	材长7.6 m							
	材厚/mm							
	12	15	18	21	25	30	35	40
	材积/m³							
30	0.0027	0.0034	0.0041	0.0048	0.0057	0.0068	0.0080	0.0091
40	0.0036	0.0046	0.0055	0.0064	0.0076	0.0091	0.0106	0.0122
50	0.0046	0.0057	0.0068	0.0080	0.0095	0.0114	0.0133	0.0152
60	0.0055	0.0068	0.0082	0.0096	0.0114	0.0137	0.0160	0.0182
70	0.0064	0.0080	0.0096	0.0112	0.0133	0.0160	0.0186	0.0213
80	0.0073	0.0091	0.0109	0.0128	0.0152	0.0182	0.0213	0.0243
90	0.0082	0.0103	0.0123	0.0144	0.0171	0.0205	0.0239	0.0274
100	0.0091	0.0114	0.0137	0.0160	0.0190	0.0228	0.0266	0.0304
110	0.0100	0.0125	0.0150	0.0176	0.0209	0.0251	0.0293	0.0334
120	0.0109	0.0137	0.0164	0.0192	0.0228	0.0274	0.0319	0.0365
130	0.0119	0.0148	0.0178	0.0207	0.0247	0.0296	0.0346	0.0395
140	0.0128	0.0160	0.0192	0.0223	0.0266	0.0319	0.0372	0.0426
150	0.0137	0.0171	0.0205	0.0239	0.0285	0.0342	0.0399	0.0456
160	0.0146	0.0182	0.0219	0.0255	0.0304	0.0365	0.0426	0.0486
170	0.0155	0.0194	0.0233	0.0271	0.0323	0.0388	0.0452	0.0517

续表7

材宽/mm	材长7.6 m							
	材厚/mm							
	12	15	18	21	25	30	35	40
	材积/m^3							
180	0.0164	0.0205	0.0246	0.0287	0.0342	0.0410	0.0479	0.0547
190	0.0173	0.0217	0.0260	0.0303	0.0361	0.0433	0.0505	0.0578
200	0.0182	0.0228	0.0274	0.0319	0.0380	0.0456	0.0532	0.0608
210	0.0192	0.0239	0.0287	0.0335	0.0399	0.0479	0.0559	0.0638
220	0.0201	0.0251	0.0301	0.0351	0.0418	0.0502	0.0585	0.0669
230	0.0210	0.0262	0.0315	0.0367	0.0437	0.0524	0.0612	0.0699
240	0.0219	0.0274	0.0328	0.0383	0.0456	0.0547	0.0638	0.0730
250	0.0228	0.0285	0.0342	0.0399	0.0475	0.0570	0.0665	0.0760
260	0.0237	0.0296	0.0356	0.0415	0.0494	0.0593	0.0692	0.0790
270	0.0246	0.0308	0.0369	0.0431	0.0513	0.0616	0.0718	0.0821
280	0.0255	0.0319	0.0383	0.0447	0.0532	0.0638	0.0745	0.0851
290	0.0264	0.0331	0.0397	0.0463	0.0551	0.0661	0.0771	0.0882
300	0.0274	0.0342	0.0410	0.0479	0.0570	0.0684	0.0798	0.0912

续表7

材宽/mm	材长7.6 m						
	材厚/mm						
	45	50	60	70	80	90	100
	材积/m³						
30	0.0103	0.0114	0.0137	0.0160	0.0182	0.0205	0.0228
40	0.0137	0.0152	0.0182	0.0213	0.0243	0.0274	0.0304
50	0.0171	0.0190	0.0228	0.0266	0.0304	0.0342	0.0380
60	0.0205	0.0228	0.0274	0.0319	0.0365	0.0410	0.0456
70	0.0239	0.0266	0.0319	0.0372	0.0426	0.0479	0.0532
80	0.0274	0.0304	0.0365	0.0426	0.0486	0.0547	0.0608
90	0.0308	0.0342	0.0410	0.0479	0.0547	0.0616	0.0684
100	0.0342	0.0380	0.0456	0.0532	0.0608	0.0684	0.0760
110	0.0376	0.0418	0.0502	0.0585	0.0669	0.0752	0.0836
120	0.0410	0.0456	0.0547	0.0638	0.0730	0.0821	0.0912
130	0.0445	0.0494	0.0593	0.0692	0.0790	0.0889	0.0988
140	0.0479	0.0532	0.0638	0.0745	0.0851	0.0958	0.1064
150	0.0513	0.0570	0.0684	0.0798	0.0912	0.1026	0.1140
160	0.0547	0.0608	0.0730	0.0851	0.0973	0.1094	0.1216
170	0.0581	0.0646	0.0775	0.0904	0.1034	0.1163	0.1292

续表7

材宽/mm	材长7.6 m						
	材厚/mm						
	45	50	60	70	80	90	100
	材积/m^3						
180	0.0616	0.0684	0.0821	0.0958	0.1094	0.1231	0.1368
190	0.0650	0.0722	0.0866	0.1011	0.1155	0.1300	0.1444
200	0.0684	0.0760	0.0912	0.1064	0.1216	0.1368	0.1520
210	0.0718	0.0798	0.0958	0.1117	0.1277	0.1436	0.1596
220	0.0752	0.0836	0.1003	0.1170	0.1338	0.1505	0.1672
230	0.0787	0.0874	0.1049	0.1224	0.1398	0.1573	0.1748
240	0.0821	0.0912	0.1094	0.1277	0.1459	0.1642	0.1824
250	0.0855	0.0950	0.1140	0.1330	0.1520	0.1710	0.1900
260	0.0889	0.0988	0.1186	0.1383	0.1581	0.1778	0.1976
270	0.0923	0.1026	0.1231	0.1436	0.1642	0.1847	0.2052
280	0.0958	0.1064	0.1277	0.1490	0.1702	0.1915	0.2128
290	0.0992	0.1102	0.1322	0.1543	0.1763	0.1984	0.2204
300	0.1026	0.1140	0.1368	0.1596	0.1824	0.2052	0.2280

续表7

材宽/mm	材长7.8 m							
	材厚/mm							
	12	15	18	21	25	30	35	40
	材积/m³							
30	0.0028	0.0035	0.0042	0.0049	0.0059	0.0070	0.0082	0.0094
40	0.0037	0.0047	0.0056	0.0066	0.0078	0.0094	0.0109	0.0125
50	0.0047	0.0059	0.0070	0.0082	0.0098	0.0117	0.0137	0.0156
60	0.0056	0.0070	0.0084	0.0098	0.0117	0.0140	0.0164	0.0187
70	0.0066	0.0082	0.0098	0.0115	0.0137	0.0164	0.0191	0.0218
80	0.0075	0.0094	0.0112	0.0131	0.0156	0.0187	0.0218	0.0250
90	0.0084	0.0105	0.0126	0.0147	0.0176	0.0211	0.0246	0.0281
100	0.0094	0.0117	0.0140	0.0164	0.0195	0.0234	0.0273	0.0312
110	0.0103	0.0129	0.0154	0.0180	0.0215	0.0257	0.0300	0.0343
120	0.0112	0.0140	0.0168	0.0197	0.0234	0.0281	0.0328	0.0374
130	0.0122	0.0152	0.0183	0.0213	0.0254	0.0304	0.0355	0.0406
140	0.0131	0.0164	0.0197	0.0229	0.0273	0.0328	0.0382	0.0437
150	0.0140	0.0176	0.0211	0.0246	0.0293	0.0351	0.0410	0.0468
160	0.0150	0.0187	0.0225	0.0262	0.0312	0.0374	0.0437	0.0499
170	0.0159	0.0199	0.0239	0.0278	0.0332	0.0398	0.0464	0.0530

续表7

材宽/mm	材长7.8 m							
	材厚/mm							
	12	15	18	21	25	30	35	40
	材积/m³							
180	0.0168	0.0211	0.0253	0.0295	0.0351	0.0421	0.0491	0.0562
190	0.0178	0.0222	0.0267	0.0311	0.0371	0.0445	0.0519	0.0593
200	0.0187	0.0234	0.0281	0.0328	0.0390	0.0468	0.0546	0.0624
210	0.0197	0.0246	0.0295	0.0344	0.0410	0.0491	0.0573	0.0655
220	0.0206	0.0257	0.0309	0.0360	0.0429	0.0515	0.0601	0.0686
230	0.0215	0.0269	0.0323	0.0377	0.0449	0.0538	0.0628	0.0718
240	0.0225	0.0281	0.0337	0.0393	0.0468	0.0562	0.0655	0.0749
250	0.0234	0.0293	0.0351	0.0410	0.0488	0.0585	0.0683	0.0780
260	0.0243	0.0304	0.0365	0.0426	0.0507	0.0608	0.0710	0.0811
270	0.0253	0.0316	0.0379	0.0442	0.0527	0.0632	0.0737	0.0842
280	0.0262	0.0328	0.0393	0.0459	0.0546	0.0655	0.0764	0.0874
290	0.0271	0.0339	0.0407	0.0475	0.0566	0.0679	0.0792	0.0905
300	0.0281	0.0351	0.0421	0.0491	0.0585	0.0702	0.0819	0.0936

续表7

材宽/mm	材长7.8 m						
	材厚/mm						
	45	50	60	70	80	90	100
	材积/m³						
30	0.0105	0.0117	0.0140	0.0164	0.0187	0.0211	0.0234
40	0.0140	0.0156	0.0187	0.0218	0.0250	0.0281	0.0312
50	0.0176	0.0195	0.0234	0.0273	0.0312	0.0351	0.0390
60	0.0211	0.0234	0.0281	0.0328	0.0374	0.0421	0.0468
70	0.0246	0.0273	0.0328	0.0382	0.0437	0.0491	0.0546
80	0.0281	0.0312	0.0374	0.0437	0.0499	0.0562	0.0624
90	0.0316	0.0351	0.0421	0.0491	0.0562	0.0632	0.0702
100	0.0351	0.0390	0.0468	0.0546	0.0624	0.0702	0.0780
110	0.0386	0.0429	0.0515	0.0601	0.0686	0.0772	0.0858
120	0.0421	0.0468	0.0562	0.0655	0.0749	0.0842	0.0936
130	0.0456	0.0507	0.0608	0.0710	0.0811	0.0913	0.1014
140	0.0491	0.0546	0.0655	0.0764	0.0874	0.0983	0.1092
150	0.0527	0.0585	0.0702	0.0819	0.0936	0.1053	0.1170
160	0.0562	0.0624	0.0749	0.0874	0.0998	0.1123	0.1248
170	0.0597	0.0663	0.0796	0.0928	0.1061	0.1193	0.1326

续表7

材宽/mm	材长7.8 m						
	材厚/mm						
	45	50	60	70	80	90	100
	材积/m^3						
180	0.0632	0.0702	0.0842	0.0983	0.1123	0.1264	0.1404
190	0.0667	0.0741	0.0889	0.1037	0.1186	0.1334	0.1482
200	0.0702	0.0780	0.0936	0.1092	0.1248	0.1404	0.1560
210	0.0737	0.0819	0.0983	0.1147	0.1310	0.1474	0.1638
220	0.0772	0.0858	0.1030	0.1201	0.1373	0.1544	0.1716
230	0.0807	0.0897	0.1076	0.1256	0.1435	0.1615	0.1794
240	0.0842	0.0936	0.1123	0.1310	0.1498	0.1685	0.1872
250	0.0878	0.0975	0.1170	0.1365	0.1560	0.1755	0.1950
260	0.0913	0.1014	0.1217	0.1420	0.1622	0.1825	0.2028
270	0.0948	0.1053	0.1264	0.1474	0.1685	0.1895	0.2106
280	0.0983	0.1092	0.1310	0.1529	0.1747	0.1966	0.2184
290	0.1018	0.1131	0.1357	0.1583	0.1810	0.2036	0.2262
300	0.1053	0.1170	0.1404	0.1638	0.1872	0.2106	0.2340

续表7

材宽/mm	材长8.0 m							
	材厚/mm							
	12	15	18	21	25	30	35	40
	材积/m^3							
30	0.0029	0.0036	0.0043	0.0050	0.0060	0.0072	0.0084	0.0096
40	0.0038	0.0048	0.0058	0.0067	0.0080	0.0096	0.0112	0.0128
50	0.0048	0.0060	0.0072	0.0084	0.0100	0.0120	0.0140	0.0160
60	0.0058	0.0072	0.0086	0.0101	0.0120	0.0144	0.0168	0.0192
70	0.0067	0.0084	0.0101	0.0118	0.0140	0.0168	0.0196	0.0224
80	0.0077	0.0096	0.0115	0.0134	0.0160	0.0192	0.0224	0.0256
90	0.0086	0.0108	0.0130	0.0151	0.0180	0.0216	0.0252	0.0288
100	0.0096	0.0120	0.0144	0.0168	0.0200	0.0240	0.0280	0.0320
110	0.0106	0.0132	0.0158	0.0185	0.0220	0.0264	0.0308	0.0352
120	0.0115	0.0144	0.0173	0.0202	0.0240	0.0288	0.0336	0.0384
130	0.0125	0.0156	0.0187	0.0218	0.0260	0.0312	0.0364	0.0416
140	0.0134	0.0168	0.0202	0.0235	0.0280	0.0336	0.0392	0.0448
150	0.0144	0.0180	0.0216	0.0252	0.0300	0.0360	0.0420	0.0480
160	0.0154	0.0192	0.0230	0.0269	0.0320	0.0384	0.0448	0.0512
170	0.0163	0.0204	0.0245	0.0286	0.0340	0.0408	0.0476	0.0544

续表7

材宽/mm	材长8.0 m							
	材厚/mm							
	12	15	18	21	25	30	35	40
	材积/m³							
180	0.0173	0.0216	0.0259	0.0302	0.0360	0.0432	0.0504	0.0576
190	0.0182	0.0228	0.0274	0.0319	0.0380	0.0456	0.0532	0.0608
200	0.0192	0.0240	0.0288	0.0336	0.0400	0.0480	0.0560	0.0640
210	0.0202	0.0252	0.0302	0.0353	0.0420	0.0504	0.0588	0.0672
220	0.0211	0.0264	0.0317	0.0370	0.0440	0.0528	0.0616	0.0704
230	0.0221	0.0276	0.0331	0.0386	0.0460	0.0552	0.0644	0.0736
240	0.0230	0.0288	0.0346	0.0403	0.0480	0.0576	0.0672	0.0768
250	0.0240	0.0300	0.0360	0.0420	0.0500	0.0600	0.0700	0.0800
260	0.0250	0.0312	0.0374	0.0437	0.0520	0.0624	0.0728	0.0832
270	0.0259	0.0324	0.0389	0.0454	0.0540	0.0648	0.0756	0.0864
280	0.0269	0.0336	0.0403	0.0470	0.0560	0.0672	0.0784	0.0896
290	0.0278	0.0348	0.0418	0.0487	0.0580	0.0696	0.0812	0.0928
300	0.0288	0.0360	0.0432	0.0504	0.0600	0.0720	0.0840	0.0960

续表7

材宽/mm	材长8.0 m						
	材厚/mm						
	45	50	60	70	80	90	100
	材积/m³						
30	0.0108	0.0120	0.0144	0.0168	0.0192	0.0216	0.0240
40	0.0144	0.0160	0.0192	0.0224	0.0256	0.0288	0.0320
50	0.0180	0.0200	0.0240	0.0280	0.0320	0.0360	0.0400
60	0.0216	0.0240	0.0288	0.0336	0.0384	0.0432	0.0480
70	0.0252	0.0280	0.0336	0.0392	0.0448	0.0504	0.0560
80	0.0288	0.0320	0.0384	0.0448	0.0512	0.0576	0.0640
90	0.0324	0.0360	0.0432	0.0504	0.0576	0.0648	0.0720
100	0.0360	0.0400	0.0480	0.0560	0.0640	0.0720	0.0800
110	0.0396	0.0440	0.0528	0.0616	0.0704	0.0792	0.0880
120	0.0432	0.0480	0.0576	0.0672	0.0768	0.0864	0.0960
130	0.0468	0.0520	0.0624	0.0728	0.0832	0.0936	0.1040
140	0.0504	0.0560	0.0672	0.0784	0.0896	0.1008	0.1120
150	0.0540	0.0600	0.0720	0.0840	0.0960	0.1080	0.1200
160	0.0576	0.0640	0.0768	0.0896	0.1024	0.1152	0.1280
170	0.0612	0.0680	0.0816	0.0952	0.1088	0.1224	0.1360

续表7

材宽/mm	材长8.0 m						
	材厚/mm						
	45	50	60	70	80	90	100
	材积/m^3						
180	0.0648	0.0720	0.0864	0.1008	0.1152	0.1296	0.1440
190	0.0684	0.0760	0.0912	0.1064	0.1216	0.1368	0.1520
200	0.0720	0.0800	0.0960	0.1120	0.1280	0.1440	0.1600
210	0.0756	0.0840	0.1008	0.1176	0.1344	0.1512	0.1680
220	0.0792	0.0880	0.1056	0.1232	0.1408	0.1584	0.1760
230	0.0828	0.0920	0.1104	0.1288	0.1472	0.1656	0.1840
240	0.0864	0.0960	0.1152	0.1344	0.1536	0.1728	0.1920
250	0.0900	0.1000	0.1200	0.1400	0.1600	0.1800	0.2000
260	0.0936	0.1040	0.1248	0.1456	0.1664	0.1872	0.2080
270	0.0972	0.1080	0.1296	0.1512	0.1728	0.1944	0.2160
280	0.1008	0.1120	0.1344	0.1568	0.1792	0.2016	0.2240
290	0.1044	0.1160	0.1392	0.1624	0.1856	0.2088	0.2320
300	0.1080	0.1200	0.1440	0.1680	0.1920	0.2160	0.2400

2. 专用普通锯材材积表

适用于材长2.5～8.0 m、材宽80～320 mm、材厚30～320 mm的所有树种锯材产品的材积查定。专用普通锯材材积表适用于木枕锯材、铁路货车锯材、载重汽车锯材、罐道木和机台木锯材的材积查定。

（1）材积计算结果，木枕锯材、铁路货车锯材、载重汽车锯材均保留四位小数；罐道木和机台木锯材保留三位小数。

（2）按GB 154—2013（代替GB 154—1984）《木枕》对铁路标准轨（轨距1435 mm）普通木枕、道岔木枕和桥梁木枕的尺寸规格规定，制定木枕锯材材积表（表8）。

（3）按LY/T 1295—2012（代替LY/T 1295—1999）《铁路货车锯材》对铁路货车车厢维修用的锯材的尺寸规定，制定铁路货车锯材材积表（表9）。

（4）按LY/T 1296—2012（代替LY/T 1296—1999）《载重汽车锯材》对载重汽车车厢用梁垫木、底板和栏板条的尺寸规定，制定载重汽车锯材材积表（表10）。

（5）按GB 4820—2013（代替GB 4820—1995）《罐道木》对矿山竖井罐道木尺寸的规定，以及按LY/T 1200—2022（代替LY 1200—2012）《机台木》对机台木尺寸的规定，制定罐道木和机台木锯材材积表（表11）。

表8 木枕锯材材积

宽×厚/(mm×mm)	材长/m						
	2.5	2.6	2.8	3.0	3.2	3.4	3.6
	材积/m³						
200×145	0.0725	–	–	–	–	–	–
200×220	–	–	–	0.1320	–	–	–
200×240	–	–	–	0.1440	–	–	–
220×160	0.0880	–	–	–	–	–	–
220×260	–	–	–	0.1716	–	–	–
220×280	–	–	–	–	0.1971	–	–
240×160	–	0.0998	0.1075	0.1152	0.1229	0.1306	0.1382
240×300	–	–	–	–	0.2304	0.2448	–

续表8

宽×厚/(mm×mm)	材长/m					
	3.8	4.0	4.2	4.4	4.6	4.8
	材积/m^3					
200×145	–	–	–	–	–	–
200×220	–	–	0.1848	–	–	0.2112
200×240	–	–	0.2016	–	–	0.2304
220×160	–	–	–	–	–	–
220×260	–	–	0.2402	–	–	0.2746
220×280	–	–	0.2587	–	–	0.2957
240×160	0.1459	0.1536	0.1613	0.1690	0.1766	0.1843
240×300	–	–	0.3024	–	–	0.3456

表9　铁路货车锯材材积

材宽/mm	材长/m					
	3.0	5.0	6.0	3.0	5.0	6.0
	材厚/mm					
	52.0			57.0		
	材积/m³					
120	0.0187	0.0312	0.0374	0.0017	0.0342	0.0410
130	0.0203	0.0338	0.0406	0.0185	0.0371	0.0445
140	0.0218	0.0364	0.0437	0.0200	0.0399	0.0048
150	0.0234	0.0390	0.0468	0.0214	0.0428	0.0513
160	0.0250	0.0416	0.0499	0.0228	0.0456	0.0547
170	0.0265	0.0442	0.0530	0.0242	0.0485	0.0581
180	0.0281	0.0468	0.0562	0.0257	0.0513	0.0616
190	0.0296	0.0494	0.0593	0.0271	0.0542	0.0650
200	0.0312	0.0520	0.0624	0.0285	0.0570	0.0684
210	0.0328	0.0546	0.0655	0.0299	0.0599	0.0718
220	0.0343	0.0572	0.0686	0.0314	0.0627	0.0752
230	0.0359	0.0598	0.0718	0.0328	0.0656	0.0787
240	0.0374	0.0624	0.0749	0.0342	0.0684	0.0821
250	0.0390	0.0650	0.0780	0.0356	0.0713	0.0855

续表9

材宽/mm	材长/m					
	3.0	5.0	6.0	3.0	5.0	6.0
	材厚/mm					
	52.0			57.0		
	材积/m³					
260	0.0406	0.0676	0.0811	0.0371	0.0741	0.0889
270	0.0421	0.0702	0.0842	0.0385	0.0770	0.0923
280	0.0437	0.0728	0.0874	0.0399	0.0798	0.0958
290	0.0452	0.0754	0.0905	0.0413	0.0827	0.0992
300	0.0468	0.0780	0.0936	0.0428	0.0855	0.1026

表10　载重汽车锯材材积

材宽/mm	材长2.5 m							
	材厚/mm							
	30	35	40	45	50	60	70	80
	材积/m^3							
80	0.0060	0.0070	0.0080	0.0090	0.0100	0.0120	0.0140	0.0160
90	0.0068	0.0070	0.0090	0.0101	0.0110	0.0130	0.0150	0.0180
120	0.0090	0.0100	0.0120	0.0135	0.0150	0.0180	0.0210	0.0240
130	0.0098	0.0110	0.0130	0.0146	0.0160	0.0190	0.0220	0.0260
140	0.0105	0.0120	0.0140	0.0158	0.0170	0.0210	0.0240	0.0280
150	0.0113	0.0130	0.0150	0.0169	0.0180	0.0220	0.0260	0.0300
160	0.0120	0.0140	0.0160	0.0180	0.0200	0.0240	0.0280	0.0320
170	0.0128	0.0140	0.0170	0.0191	0.0210	0.0250	0.0298	0.0340
180	0.0135	0.0150	0.0180	0.0203	0.0220	0.0270	0.0310	0.0360
200	0.0150	0.0170	0.0200	0.0225	0.0250	0.0300	0.0350	0.0400
210	0.0158	0.0180	0.0210	0.0236	0.0260	0.0310	0.0360	0.0420
220	0.0165	0.0190	0.0220	0.0248	0.0270	0.0330	0.0380	0.0440

续表10

材宽/mm	材长3.0 m							
	材厚/mm							
	30	35	40	45	50	60	70	80
	材积/m³							
80	0.0072	0.0084	0.0096	0.0108	0.0120	0.0144	0.0168	0.0192
90	0.0081	0.0095	0.0108	0.0122	0.0135	0.0162	0.0189	0.0216
120	0.0108	0.0126	0.0144	0.0162	0.0180	0.0216	0.0252	0.0288
130	0.0117	0.0137	0.0156	0.0176	0.0195	0.0234	0.0273	0.0312
140	0.0126	0.0147	0.0168	0.0189	0.0210	0.0252	0.0294	0.0336
150	0.0135	0.0158	0.0180	0.0203	0.0225	0.0270	0.0315	0.0360
160	0.0144	0.0168	0.0192	0.0216	0.0240	0.0288	0.0336	0.0384
170	0.0153	0.0179	0.0204	0.0230	0.0255	0.0306	0.0357	0.0408
180	0.0162	0.0189	0.0216	0.0243	0.0270	0.0324	0.0378	0.0432
200	0.0180	0.0210	0.0240	0.0270	0.0300	0.0360	0.0420	0.0480
210	0.0189	0.0221	0.0252	0.0284	0.0315	0.0378	0.0441	0.0504
220	0.0198	0.0231	0.0264	0.0297	0.0330	0.0396	0.0462	0.0528

续表10

材宽/mm	材长3.5 m							
	材厚/mm							
	30	35	40	45	50	60	70	80
	材积/m^3							
80	0.0082	0.0095	0.0109	0.0122	0.0136	0.0163	0.0190	0.0218
90	0.0092	0.0107	0.0122	0.0138	0.0153	0.0184	0.0214	0.0245
120	0.0122	0.0143	0.0163	0.0184	0.0204	0.0245	0.0286	0.0326
130	0.0133	0.0155	0.0177	0.0199	0.0221	0.0265	0.0309	0.0354
140	0.0143	0.0167	0.0190	0.0214	0.0238	0.0286	0.0333	0.0381
150	0.0153	0.0179	0.0204	0.0230	0.0255	0.0306	0.0357	0.0408
160	0.0163	0.0190	0.0218	0.0245	0.0272	0.0326	0.0381	0.0435
170	0.0173	0.0202	0.0231	0.0260	0.0289	0.0347	0.0405	0.0462
180	0.0184	0.0214	0.0245	0.0275	0.0306	0.0367	0.0428	0.0490
200	0.0204	0.0238	0.0272	0.0306	0.0340	0.0408	0.0476	0.0544
210	0.0214	0.0250	0.0286	0.0321	0.0357	0.0428	0.0500	0.0571
220	0.0224	0.0262	0.0299	0.0337	0.0374	0.0449	0.0524	0.0598

续表10

材宽/mm	材长4.0 m							
	材厚/mm							
	30	35	40	45	50	60	70	80
	材积/m^3							
80	0.0096	0.0112	0.0128	0.0144	0.0160	0.0192	0.0224	0.0256
90	0.0108	0.0126	0.0144	0.0162	0.0180	0.0216	0.0252	0.0288
120	0.0144	0.0168	0.0192	0.0216	0.0240	0.0288	0.0336	0.0384
130	0.0156	0.0182	0.0208	0.0234	0.0260	0.0312	0.0364	0.0416
140	0.0168	0.0196	0.0224	0.0252	0.0280	0.0336	0.0390	0.0448
150	0.0180	0.0210	0.0240	0.0270	0.0300	0.0360	0.0420	0.0480
160	0.0192	0.0224	0.0256	0.0288	0.0320	0.0384	0.0440	0.0512
170	0.0204	0.0238	0.0272	0.0306	0.0340	0.0408	0.0470	0.0544
180	0.0216	0.0252	0.0288	0.0324	0.0360	0.0432	0.0500	0.0576
200	0.0240	0.0280	0.0320	0.0360	0.0400	0.0480	0.0560	0.0640
210	0.0252	0.0294	0.0336	0.0378	0.0420	0.0504	0.0580	0.0672
220	0.0264	0.0308	0.0352	0.0396	0.0440	0.0528	0.0610	0.0704

续表10

材宽/mm	材长4.4 m							
	材厚/mm							
	30	35	40	45	50	60	70	80
	材积/m³							
80	0.0106	0.0123	0.0141	0.0158	0.0170	0.0211	0.0240	0.0282
90	0.0119	0.0139	0.0158	0.0178	0.0190	0.0238	0.0270	0.0317
120	0.0158	0.0185	0.0211	0.0238	0.0260	0.0317	0.0370	0.0422
130	0.0172	0.0200	0.0229	0.0257	0.0280	0.0343	0.0400	0.0458
140	0.0185	0.0216	0.0246	0.0277	0.0300	0.0370	0.0430	0.0493
150	0.0198	0.0231	0.0264	0.0297	0.0330	0.0396	0.0460	0.0528
160	0.0211	0.0246	0.0282	0.0317	0.0350	0.0422	0.0490	0.0563
170	0.0224	0.0262	0.0299	0.0337	0.0370	0.0449	0.0520	0.0598
180	0.0238	0.0277	0.0317	0.0356	0.0390	0.0475	0.0550	0.0634
200	0.0264	0.0308	0.0352	0.0396	0.0440	0.0528	0.0610	0.0704
210	0.0277	0.0323	0.0370	0.0416	0.0460	0.0554	0.0640	0.0739
220	0.0290	0.0339	0.0387	0.0436	0.0480	0.0581	0.0670	0.0774

续表10

材宽/mm	材长5.0 m							
	材厚/mm							
	30	35	40	45	50	60	70	80
	材积/m^3							
80	0.0120	0.0140	0.0160	0.0180	0.0200	0.0240	0.0280	0.0320
90	0.0135	0.0158	0.0180	0.0203	0.0220	0.0270	0.0310	0.0360
120	0.0180	0.0210	0.0240	0.0270	0.0300	0.0360	0.0420	0.0480
130	0.0195	0.0228	0.0260	0.0293	0.0320	0.0390	0.0450	0.0520
140	0.0210	0.0245	0.0280	0.0315	0.0350	0.0420	0.0490	0.0560
150	0.0225	0.0263	0.0300	0.0338	0.0370	0.0450	0.0520	0.0600
160	0.0240	0.0280	0.0320	0.0360	0.0400	0.0480	0.0560	0.0640
170	0.0255	0.0298	0.0340	0.0383	0.0420	0.0510	0.0590	0.0680
180	0.0270	0.0315	0.0360	0.0405	0.0450	0.0540	0.0630	0.0720
200	0.0300	0.0350	0.0400	0.0450	0.0500	0.0600	0.0700	0.0800
210	0.0315	0.0368	0.0420	0.0473	0.0525	0.0630	0.0735	0.0840
220	0.0330	0.0385	0.0440	0.0495	0.0550	0.0660	0.0770	0.0880

续表10

材宽/mm	材长5.4 m							
	材厚/mm							
	30	35	40	45	50	60	70	80
	材积/m^3							
80	0.0130	0.0151	0.0173	0.0194	0.0216	0.0259	0.0302	0.0346
90	0.0146	0.0170	0.0194	0.0219	0.0243	0.0292	0.0340	0.0389
120	0.0194	0.0227	0.0259	0.0292	0.0324	0.0389	0.0454	0.0518
130	0.0211	0.0246	0.0281	0.0316	0.0351	0.0421	0.0491	0.0562
140	0.0227	0.0265	0.0302	0.0340	0.0378	0.0454	0.0529	0.0605
150	0.0243	0.0284	0.0324	0.0365	0.0405	0.0486	0.0567	0.0648
160	0.0259	0.0302	0.0346	0.0389	0.0432	0.0518	0.0605	0.0691
170	0.0275	0.0321	0.0367	0.0413	0.0459	0.0551	0.0643	0.0734
180	0.0292	0.0340	0.0389	0.0437	0.0486	0.0583	0.0680	0.0778
200	0.0324	0.0378	0.0432	0.0486	0.0540	0.0648	0.0756	0.0864
210	0.0340	0.0397	0.0454	0.0510	0.0567	0.0680	0.0794	0.0907
220	0.0356	0.0416	0.0475	0.0535	0.0594	0.0713	0.0832	0.0950

续表10

材宽/mm	材长6.0 m							
	材厚/mm							
	30	35	40	45	50	60	70	80
	材积/m³							
80	0.0144	0.0168	0.0192	0.0216	0.0240	0.0288	0.0336	0.0384
90	0.0162	0.0189	0.0216	0.0243	0.0270	0.0324	0.0378	0.0432
120	0.0216	0.0252	0.0288	0.0324	0.0360	0.0432	0.0504	0.0576
130	0.0234	0.0273	0.0312	0.0351	0.0390	0.0468	0.0546	0.0624
140	0.0252	0.0294	0.0336	0.0378	0.0420	0.0504	0.0588	0.0672
150	0.0270	0.0315	0.0360	0.0405	0.0450	0.0540	0.0630	0.0720
160	0.0288	0.0336	0.0384	0.0432	0.0480	0.0576	0.0672	0.0768
170	0.0306	0.0357	0.0408	0.0459	0.0510	0.0612	0.0714	0.0816
180	0.0324	0.0378	0.0432	0.0486	0.0540	0.0648	0.0756	0.0864
200	0.0360	0.0420	0.0480	0.0540	0.0600	0.0720	0.0840	0.0960
210	0.0378	0.0441	0.0504	0.0567	0.0630	0.0756	0.0882	0.1008
220	0.0396	0.0462	0.0528	0.0594	0.0660	0.0792	0.0924	0.1056

表11　罐道木和机台木锯材材积

材长/m	宽×厚/(mm×mm)					
	210×210	220×220	230×230	240×240	250×250	260×260
	材积/m^3					
4.0	0.176	0.194	0.212	0.230	0.250	0.270
4.5	0.198	0.218	0.238	0.259	0.281	0.304
5.0	0.221	0.242	0.265	0.288	0.313	0.338
5.2	0.229	0.252	0.275	0.300	0.325	0.352
5.4	0.238	0.261	0.286	0.311	0.338	0.365
5.5	0.243	0.266	0.291	0.317	0.344	0.372
5.6	0.247	0.271	0.296	0.323	0.350	0.379
5.8	0.256	0.281	0.307	0.334	0.363	0.392
6.0	0.265	0.290	0.317	0.346	0.375	0.406
6.2	0.273	0.300	0.328	0.357	0.388	0.419
6.4	0.282	0.310	0.339	0.369	0.400	0.433
6.5	0.287	0.315	0.344	0.374	0.406	0.439

续表11

材长/m	宽×厚/(mm×mm)					
	210×210	220×220	230×230	240×240	250×250	260×260
	材积/m^3					
6.6	0.291	0.319	0.349	0.380	0.413	0.446
6.8	0.300	0.329	0.360	0.392	0.425	0.460
7.0	0.309	0.339	0.370	0.403	0.438	0.473
7.2	0.318	0.348	0.381	0.415	0.450	0.487
7.4	0.326	0.358	0.391	0.426	0.463	0.500
7.5	0.331	0.363	0.397	0.432	0.469	0.507
7.6	0.335	0.368	0.402	0.438	0.475	0.514
7.8	0.344	0.378	0.413	0.449	0.488	0.527
8.0	0.353	0.387	0.423	0.461	0.500	0.541

续表11

材长/m	宽×厚/(mm×mm)					
	270×270	280×280	290×290	300×300	310×310	320×320
	材积/m^3					
4.0	0.292	0.314	0.336	0.360	0.384	0.410
4.5	0.328	0.353	0.378	0.405	0.432	0.461
5.0	0.365	0.392	0.421	0.450	0.481	0.512
5.2	0.379	0.408	0.437	0.468	0.500	0.532
5.4	0.394	0.423	0.454	0.486	0.519	0.553
5.5	0.401	0.431	0.463	0.495	0.529	0.563
5.6	0.408	0.439	0.471	0.504	0.538	0.573
5.8	0.423	0.455	0.488	0.522	0.557	0.594
6.0	0.437	0.470	0.505	0.540	0.577	0.614
6.2	0.452	0.486	0.521	0.558	0.596	0.635
6.4	0.467	0.502	0.538	0.576	0.615	0.655
6.5	0.474	0.510	0.547	0.585	0.625	0.666
6.6	0.481	0.517	0.555	0.594	0.634	0.676

续表11

材长/m	宽×厚/(mm×mm)					
	270×270	280×280	290×290	300×300	310×310	320×320
	材积/m^3					
6.8	0.496	0.533	0.572	0.612	0.653	0.696
7.0	0.510	0.549	0.589	0.630	0.673	0.717
7.2	0.525	0.564	0.606	0.648	0.692	0.737
7.4	0.539	0.580	0.622	0.666	0.711	0.758
7.5	0.547	0.588	0.631	0.675	0.721	0.768
7.6	0.554	0.596	0.639	0.684	0.730	0.778
7.8	0.569	0.612	0.656	0.702	0.750	0.799
8.0	0.583	0.627	0.673	0.720	0.769	0.819

3. 部分方材材积表

部分方材材积见表12。

表12　部分方材材积

材长/m	宽×厚/(mm×mm)								
	25×20	25×25	35×50	35×60	45×60	45×70	45×80	60×110	100×55
	材积/m^3								
0.3	0.00015	0.00019	0.00053	0.00063	0.00081	0.00095	0.00108	0.00198	0.00165
0.4	0.00020	0.00025	0.00070	0.00084	0.00108	0.00126	0.00144	0.00264	0.00220
0.5	0.00025	0.00031	0.00088	0.00105	0.00135	0.00158	0.00180	0.00330	0.00275
0.6	0.00030	0.00038	0.00105	0.00126	0.00162	0.00189	0.00216	0.00396	0.00330
0.7	0.00035	0.00044	0.00123	0.00147	0.00189	0.00221	0.00252	0.00462	0.00385
0.8	0.00040	0.00050	0.00140	0.00168	0.00216	0.00252	0.00288	0.00528	0.00440
0.9	0.00045	0.00056	0.00158	0.00189	0.00243	0.00284	0.00324	0.00594	0.00495
1.0	0.00050	0.00063	0.00175	0.00210	0.00270	0.00315	0.00360	0.00660	0.00550
1.1	0.00055	0.00069	0.00193	0.00231	0.00297	0.00347	0.00396	0.00726	0.00605
1.2	0.00060	0.00075	0.00210	0.00252	0.00324	0.00378	0.00432	0.00792	0.00660
1.3	0.00065	0.00081	0.00228	0.00273	0.00351	0.00410	0.00468	0.00858	0.00715
1.4	0.00070	0.00088	0.00245	0.00294	0.00378	0.00441	0.00504	0.00924	0.00770
1.5	0.00075	0.00094	0.00263	0.00315	0.00405	0.00473	0.00540	0.00990	0.00825
1.6	0.00080	0.00100	0.00280	0.00336	0.00432	0.00504	0.00576	0.01056	0.00880
1.7	0.00085	0.00106	0.00298	0.00357	0.00459	0.00536	0.00612	0.01122	0.00935
1.8	0.00090	0.00113	0.00315	0.00378	0.00486	0.00567	0.00648	0.01188	0.00990

续表12

材长/m	宽×厚/(mm×mm)								
	25×20	25×25	35×50	35×60	45×60	45×70	45×80	60×110	100×55
	材积/m^3								
1.9	0.00095	0.00119	0.00333	0.00399	0.00513	0.00599	0.00684	0.01254	0.01045
2.0	0.0010	0.0013	0.0035	0.0042	0.0054	0.0063	0.0072	0.0132	0.0110
2.2	0.0011	0.0014	0.0039	0.0046	0.0059	0.0069	0.0079	0.0145	0.0121
2.4	0.0012	0.0015	0.0042	0.0050	0.0065	0.0076	0.0086	0.0158	0.0132
2.5	0.0013	0.0016	0.0044	0.0053	0.0068	0.0079	0.0090	0.0165	0.0138
2.6	0.0013	0.0016	0.0046	0.0055	0.0070	0.0082	0.0094	0.0172	0.0143
2.8	0.0014	0.0018	0.0049	0.0059	0.0076	0.0088	0.0101	0.0185	0.0154
3.0	0.0015	0.0019	0.0053	0.0063	0.0081	0.0095	0.0108	0.0198	0.0165
3.2	0.0016	0.0020	0.0056	0.0067	0.0086	0.0101	0.0115	0.0211	0.0176
3.4	0.0017	0.0021	0.0060	0.0071	0.0092	0.0107	0.0122	0.0224	0.0187
3.6	0.0018	0.0023	0.0063	0.0076	0.0097	0.0113	0.0130	0.0238	0.0198
3.8	0.0019	0.0024	0.0067	0.0080	0.0103	0.0120	0.0137	0.0251	0.0209
4.0	0.0020	0.0025	0.0070	0.0084	0.0108	0.0126	0.0144	0.0264	0.0220
4.2	0.0021	0.0026	0.0074	0.0088	0.0113	0.0132	0.0151	0.0277	0.0231
4.4	0.0022	0.0028	0.0077	0.0092	0.0119	0.0139	0.0158	0.0290	0.0242
4.6	0.0023	0.0029	0.0081	0.0097	0.0124	0.0145	0.0166	0.0304	0.0253
4.8	0.0024	0.0030	0.0084	0.0101	0.0130	0.0151	0.0173	0.0317	0.0264

续表12

材长/m	宽×厚/(mm×mm)								
	25×20	25×25	35×50	35×60	45×60	45×70	45×80	60×110	100×55
	材积/m^3								
5.0	0.0025	0.0031	0.0088	0.0105	0.0135	0.0158	0.0180	0.0330	0.0275
5.2	0.0026	0.0033	0.0091	0.0109	0.0140	0.0164	0.0187	0.0343	0.0286
5.4	0.0027	0.0034	0.0095	0.0113	0.0146	0.0170	0.0194	0.0356	0.0297
5.6	0.0028	0.0035	0.0098	0.0118	0.0151	0.0176	0.0202	0.0370	0.0308
5.8	0.0029	0.0036	0.0102	0.0122	0.0157	0.0183	0.0209	0.0383	0.0319
6.0	0.0030	0.0038	0.0105	0.0126	0.0162	0.0189	0.0216	0.0396	0.0330
6.2	0.0031	0.0039	0.0109	0.0130	0.0167	0.0195	0.0223	0.0409	0.0341
6.4	0.0032	0.0040	0.0112	0.0134	0.0173	0.0202	0.0230	0.0422	0.0352
6.6	0.0033	0.0041	0.0116	0.0139	0.0178	0.0208	0.0238	0.0436	0.0363
6.8	0.0034	0.0043	0.0119	0.0143	0.0184	0.0214	0.0245	0.0449	0.0374
7.0	0.0035	0.0044	0.0123	0.0147	0.0189	0.0221	0.0252	0.0462	0.0385
7.2	0.0036	0.0045	0.0126	0.0151	0.0194	0.0227	0.0259	0.0475	0.0396
7.4	0.0037	0.0046	0.0130	0.0155	0.0200	0.0233	0.0266	0.0488	0.0407
7.6	0.0038	0.0048	0.0133	0.0160	0.0205	0.0239	0.0274	0.0502	0.0418
7.8	0.0039	0.0049	0.0137	0.0164	0.0211	0.0246	0.0281	0.0515	0.0429
8.0	0.0040	0.0050	0.0140	0.0168	0.0216	0.0252	0.0288	0.0528	0.0440

（五）椽材材积表

编表依据为中华人民共和国林业行业标准LY/T 1158—2018（代替LY/T 1158—2008）《椽材》，材积计算按GB/T 4814—2013（代替GB 4814—1984）《原木材积表》的规定执行，适用于检尺长为1.0～6.0 m、检尺径为3～12 cm的所有树种椽材材积查定（表13）。

1. 材积计算公式

$V=0.7854L(D+0.45L+0.2)^2/10000=0.00007854L(D+0.45L+0.2)^2$

式中：V——原木的材积（单位为m^3）；L——原木的检尺长（单位为m）；D——原木的检尺径（单位为cm）。

2. 检尺长和检尺径的进级

检尺长：不足2.0 m，按0.1 m进级；自2.0 m以上，按0.2 m进级。

检尺径：3 cm为实足尺寸，按1 cm 进级；实际尺寸不足1 cm时，按0.5 cm进级，不足0.5 cm舍去。

长级公差：$^{+6}_{-2}$ cm。

3. 材积数字保留位数

（1）检尺径3～7 cm的椽材材积数字保留4位小数，第5位小数四舍五入。

（2）检尺径自8 cm以上的椽材材积数字保留3位小数，第4位小数四舍五入。

表13 椽材材积

检尺长/m	检尺径/cm				
	3	4	5	6	7
	材积/m^3				
1.0	0.0010	0.0017	0.0025	0.0035	0.0046
1.1	0.0012	0.0019	0.0028	0.0039	0.0051
1.2	0.0013	0.0021	0.0031	0.0043	0.0056
1.3	0.0015	0.0023	0.0034	0.0047	0.0062
1.4	0.0016	0.0026	0.0037	0.0051	0.0067
1.5	0.0018	0.0028	0.0041	0.0056	0.0073
1.6	0.0019	0.0030	0.0044	0.0060	0.0079
1.7	0.0021	0.0033	0.0048	0.0065	0.0085
1.8	0.0023	0.0035	0.0051	0.0069	0.0091
1.9	0.0025	0.0038	0.0055	0.0074	0.0097
2.0	0.0026	0.0041	0.0058	0.0079	0.0103
2.2	0.0030	0.0047	0.0066	0.0089	0.0116
2.4	0.0035	0.0053	0.0074	0.0100	0.0129
2.6	0.0039	0.0059	0.0083	0.0111	0.0143
2.8	0.0044	0.0066	0.0092	0.0122	0.0157
3.0	0.0049	0.0073	0.0101	0.0134	0.0172

续表13

检尺长/m	检尺径/cm				
	3	4	5	6	7
	材积/m^3				
3.2	0.0054	0.0080	0.0111	0.0147	0.0188
3.4	0.0060	0.0088	0.0121	0.0160	0.0204
3.6	0.0066	0.0096	0.0132	0.0173	0.0220
3.8	0.0072	0.0104	0.0143	0.0187	0.0237
4.0	0.0079	0.0113	0.0154	0.0201	0.0254
4.2	0.0085	0.0122	0.0166	0.0216	0.0273
4.4	0.0093	0.0132	0.0178	0.0231	0.0291
4.6	0.0100	0.0142	0.0191	0.0247	0.0310
4.8	0.0108	0.0152	0.0204	0.0263	0.0330
5.0	0.0117	0.0163	0.0218	0.0280	0.0351
5.2	0.0125	0.0175	0.0232	0.0298	0.0372
5.4	0.0134	0.0186	0.0247	0.0316	0.0393
5.6	0.0144	0.0199	0.0262	0.0334	0.0416
5.8	0.0154	0.0211	0.0278	0.0354	0.0438
6.0	0.0164	0.0224	0.0294	0.0373	0.0462

续表13

检尺长/m	检尺径/cm				
	8	9	10	11	12
	材积/m^3				
1.0	0.006	0.007	0.009	0.011	0.013
1.1	0.007	0.008	0.010	0.012	0.014
1.2	0.007	0.009	0.011	0.013	0.015
1.3	0.008	0.010	0.012	0.014	0.017
1.4	0.009	0.011	0.013	0.015	0.018
1.5	0.009	0.011	0.014	0.017	0.020
1.6	0.010	0.012	0.015	0.018	0.021
1.7	0.011	0.013	0.016	0.019	0.022
1.8	0.011	0.014	0.017	0.020	0.024
1.9	0.012	0.015	0.018	0.022	0.025
2.0	0.013	0.016	0.019	0.023	0.027
2.2	0.015	0.018	0.022	0.026	0.030
2.4	0.016	0.020	0.024	0.028	0.033
2.6	0.018	0.022	0.026	0.031	0.037
2.8	0.020	0.024	0.029	0.034	0.040
3.0	0.021	0.026	0.031	0.037	0.043
3.2	0.023	0.028	0.034	0.040	0.047

续表13

检尺长/m	检尺径/cm				
	8	9	10	11	12
	材积/m^3				
3.4	0.025	0.031	0.037	0.043	0.050
3.6	0.027	0.033	0.040	0.046	0.054
3.8	0.029	0.036	0.042	0.050	0.058
4.0	0.031	0.038	0.045	0.053	0.062
4.2	0.034	0.041	0.048	0.057	0.065
4.4	0.036	0.043	0.051	0.060	0.069
4.6	0.038	0.046	0.054	0.064	0.074
4.8	0.040	0.049	0.058	0.067	0.078
5.0	0.043	0.051	0.061	0.071	0.082
5.2	0.045	0.054	0.064	0.075	0.086
5.4	0.048	0.057	0.068	0.079	0.091
5.6	0.051	0.060	0.071	0.083	0.095
5.8	0.053	0.064	0.075	0.087	0.100
6.0	0.056	0.067	0.078	0.091	0.105

（六）檩材材积表

编表依据为中华人民共和国林业行业标准LY/T 1157—2018（代替LY/T 1157—2008）《檩材》，材积计算按GB/T 4814—2013（代替GB 4814—1984）《原木材积表》的规定执行，适用于检尺长为3.0～6.0 m、检尺径为8～16 cm的所有树种檩材材积查定（表14）。

1. 材积计算公式

（1）检尺径为8～13 cm的檩材材积计算公式：

$V=0.7854L(D+0.45L+0.2)^2/10000=0.00007854L(D+0.45L+0.2)^2$

（2）检尺径自14 cm以上的檩材材积计算公式：

$V=0.7854L[D+0.5L+0.005L^2+0.000125L(14-L)^2(D-10)]^2/10000=0.00007854L[D+0.5L+0.005L^2+0.000125L(14-L)^2(D-10)]^2$

式中：V——原木的材积（单位为m^3）；L——原木的检尺长（单

位为m）；D——原木的检尺径（单位为cm）。

2. 检尺长和检尺径的进级

检尺长按0.2 m进级；检尺径按1 cm进级；长级公差为$^{+6}_{-2}$ cm。

3. 材积数字保留位数

檩材材积计算数字保留三位小数。

表14　檩材材积

检尺长/m	检尺径/cm							
	8	9	10	11	12	13	14	16
	材积/m^3							
3.0	0.021	0.026	0.031	0.037	0.043	0.050	0.058	0.075
3.2	0.023	0.028	0.034	0.040	0.047	0.054	0.063	0.081
3.4	0.025	0.031	0.037	0.043	0.050	0.058	0.068	0.087

续表14

检尺长/m	检尺径/cm							
	8	9	10	11	12	13	14	16
	材积/m³							
3.6	0.027	0.033	0.040	0.046	0.054	0.062	0.073	0.093
3.8	0.029	0.036	0.042	0.050	0.058	0.066	0.078	0.100
4.0	0.031	0.038	0.045	0.053	0.062	0.071	0.083	0.106
4.2	0.034	0.041	0.048	0.057	0.065	0.075	0.089	0.113
4.4	0.036	0.043	0.051	0.060	0.069	0.080	0.094	0.120
4.6	0.038	0.046	0.054	0.064	0.074	0.084	0.100	0.126
4.8	0.040	0.049	0.058	0.067	0.078	0.089	0.105	0.134
5.0	0.043	0.051	0.061	0.071	0.082	0.094	0.111	0.141
5.2	0.045	0.054	0.064	0.075	0.086	0.099	0.117	0.148
5.4	0.048	0.057	0.068	0.079	0.091	0.104	0.123	0.155
5.6	0.051	0.060	0.071	0.083	0.095	0.109	0.129	0.163
5.8	0.053	0.064	0.075	0.087	0.100	0.114	0.136	0.171
6.0	0.056	0.067	0.078	0.091	0.105	0.119	0.142	0.179

三、材积换算表

本书收录的木材材积换算表包括小原条、小径原木和各种人造板的材积换算表。

（一）小原条材积换算表

编表依据为LY/T 1079—2015（代替LY/T 1079—2006）《小原条》，用于查定抚育间伐和采伐过程中所生产的小原条（检尺长为3.0～6.0 m，检尺径为4～7 cm）的材积（表15，表中根数为每立方米根数）。

1. 尺寸检量

检尺长按0.5 m进级，检尺径按1 cm进级。

2. 小杉原条材积计算公式

$V=(5.5L+0.38D^2L+16D-30)/10000$

式中：V——材积（单位为m^3）；L——检尺长（单位为m）；D——检尺径（中央去皮直径，单位为cm）。

3. 材积数字保留位数

小原条材积数字保留四位小数，换算的每立方米根数数字保留一位小数。

表15 小原条材积换算

检尺径/cm	检尺长/m							
	3.0		3.5		4.0		4.5	
	材积/m^3	根数	材积/m^3	根数	材积/m^3	根数	材积/m^3	根数
4	0.0069	144.9	0.0075	133.3	0.0080	125.0	0.0086	116.3
5	0.0095	105.3	0.0103	97.1	0.0110	90.9	0.0118	84.7
6	–	–	–	–	0.0133	75.2	0.0152	65.8
7	–	–	–	–	0.0178	56.2	0.0191	52.4

续表15

检尺径/cm	检尺长/m					
	5.0		5.5		6.0	
	材积/m^3	根数	材积/m^3	根数	材积/m^3	根数
4	0.0092	108.7	0.0098	102.0	0.0103	97.1
5	0.0125	80.0	0.0133	75.2	0.0140	71.4
6	0.0162	61.7	0.0171	58.5	0.0181	55.2
7	0.0203	49.3	0.0215	46.5	0.0227	44.1

（二）小径原木材积换算表

编表依据为中华人民共和国国家标准GB/T 11716—2018（代替GB/T 11716—2009）《小径原木》（表16，表中根数为每立方米根数）。

1. 小径原木材积计算公式

（1）检尺径为4～13 cm的小径原木材积计算公式：

$V=0.7854L(D+0.45L+0.2)^2/10000$

（2）检尺径自14 cm以上的小径原木材积计算公式：

$V=0.7854L[D+0.5L+0.005L^2+0.000125L(14-L)^2(D-10)]^2/10000$

式中：V——材积（单位为m^3）；L——检尺长（单位为m）；D——检尺径（小头去皮直径，单位为cm）。

2. 材积数字保留位数

检尺径为4～7 cm的小径原木材积数字保留四位小数，检尺径自8 cm以上的小径原木材积数字保留三位小数，换算的每立方米根数数字保留一位小数。

表16　小径原木材积换算

检尺径/cm	检尺长/m									
	2.0		2.1		2.2		2.3		2.4	
	材积/m^3	根数	材积/m^3	根数	材积/m^3	根数	材积/m^3	根数	材积/m^3	根数
4	0.0041	243.9	0.0044	227.3	0.0047	212.8	0.0050	200.0	0.0053	188.7
5	0.0058	172.4	0.0062	161.3	0.0066	151.5	0.0070	142.9	0.0074	135.1
6	0.0079	126.6	0.0084	119.0	0.0089	112.4	0.0095	105.3	0.0100	100.0
7	0.0103	97.1	0.0109	91.7	0.0116	86.2	0.0123	81.3	0.0129	77.5
8	0.013	76.9	0.014	71.4	0.015	66.7	0.015	66.7	0.016	62.5
9	0.016	62.5	0.017	58.8	0.018	55.6	0.019	52.6	0.020	50.0
10	0.019	52.6	0.020	50.0	0.022	45.5	0.023	43.5	0.024	41.7
11	0.023	43.5	0.024	41.7	0.026	38.5	0.027	37.0	0.028	35.7
12	0.027	37.0	0.028	35.7	0.030	33.3	0.032	31.3	0.033	30.3
13	0.031	32.3	0.033	30.3	0.035	28.6	0.037	27.0	0.038	26.3
14	0.036	27.8	0.038	26.3	0.040	25.0	0.042	23.8	0.045	22.2
15	0.041	24.4	0.044	22.7	0.046	21.7	0.048	20.8	0.051	19.6
16	0.047	21.3	0.049	20.4	0.052	19.2	0.055	18.2	0.058	17.2

续表16

检尺径/cm	检尺长/m									
	2.5		2.6		2.7		2.8		2.9	
	材积/m^3	根数	材积/m^3	根数	材积/m^3	根数	材积/m^3	根数	材积/m^3	根数
4	0.0056	178.6	0.0059	169.5	0.0062	161.3	0.0066	151.5	0.0069	144.9
5	0.0079	126.6	0.0083	120.5	0.0087	114.9	0.0092	108.7	0.0096	104.2
6	0.0105	95.2	0.0111	90.1	0.0117	85.5	0.0122	82.0	0.0128	78.1
7	0.0136	73.5	0.0143	69.9	0.0150	66.7	0.0157	63.7	0.0165	60.6
8	0.017	58.8	0.018	55.6	0.019	52.6	0.020	50.0	0.021	47.6
9	0.021	47.6	0.022	45.5	0.023	43.5	0.024	41.7	0.025	40.0
10	0.025	40.0	0.026	38.5	0.028	35.7	0.029	34.5	0.030	33.3
11	0.030	33.3	0.031	32.3	0.033	30.3	0.034	29.4	0.036	27.8
12	0.035	28.6	0.037	27.0	0.038	26.3	0.040	25.0	0.042	23.8
13	0.040	25.0	0.042	23.8	0.044	22.7	0.046	21.1	0.048	20.8
14	0.047	21.3	0.049	20.4	0.051	19.6	0.054	18.5	0.056	17.9
15	0.053	18.9	0.056	17.9	0.058	17.2	0.061	16.4	0.064	15.6
16	0.060	16.7	0.063	15.9	0.066	15.2	0.069	14.5	0.072	13.9

续表16

检尺径/cm	检尺长/m									
	3.0		3.1		3.2		3.3		3.4	
	材积/m^3	根数	材积/m^3	根数	材积/m^3	根数	材积/m^3	根数	材积/m^3	根数
4	0.0073	137.0	0.0076	131.6	0.0080	125.0	0.0084	119.0	0.0088	113.6
5	0.0101	99.0	0.0106	94.3	0.0111	90.1	0.0116	86.2	0.0121	82.6
6	0.0134	74.6	0.0140	71.4	0.0147	68.0	0.0153	65.4	0.0160	62.5
7	0.0172	58.1	0.0180	55.6	0.0188	53.2	0.0195	51.3	0.0204	49.0
8	0.021	47.6	0.022	45.5	0.023	43.5	0.024	41.7	0.025	40.0
9	0.026	38.5	0.027	37.0	0.028	35.7	0.030	33.3	0.031	32.3
10	0.031	32.3	0.033	30.3	0.034	29.4	0.035	28.6	0.037	27.0
11	0.037	27.0	0.039	25.6	0.040	25.0	0.042	23.8	0.043	23.3
12	0.043	23.3	0.045	22.2	0.047	21.3	0.049	20.4	0.050	20.0
13	0.050	20.0	0.052	19.2	0.054	18.5	0.056	17.9	0.058	17.2
14	0.058	17.2	0.061	16.4	0.063	15.9	0.065	15.4	0.068	14.7
15	0.066	15.2	0.069	14.5	0.072	13.9	0.074	13.5	0.077	13.0
16	0.075	13.3	0.078	12.8	0.081	12.3	0.084	11.9	0.087	11.5

续表16

检尺径/cm	检尺长/m									
	3.5		3.6		3.7		3.8		3.9	
	材积/m^3	根数	材积/m^3	根数	材积/m^3	根数	材积/m^3	根数	材积/m^3	根数
4	0.0092	108.7	0.0096	104.2	0.0100	100.0	0.0104	96.2	0.0109	91.7
5	0.0126	79.4	0.0132	75.8	0.0137	73.0	0.0143	69.9	0.0148	67.6
6	0.0166	60.2	0.0173	57.8	0.0180	55.6	0.0187	53.5	0.0194	51.5
7	0.0212	47.2	0.0220	45.5	0.0228	43.9	0.0237	42.2	0.0246	40.7
8	0.026	38.5	0.027	37.0	0.028	35.7	0.029	34.5	0.030	33.3
9	0.032	31.3	0.033	30.3	0.034	29.4	0.036	27.8	0.037	27.0
10	0.038	26.3	0.040	25.0	0.041	24.4	0.042	23.8	0.044	22.7
11	0.045	22.2	0.046	21.7	0.048	20.8	0.050	20.0	0.051	19.6
12	0.052	19.2	0.054	18.5	0.056	17.9	0.058	17.2	0.060	16.7
13	0.060	16.7	0.062	16.1	0.064	15.6	0.066	15.2	0.069	14.5
14	0.070	14.3	0.073	13.7	0.075	13.3	0.078	12.8	0.081	12.3
15	0.080	12.5	0.083	12.0	0.086	11.6	0.088	11.4	0.091	11.0
16	0.090	11.1	0.093	10.8	0.096	10.4	0.100	10.0	0.103	9.7

续表16

检尺径/cm	检尺长/m									
	4.0		4.1		4.2		4.3		4.4	
	材积/m³	根数	材积/m³	根数	材积/m³	根数	材积/m³	根数	材积/m³	根数
4	0.0113	88.5	0.0118	84.7	0.0122	82.0	0.0127	78.7	0.0132	75.8
5	0.0154	64.9	0.0160	62.5	0.0166	60.2	0.0172	58.1	0.0178	56.2
6	0.0201	49.8	0.0208	48.1	0.0216	46.3	0.0223	44.8	0.0231	43.3
7	0.0254	39.4	0.0263	38.0	0.0273	36.6	0.0282	35.5	0.0291	34.4
8	0.031	32.3	0.032	31.3	0.034	29.4	0.035	28.6	0.036	27.8
9	0.038	26.3	0.039	25.6	0.041	24.4	0.042	23.8	0.043	23.3
10	0.045	22.2	0.047	21.3	0.048	20.8	0.050	20.0	0.051	19.6
11	0.053	18.9	0.055	18.2	0.057	17.5	0.058	17.2	0.060	16.7
12	0.062	16.1	0.064	15.6	0.065	15.4	0.067	14.9	0.069	14.5
13	0.071	14.1	0.073	13.7	0.075	13.3	0.077	13.0	0.080	12.5
14	0.083	12.0	0.086	11.6	0.089	11.2	0.091	11.0	0.094	10.6
15	0.094	10.6	0.097	10.3	0.100	10.0	0.103	9.7	0.106	9.4
16	0.106	9.4	0.109	9.2	0.113	8.8	0.116	8.6	0.120	8.3

续表16

检尺径/cm	检尺长/m									
	4.5		4.6		4.7		4.8		4.9	
	材积/m^3	根数	材积/m^3	根数	材积/m^3	根数	材积/m^3	根数	材积/m^3	根数
4	0.0137	73.0	0.0142	70.4	0.0147	68.0	0.0152	65.8	0.0158	63.3
5	0.0184	54.3	0.0191	52.4	0.0198	50.5	0.0204	49.0	0.0211	47.4
6	0.0239	41.8	0.0247	40.5	0.0255	39.2	0.0263	38.0	0.0272	36.8
7	0.0301	33.2	0.0310	32.3	0.0320	31.3	0.0330	30.3	0.0340	29.4
8	0.037	27.0	0.038	26.3	0.039	25.6	0.040	25.0	0.042	23.8
9	0.045	22.2	0.046	21.7	0.047	21.3	0.049	20.4	0.050	20.0
10	0.053	18.9	0.054	18.5	0.056	17.9	0.058	17.2	0.059	16.9
11	0.062	16.1	0.064	15.6	0.065	15.4	0.067	14.9	0.069	14.5
12	0.072	13.9	0.074	13.5	0.076	13.2	0.078	12.8	0.080	12.5
13	0.082	12.2	0.084	11.9	0.087	11.5	0.089	11.2	0.091	11.0
14	0.097	10.3	0.100	10.0	0.103	9.7	0.105	9.5	0.108	9.3
15	0.110	9.1	0.113	8.8	0.116	8.6	0.119	8.4	0.122	8.2
16	0.123	8.1	0.126	7.9	0.130	7.7	0.134	7.5	0.137	7.3

续表16

检尺径/cm	检尺长/m									
	5.0		5.1		5.2		5.3		5.4	
	材积/m³	根数	材积/m³	根数	材积/m³	根数	材积/m³	根数	材积/m³	根数
4	0.0163	61.3	0.0169	59.2	0.0175	57.1	0.0181	55.2	0.0186	53.8
5	0.0218	45.9	0.0225	44.4	0.0232	43.1	0.0239	41.8	0.0247	40.5
6	0.0280	35.7	0.0289	34.6	0.0298	33.6	0.0307	32.6	0.0316	31.6
7	0.0351	28.5	0.0361	27.7	0.0372	26.9	0.0382	26.2	0.0393	25.4
8	0.043	23.3	0.044	22.7	0.045	22.2	0.047	21.3	0.048	20.8
9	0.051	19.6	0.053	18.9	0.054	18.5	0.056	17.9	0.057	17.5
10	0.061	16.4	0.063	15.9	0.064	15.6	0.066	15.2	0.068	14.7
11	0.071	14.1	0.073	13.7	0.075	13.3	0.077	13.0	0.079	12.7
12	0.082	12.2	0.084	11.9	0.086	11.6	0.089	11.2	0.091	11.0
13	0.094	10.6	0.096	10.4	0.099	10.1	0.101	9.9	0.104	9.6
14	0.111	9.0	0.114	8.8	0.117	8.5	0.120	8.3	0.123	8.1
15	0.126	7.9	0.129	7.8	0.132	7.6	0.135	7.4	0.139	7.2
16	0.141	7.1	0.144	6.9	0.148	6.8	0.152	6.6	0.155	6.5

续表16

检尺径/cm	检尺长/m									
	5.5		5.6		5.7		5.8		5.9	
	材积/m³	根数	材积/m³	根数	材积/m³	根数	材积/m³	根数	材积/m³	根数
4	0.0192	52.1	0.0199	50.3	0.0205	48.8	0.0211	47.4	0.0218	45.9
5	0.0254	39.4	0.0262	38.2	0.0270	37.0	0.0278	36.0	0.0286	35.0
6	0.0325	30.8	0.0334	29.9	0.0344	29.1	0.0354	28.2	0.0363	27.5
7	0.0404	24.8	0.0416	24.0	0.0427	23.4	0.0438	22.8	0.0450	22.2
8	0.049	20.4	0.051	19.6	0.052	19.2	0.053	18.9	0.055	18.2
9	0.059	16.9	0.060	16.7	0.062	16.1	0.064	15.6	0.065	15.4
10	0.069	14.5	0.071	14.1	0.073	13.7	0.075	13.3	0.077	13.0
11	0.081	12.3	0.083	12.0	0.085	11.8	0.087	11.5	0.089	11.2
12	0.093	10.8	0.095	10.5	0.098	10.2	0.100	10.0	0.102	9.8
13	0.106	9.4	0.109	9.2	0.111	9.0	0.114	8.8	0.116	8.6
14	0.126	7.9	0.129	7.8	0.133	7.5	0.136	7.4	0.139	7.2
15	0.142	7.0	0.146	6.8	0.149	6.7	0.153	6.5	0.156	6.4
16	0.159	6.3	0.163	6.1	0.167	6.0	0.171	5.8	0.175	5.7

续表16

检尺径/cm	检尺长/m									
	6.0		6.1		6.2		6.3		6.4	
	材积/m³	根数	材积/m³	根数	材积/m³	根数	材积/m³	根数	材积/m³	根数
4	0.0224	44.6	0.0231	43.3	0.0238	42.0	0.0245	40.8	0.0252	39.7
5	0.0294	34.0	0.0302	33.1	0.0311	32.2	0.0319	31.3	0.0328	30.5
6	0.0373	26.8	0.0383	26.1	0.0394	25.4	0.0404	24.8	0.0414	24.2
7	0.0462	21.6	0.0474	21.1	0.0486	20.6	0.0498	20.1	0.0511	19.6
8	0.056	17.9	0.057	17.5	0.059	16.9	0.06	16.7	0.062	16.1
9	0.067	14.9	0.068	14.7	0.070	14.3	0.072	13.9	0.073	13.7
10	0.078	12.8	0.080	12.5	0.082	12.2	0.084	11.9	0.086	11.6
11	0.091	11.0	0.093	10.8	0.095	10.5	0.097	10.3	0.100	10.0
12	0.105	9.5	0.107	9.3	0.109	9.2	0.112	8.9	0.114	8.8
13	0.119	8.4	0.122	8.2	0.125	8.0	0.127	7.9	0.130	7.7
14	0.142	7.0	0.145	6.9	0.149	6.7	0.152	6.6	0.156	6.4
15	0.160	6.3	0.164	6.1	0.167	6.0	0.171	5.8	0.175	5.7
16	0.179	5.6	0.183	5.5	0.187	5.3	0.191	5.2	0.195	5.1

续表16

检尺径/cm	检尺长/m									
	6.5		6.6		6.7		6.8		6.9	
	材积/m^3	根数	材积/m^3	根数	材积/m^3	根数	材积/m^3	根数	材积/m^3	根数
4	0.0259	38.6	0.0266	37.6	0.0274	36.5	0.0281	35.6	0.0289	34.6
5	0.0337	29.7	0.0346	28.9	0.0355	28.2	0.0364	27.5	0.0374	26.7
6	0.0425	23.5	0.0436	22.9	0.0447	22.4	0.0458	21.8	0.0469	21.3
7	0.0523	19.1	0.0536	18.7	0.0549	18.2	0.0562	17.8	0.0575	17.4
8	0.063	15.9	0.065	15.4	0.066	15.2	0.068	14.7	0.069	14.5
9	0.075	13.3	0.077	13.0	0.079	12.7	0.080	12.5	0.082	12.2
10	0.088	11.4	0.090	11.1	0.092	10.9	0.094	10.6	0.096	10.4
11	0.102	9.8	0.104	9.6	0.106	9.4	0.109	9.2	0.111	9.0
12	0.117	8.5	0.119	8.4	0.122	8.2	0.124	8.1	0.127	7.9
13	0.133	7.5	0.136	7.4	0.138	7.2	0.141	7.1	0.144	6.9
14	0.159	6.3	0.162	6.2	0.166	6.0	0.169	5.9	0.173	5.8
15	0.178	5.6	0.182	5.5	0.186	5.4	0.190	5.3	0.194	5.2
16	0.199	5.0	0.203	4.9	0.207	4.8	0.211	4.7	0.216	4.6

续表16

检尺径/cm	检尺长/m									
	7.0		7.1		7.2		7.3		7.4	
	材积/m³	根数	材积/m³	根数	材积/m³	根数	材积/m³	根数	材积/m³	根数
4	0.0297	33.7	0.0305	32.8	0.0313	31.9	0.0321	31.2	0.0330	30.3
5	0.0383	26.1	0.0393	25.4	0.0403	24.8	0.0413	24.2	0.0423	23.6
6	0.0481	20.8	0.0492	20.3	0.0504	19.8	0.0516	19.4	0.0528	18.9
7	0.0589	17.0	0.0603	16.6	0.0616	16.2	0.0630	15.9	0.0644	15.5
8	0.071	14.1	0.072	13.9	0.074	13.5	0.076	13.2	0.077	13.0
9	0.084	11.9	0.086	11.6	0.088	11.4	0.089	11.2	0.091	11.0
10	0.098	10.2	0.100	10.0	0.102	9.8	0.104	9.6	0.106	9.4
11	0.113	8.8	0.116	8.6	0.118	8.5	0.120	8.3	0.123	8.1
12	0.130	7.7	0.132	7.6	0.135	7.4	0.137	7.3	0.140	7.1
13	0.147	6.8	0.150	6.7	0.153	6.5	0.156	6.4	0.159	6.3
14	0.176	5.7	0.180	5.6	0.184	5.4	0.187	5.3	0.191	5.2
15	0.198	5.1	0.202	5.0	0.206	4.9	0.210	4.8	0.214	4.7
16	0.220	4.5	0.224	4.5	0.229	4.4	0.233	4.3	0.238	4.2

续表16

检尺径/cm	检尺长/m									
	7.5		7.6		7.7		7.8		7.9	
	材积/m^3	根数	材积/m^3	根数	材积/m^3	根数	材积/m^3	根数	材积/m^3	根数
4	0.0338	29.6	0.0347	28.8	0.0355	28.2	0.0364	27.5	0.0373	26.8
5	0.0433	23.1	0.0444	22.5	0.0454	22.0	0.0465	21.5	0.0476	21.0
6	0.0540	18.5	0.0552	18.1	0.0565	17.7	0.0578	17.3	0.0590	16.9
7	0.0659	15.2	0.0673	14.9	0.0688	14.5	0.0703	14.2	0.0718	13.9
8	0.079	12.7	0.081	12.3	0.082	12.2	0.084	11.9	0.086	11.6
9	0.093	10.8	0.095	10.5	0.097	10.3	0.099	10.1	0.101	9.9
10	0.109	9.2	0.111	9.0	0.113	8.8	0.115	8.7	0.117	8.5
11	0.125	8.0	0.128	7.8	0.130	7.7	0.133	7.5	0.135	7.4
12	0.143	7.0	0.146	6.8	0.148	6.8	0.151	6.6	0.154	6.5
13	0.162	6.2	0.165	6.1	0.168	6.0	0.171	5.8	0.174	5.7
14	0.195	5.1	0.199	5.0	0.203	4.9	0.206	4.9	0.210	4.8
15	0.218	4.6	0.222	4.5	0.226	4.4	0.230	4.3	0.235	4.3
16	0.242	4.1	0.247	4.0	0.251	4.0	0.256	3.9	0.260	3.8

续表16

检尺径/cm	检尺长/m									
	8.0		8.1		8.2		8.3		8.4	
	材积/m³	根数	材积/m³	根数	材积/m³	根数	材积/m³	根数	材积/m³	根数
4	0.0382	26.2	0.0392	25.5	0.0401	24.9	0.0410	24.4	0.0420	23.8
5	0.0487	20.5	0.0498	20.1	0.0509	19.6	0.0520	19.2	0.0532	18.8
6	0.0603	16.6	0.0617	16.2	0.0630	15.9	0.0643	15.6	0.0657	15.2
7	0.0733	13.6	0.0748	13.4	0.0764	13.1	0.0779	12.8	0.0795	12.6
8	0.087	11.5	0.089	11.2	0.091	11.0	0.093	10.8	0.095	10.5
9	0.103	9.7	0.105	9.5	0.107	9.3	0.109	9.2	0.111	9.0
10	0.120	8.3	0.122	8.2	0.124	8.1	0.127	7.9	0.129	7.8
11	0.138	7.2	0.140	7.1	0.143	7.0	0.145	6.9	0.148	6.8
12	0.157	6.4	0.160	6.3	0.163	6.1	0.166	6.0	0.168	6.0
13	0.177	5.6	0.181	5.5	0.184	5.4	0.187	5.3	0.190	5.3
14	0.214	4.7	0.218	4.6	0.222	4.5	0.226	4.4	0.230	4.3
15	0.239	4.2	0.243	4.1	0.248	4.0	0.252	4.0	0.256	3.9
16	0 265	3.8	0.270	3.7	0.274	3.6	0.279	3.6	0.284	3.5

续表16

检尺径/cm	检尺长/m									
	8.5		8.6		8.7		8.8		8.9	
	材积/m^3	根数	材积/m^3	根数	材积/m^3	根数	材积/m^3	根数	材积/m^3	根数
4	0.0430	23.3	0.0440	22.7	0.0450	22.2	0.0460	21.7	0.0471	21.2
5	0.0544	18.4	0.0556	18.0	0.0568	17.6	0.0580	17.2	0.0592	16.9
6	0.0671	14.9	0.0685	14.6	0.0699	14.3	0.0713	14.0	0.0728	13.7
7	0.0811	12.3	0.0828	12.1	0.0844	11.8	0.0861	11.6	0.0878	11.4
8	0.097	10.3	0.098	10.2	0.100	10.0	0.102	9.8	0.104	9.6
9	0.113	8.8	0.115	8.7	0.118	8.5	0.120	8.3	0.122	8.2
10	0.131	7.6	0.134	7.5	0.136	7.4	0.139	7.2	0.141	7.1
11	0.151	6.6	0.153	6.5	0.156	6.4	0.159	6.3	0.162	6.2
12	0.171	5.8	0.174	5.7	0.177	5.6	0.180	5.6	0.184	5.4
13	0.194	5.2	0.197	5.1	0.200	5.0	0.204	4.9	0.207	4.8
14	0.234	4.3	0.239	4.2	0.243	4.1	0.247	4.0	0.251	4.0
15	0.261	3.8	0.266	3.8	0.270	3.7	0.275	3.6	0.279	3.6
16	0.289	3.5	0.294	3.4	0.299	3.3	0.304	3.3	0.309	3.2

续表16

检尺径/cm	检尺长/m									
	9.0		9.1		9.2		9.3		9.4	
	材积/m^3	根数	材积/m^3	根数	材积/m^3	根数	材积/m^3	根数	材积/m^3	根数
4	0.0481	20.8	0.0492	20.3	0.0503	19.9	0.0514	19.5	0.0525	19.0
5	0.0605	16.5	0.0617	16.2	0.0630	15.9	0.0643	15.6	0.0657	15.2
6	0.0743	13.5	0.0758	13.2	0.0773	12.9	0.0788	12.7	0.0803	12.5
7	0.0895	11.2	0.0912	11.0	0.0929	10.8	0.0947	10.6	0.0965	10.4
8	0.106	9.4	0.108	9.3	0.110	9.1	0.112	8.9	0.114	8.8
9	0.124	8.1	0.126	7.9	0.129	7.8	0.131	7.6	0.133	7.5
10	0.144	6.9	0.146	6.8	0.149	6.7	0.151	6.6	0.154	6.5
11	0.164	6.1	0.167	6.0	0.170	5.9	0.173	5.8	0.176	5.7
12	0.187	5.3	0.190	5.3	0.193	5.2	0.196	5.1	0.199	5.0
13	0.210	4.8	0.214	4.7	0.217	4.6	0.221	4.5	0.224	4.5
14	0.256	3.9	0.260	3.8	0.264	3.8	0.269	3.7	0.273	3.7
15	0.284	3.5	0.289	3.5	0.294	3.4	0.298	3.4	0.303	3.3
16	0.314	3.2	0.319	3.1	0.324	3.1	0.329	3.0	0.335	3.0

续表16

检尺径/cm	检尺长/m											
	9.5		9.6		9.7		9.8		9.9		10.0	
	材积/m³	根数	材积/m³	根数	材积/m³	根数	材积/m³	根数	材积/m³	根数	材积/m³	根数
4	0.0536	18.7	0.0547	18.3	0.0559	17.9	0.0571	17.5	0.0582	17.2	0.0594	16.8
5	0.0670	14.9	0.0683	14.6	0.0697	14.3	0.0711	14.1	0.0725	13.8	0.0739	13.5
6	0.0819	12.2	0.0834	12.0	0.0850	11.8	0.0866	11.5	0.0883	11.3	0.0899	11.1
7	0.0982	10.2	0.1001	10.0	0.1019	9.8	0.1037	9.6	0.1056	9.5	0.1075	9.3
8	0.116	8.6	0.118	8.5	0.120	8.3	0.122	8.2	0.125	8.0	0.127	7.9
9	0.135	7.4	0.138	7.2	0.140	7.1	0.143	7.0	0.145	6.9	0.147	6.8
10	0.156	6.4	0.159	6.3	0.162	6.2	0.164	6.1	0.167	6.0	0.170	5.9
11	0.179	5.6	0.182	5.5	0.185	5.4	0.188	5.3	0.191	5.2	0.194	5.2
12	0.203	4.9	0.206	4.9	0.209	4.8	0.212	4.7	0.216	4.6	0.219	4.6
13	0.228	4.4	0.231	4.3	0.235	4.3	0.239	4.2	0.242	4.1	0.246	4.1
14	0.278	3.6	0.282	3.5	0.287	3.5	0.292	3.4	0.296	3.4	0.301	3.3
15	0.308	3.2	0.313	3.2	0.318	3.1	0.323	3.1	0.328	3.0	0.333	3.0
16	0.340	2.9	0.345	2.9	0.351	2.8	0.356	2.8	0.362	2.8	0.367	2.7

（三）人造板材积换算表

本书列出的人造板包括胶合板、纤维板、刨花板、细木工板、旋切单板。

根据国家标准规定，胶合板、刨花板、硬质纤维板和细木工板等四种人造板均以立方米为计量单位（刨花板可用平方米表示，也可用千平方米表示），即幅面尺寸（允许公差不得计算在内，厚度同）乘以厚度尺寸，便得出该张板的材积。但测算单张板的材积时，应精确至五位小数：计算成批材积时，胶合板、细木工板材积精确至三位小数，刨花板、硬质纤维板材积精确至两位小数；换算的每立方米张数的数字取整数（表17至表21，表中张数指每立方米张数）。

表17 胶合板材积换算

幅面		厚度/mm							
		2.5		2.7		3.0		3.5	
宽/mm	长/mm	材积/m^3	张数	材积/m^3	张数	材积/m^3	张数	材积/m^3	张数
915	915	0.00209	478	0.00226	442	0.00251	398	0.00293	341
915	1830	0.00419	239	0.00452	221	0.00502	199	0.00586	171
915	2135	0.00488	205	0.00527	190	0.00586	171	0.00684	146
1220	1220	0.00372	269	0.00402	249	0.00447	224	0.00521	192
1220	1830	0.00558	179	0.00603	166	0.00670	149	0.00781	128
1220	2135	0.00651	154	0.00703	142	0.00781	128	0.00912	110
1220	2440	0.00744	134	0.00804	124	0.00893	112	0.01042	96
1525	1525	0.00581	172	0.00628	159	0.00698	143	0.00814	123
1525	1830	0.00698	143	0.00754	133	0.00837	119	0.00977	102

续表17

幅面		厚度/mm							
		4.0		4.5		5.0		5.5	
宽/mm	长/mm	材积/m³	张数	材积/m³	张数	材积/m³	张数	材积/m³	张数
915	915	0.00335	299	0.00377	265	0.00419	239	0.00460	217
915	1830	0.00670	149	0.00754	133	0.00837	119	0.00921	109
915	2135	0.00781	128	0.00879	114	0.00977	102	0.01074	93
1220	1220	0.00595	168	0.00670	149	0.00744	134	0.00819	122
1220	1830	0.00893	112	0.01005	100	0.01116	90	0.01228	81
1220	2135	0.01042	96	0.01172	85	0.01302	77	0.01433	70
1220	2440	0.01191	84	0.01340	75	0.01488	67	0.01637	61
1525	1525	0.00930	107	0.01047	96	0.01163	86	0.01279	78
1525	1830	0.01116	90	0.01256	80	0.01395	72	0.01535	65

续表17

幅面		厚度/mm							
		6.0		7.0		8.0		9.0	
宽/mm	长/mm	材积/m^3	张数	材积/m^3	张数	材积/m^3	张数	材积/m^3	张数
915	915	0.00502	199	0.00586	171	0.00670	149	0.00754	133
915	1830	0.01005	100	0.01172	85	0.01340	75	0.01507	66
915	2135	0.01172	85	0.01367	73	0.01563	64	0.01758	57
1220	1220	0.00893	112	0.01042	96	0.01191	84	0.01340	75
1220	1830	0.01340	75	0.01563	64	0.01786	56	0.02009	50
1220	2135	0.01563	64	0.01823	55	0.02084	48	0.02344	43
1220	2440	0.01786	56	0.02084	48	0.02381	42	0.02679	37
1525	1525	0.01395	72	0.01628	61	0.01861	54	0.02093	48
1525	1830	0.01674	60	0.01954	51	0.02233	45	0.02512	40

续表17

幅面		厚度/mm							
		10.0		11.0		12.0		13.0	
宽/mm	长/mm	材积/m^3	张数	材积/m^3	张数	材积/m^3	张数	材积/m^3	张数
915	915	0.00837	119	0.00921	109	0.01005	100	0.01088	92
915	1830	0.01674	60	0.01842	54	0.02009	50	0.02177	46
915	2135	0.01954	51	0.02149	47	0.02344	43	0.02540	39
1220	1220	0.01488	67	0.01637	61	0.01786	56	0.01935	52
1220	1830	0.02233	45	0.02456	41	0.02679	37	0.02902	34
1220	2135	0.02605	38	0.02865	35	0.03126	32	0.03386	30
1220	2440	0.02977	34	0.03274	31	0.03572	28	0.03870	26
1525	1525	0.02326	43	0.02558	39	0.02791	36	0.03023	33
1525	1830	0.02791	36	0.03070	33	0.03349	30	0.03628	28

续表17

幅面		厚度/mm							
		14.0		15.0		16.0		17.0	
宽/mm	长/mm	材积/m^3	张数	材积/m^3	张数	材积/m^3	张数	材积/m^3	张数
915	915	0.01172	85	0.01256	80	0.01340	75	0.01423	70
915	1830	0.02344	43	0.02512	40	0.02679	37	0.02847	35
915	2135	0.02735	37	0.02930	34	0.03126	32	0.03321	30
1220	1220	0.02084	48	0.02233	45	0.02381	42	0.02530	40
1220	1830	0.03126	32	0.03349	30	0.03572	28	0.03795	26
1220	2135	0.03647	27	0.03907	26	0.04168	24	0.04428	23
1220	2440	0.04168	24	0.04465	22	0.04763	21	0.05061	20
1525	1525	0.03256	31	0.03488	29	0.03721	27	0.03954	25
1525	1830	0.03907	26	0.04186	24	0.04465	22	0.04744	21

表18 纤维板材积换算

幅面		厚度/mm					
		3.0		3.2		3.5	
宽/mm	长/mm	材积/m^3	张数	材积/m^3	张数	材积/m^3	张数
610	1220	0.00223	448	0.00238	420	0.00260	384
915	1830	0.00502	199	0.00536	187	0.00586	171
915	2135	0.00586	171	0.00625	160	0.00684	146
1220	1830	0.00670	149	0.00714	140	0.00781	128
1220	2440	0.00893	112	0.00953	105	0.01042	96
1220	3050	0.01116	90	0.01191	84	0.01302	77
1000	2000	0.00600	167	0.00640	156	0.00700	143

续表18

幅面		厚度/mm					
		4.0		4.8		5.0	
宽/mm	长/mm	材积/m^3	张数	材积/m^3	张数	材积/m^3	张数
610	1220	0.00298	336	0.00357	280	0.00372	269
915	1830	0.00670	149	0.00804	124	0.00837	119
915	2135	0.00781	128	0.00938	107	0.00977	102
1220	1830	0.00893	112	0.01072	93	0.01116	90
1220	2440	0.01191	84	0.01429	70	0.01488	67
1220	3050	0.01488	67	0.01786	56	0.01861	54
1000	2000	0.00800	125	0.00960	104	0.01000	100

表19　刨花板材积换算

幅面		厚度/mm							
		6.0		8.0		10.0		12.0	
宽/mm	长/mm	材积/m³	张数	材积/m³	张数	材积/m³	张数	材积/m³	张数
915	915	0.00502	199	0.00670	149	0.00837	119	0.01005	100
915	1220	0.00670	149	0.00893	112	0.01116	90	0.01340	75
915	1525	0.00837	119	0.01116	90	0.01395	72	0.01674	60
915	1830	0.01005	100	0.01340	75	0.01674	60	0.02009	50
915	2135	0.01172	85	0.01563	64	0.01954	51	0.02344	43
1000	2000	0.01200	83	0.01600	63	0.02000	50	0.02400	42
1220	1220	0.00893	112	0.01191	84	0.01488	67	0.01786	56
1220	1525	0.01116	90	0.01488	67	0.01861	54	0.02233	45
1220	1830	0.01340	75	0.01786	56	0.02233	45	0.02679	37
1220	2135	0.01563	64	0.02084	48	0.02605	38	0.03126	32
1220	2440	0.01786	56	0.02381	42	0.02977	34	0.03572	28

续表19

幅面		厚度/mm							
		13.0		15.0		16.0		19.0	
宽/mm	长/mm	材积/m^3	张数	材积/m^3	张数	材积/m^3	张数	材积/m^3	张数
915	915	0.01088	92	0.01256	80	0.01340	75	0.01591	63
915	1220	0.01451	69	0.01674	60	0.01786	56	0.02121	47
915	1525	0.01814	55	0.02093	48	0.02233	45	0.02651	38
915	1830	0.02177	46	0.02512	40	0.02679	37	0.03181	31
915	2135	0.02540	39	0.02930	34	0.03126	32	0.03712	27
1000	2000	0.02600	38	0.03000	33	0.03200	31	0.03800	26
1220	1220	0.01935	52	0.02233	45	0.02381	42	0.02828	35
1220	1525	0.02419	41	0.02791	36	0.02977	34	0.03535	28
1220	1830	0.02902	34	0.03349	30	0.03572	28	0.04242	24
1220	2135	0.03386	30	0.03907	26	0.04168	24	0.04949	20
1220	2440	0.03870	26	0.04465	22	0.04763	21	0.05656	18

续表19

幅面		厚度/mm							
		20.0		22.0		25.0		27.0	
宽/mm	长/mm	材积/m^3	张数	材积/m^3	张数	材积/m^3	张数	材积/m^3	张数
915	915	0.01674	60	0.01842	54	0.02093	48	0.02261	44
915	1220	0.02233	45	0.02456	41	0.02791	36	0.03014	33
915	1525	0.02791	36	0.03070	33	0.03488	29	0.03768	27
915	1830	0.03349	30	0.03684	27	0.04186	24	0.04521	22
915	2135	0.03907	26	0.04298	23	0.04884	20	0.05275	19
1000	2000	0.04000	25	0.04400	23	0.05000	20	0.05400	19
1220	1220	0.02977	34	0.03274	31	0.03721	27	0.04019	25
1220	1525	0.03721	27	0.04093	24	0.04651	21	0.05023	20
1220	1830	0.04465	22	0.04912	20	0.05582	18	0.06028	17
1220	2135	0.05209	19	0.05730	17	0.06512	15	0.07033	14
1220	2440	0.05954	17	0.06549	15	0.07442	13	0.08037	12

表20 细木工板材积换算

幅面		厚度/mm							
		16.0		19.0		22.0		25.0	
宽/mm	长/mm	材积/m^3	张数	材积/m^3	张数	材积/m^3	张数	材积/m^3	张数
915	915	0.01340	75	0.01591	63	0.01842	54	0.02093	48
915	1830	0.02679	37	0.03181	31	0.03684	27	0.04186	24
915	2135	0.03126	32	0.03712	27	0.04298	23	0.04884	20
1220	1220	0.02381	42	0.02828	35	0.03274	31	0.03721	27
1220	1830	0.03572	28	0.04242	24	0.04912	20	0.05582	18
1220	2135	0.04168	24	0.04949	20	0.05730	17	0.06512	15
1220	2440	0.04763	21	0.05656	18	0.06549	15	0.07442	13

表21　旋切单板材积换算

幅面		厚度/mm							
		0.3		0.5		1.0		1.5	
宽/mm	长/mm	材积/m^3	张数	材积/m^3	张数	材积/m^3	张数	材积/m^3	张数
915	915	0.00025	3981	0.00042	2389	0.00084	1194	0.00167	597
915	1830	0.00050	1991	0.00084	1194	0.00167	597	0.00335	299
915	2135	0.00059	1706	0.00098	1024	0.00195	512	0.00391	256
1220	1220	0.00045	2240	0.00074	1344	0.00149	672	0.00298	336
1220	1830	0 00067	1493	0.00112	896	0.00223	448	0.00447	224
1220	2135	0.00078	1280	0.00130	768	0.00260	384	0.00521	192
1220	2440	0.00089	1120	0.00149	672	0.00298	336	0.00595	168
1525	1525	0.00070	1433	0.00116	860	0.00233	430	0.00465	215
1525	1830	0.00084	1194	0.00140	717	0.00279	358	0.00558	179

续表21

幅面		厚度/mm							
		3.0		4.0		4.5		5.0	
宽/mm	长/mm	材积/m³	张数	材积/m³	张数	材积/m³	张数	材积/m³	张数
915	915	0.00251	398	0.00335	299	0.00419	239	0.00460	217
915	1830	0.00502	199	0.00670	149	0.00837	119	0.00921	109
915	2135	0.00586	171	0.00781	128	0.00977	102	0.01074	93
1220	1220	0.00447	224	0.00595	168	0.00744	134	0.00819	122
1220	1830	0.00670	149	0.00893	112	0.01116	90	0.01228	81
1220	2135	0.00781	128	0.01042	96	0.01302	77	0.01433	70
1220	2440	0.00893	112	0.01191	84	0.01488	67	0.01637	61
1525	1525	0.00698	143	0.00930	107	0.01163	86	0.01279	78
1525	1830	0.00837	119	0.01116	90	0.01395	72	0.01535	65

（四）计量单位换算表

计量单位换算见表22和表23。

表22　长度单位换算

	米（m）	市尺（chi）	英尺（ft）	日尺
米（m）	1	3	3.2808	3.3
市尺（chi）	0.3333	1	1.0936	1.1
英尺（ft）	0.3048	0.9144	1	1.0058
日尺	0.30303	0.9091	0.9942	1

表23　材积单位换算

	立方米（m^3）	立方市尺（chi^3）	立方英尺（ft^3）	立方日尺	板尺（BF）
立方米（m^3）	1	27	35.3147	35.937	423.7764
立方市尺（chi^3）	0.03704	1	1.30795	1.331	15.6954
立方英尺（ft^3）	0.028317	0.7646	1	1.0176	12
立方日尺	0.027826	0.7513	0.9827	1	11.7922
板尺（BF）	0.0023597	0.0637	0.08333	0.0848	1

四、材积计算简式

材积计算简式（简化公式）是为了便于木材检验人员在计算材积而在材积表中又查不到材积时使用的。

各种材积计算简式是根据有关的材积计算公式演算出来的。如原木材积计算简式是按GB/T 4814—2013《原木材积表》的材积计算公式算出来的；杉原条材积计算简式是按GB/T 4815—2009《杉原条材积表》的材积计算公式算出来的（表24、表25）。

如原木检尺径14 cm以上、检尺长2 m的材积计算简式为：先以L=2代入原木材积计算公式，即：

$V=0.7854\times2\times[D+0.5\times2+0.005\times2^2+0.000125\times2\times(14-2)^2(D-10)]^2\div10000=1.5708\times[D+1+0.02+0.00025\times144\times(D-10)]^2\div10000=1.5708\times[D+1.02+0.036\times(D-10)]^2\div10000=1.5708\times(D+1.02+0.036D-0.36)^2\div10000=1.5708\times(1.036D+0.66)^2\div10000$

例如，有一根检尺长2 m、检尺径20 cm的原木，以D=20代入上式，其材积为：

$V=1.5708\times(1.036\times20+0.66)^2\div10000=1.5708\times(20.72+0.66)^2\div10000=1.5708\times21.38^2\div10000=1.5708\times21.38\times21.38\div10000\approx0.07180196\approx0.072\ m^3$（按规定保留3位小数，第4位小数四舍五入）

检尺径4～12 cm小径原木和特殊用途圆材及原条的材积计算公式比较简单，这里仅介绍检尺长2～10 m，检尺径自14 cm以上的原木材积计算简式，以及检尺径大于等于9 cm且检尺长大于等于20 cm的杉原条材积计算简式。

下列各表中：V——材积（单位为m^3）；D——检尺径（单位为cm）；L——检尺长（单位为m）。

表24　原木材积计算简式

检尺长/m	材积计算公式
2.1	$V=0.00016493\times(1.037173D+0.70032)^2$
2.2	$V=0.00017279\times(1.038291D+0.74129)^2$
2.3	$V=0.00018064\times(1.039356D+0.78289)^2$
2.4	$V=0.00018850\times(1.040368D+0.82512)^2$
2.5	$V=0.00019635\times(1.041328D+0.86797)^2$
2.6	$V=0.00020420\times(1.042237D+0.91143)^2$
2.7	$V=0.00021206\times(1.043095D+0.95550)^2$
2.8	$V=0.00021991\times(1.043904D+1.00016)^2$
2.9	$V=0.00022777\times(1.044664D+1.04541)^2$
3.0	$V=0.00023562\times(1.045375D+1.09125)^2$
3.1	$V=0.00024347\times(1.046039D+1.13766)^2$
3.2	$V=0.00025133\times(1.046656D+1.18464)^2$
3.3	$V=0.00025918\times(1.047227D+1.23218)^2$
3.4	$V=0.00026704\times(1.047753D+1.28027)^2$
3.5	$V=0.00027489\times(1.048234D+1.32891)^2$
3.6	$V=0.00028274\times(1.048672D+1.37808)^2$
3.7	$V=0.00029060\times(1.049067D+1.42778)^2$
3.8	$V=0.00029845\times(1.049419D+1.47801)^2$
3.9	$V=0.00030631\times(1.049730D+1.52875)^2$
4.0	$V=0.00031416\times(1.050000D+1.58000)^2$

续表24

检尺长/m	材积计算公式
4.1	$V=0.00032201\times(1.050230D+1.63175)^2$
4.2	$V=0.00032987\times(1.050421D+1.68399)^2$
4.3	$V=0.00033772\times(1.050573D+1.73672)^2$
4.4	$V=0.00034558\times(1.050688D+1.78992)^2$
4.5	$V=0.00035343\times(1.050766D+1.84359)^2$
4.6	$V=0.00036128\times(1.050807D+1.89773)^2$
4.7	$V=0.00036914\times(1.050813D+1.95232)^2$
4.8	$V=0.00037699\times(1.050784D+2.00736)^2$
4.9	$V=0.00038485\times(1.050721D+2.06284)^2$
5.0	$V=0.00039270\times(1.050625D+2.11875)^2$
5.1	$V=0.00040055\times(1.050496D+2.17509)^2$
5.2	$V=0.00040841\times(1.050336D+2.23184)^2$
5.3	$V=0.00041626\times(1.050145D+2.28900)^2$
5.4	$V=0.00042412\times(1.049923D+2.34657)^2$
5.5	$V=0.00043197\times(1.049672D+2.40453)^2$
5.6	$V=0.00043982\times(1.049392D+2.46288)^2$
5.7	$V=0.00044768\times(1.049084D+2.52161)^2$
5.8	$V=0.00045553\times(1.048749D+2.58071)^2$
5.9	$V=0.00046339\times(1.048387D+2.64018)^2$
6.0	$V=0.00047124\times(1.048000D+2.70000)^2$

续表24

检尺长/m	材积计算公式
6.1	$V=0.00047909\times(1.047588D+2.76017)^2$
6.2	$V=0.00048695\times(1.047151D+2.82069)^2$
6.3	$V=0.00049480\times(1.046691D+2.88154)^2$
6.4	$V=0.00050266\times(1.046208D+2.94272)^2$
6.5	$V=0.00051051\times(1.045703D+3.00422)^2$
6.6	$V=0.00051836\times(1.045177D+3.06603)^2$
6.7	$V=0.00052622\times(1.044630D+3.12815)^2$
6.8	$V=0.00053407\times(1.044064D+3.19056)^2$
6.9	$V=0.00054193\times(1.043479D+3.25326)^2$
7.0	$V=0.00054978\times(1.042875D+3.31625)^2$
7.1	$V=0.00055763\times(1.042254D+3.37951)^2$
7.2	$V=0.00056549\times(1.041616D+3.44304)^2$
7.3	$V=0.00057334\times(1.040962D+3.50683)^2$
7.4	$V=0.00058120\times(1.040293D+3.57087)^2$
7.5	$V=0.00058905\times(1.039609D+3.63516)^2$
7.6	$V=0.00059690\times(1.038912D+3.69968)^2$
7.7	$V=0.00060476\times(1.038202D+3.76439)^2$
7.8	$V=0.00061261\times(1.037479D+3.82941)^2$
7.9	$V=0.00062047\times(1.036745D+3.89460)^2$
8.0	$V=0.00062832\times(1.036000D+3.96000)^2$

续表24

检尺长/m	材积计算公式
8.1	$V=0.00063617\times(1.035245D+4.00560)^2$
8.2	$V=0.00064403\times(1.034481D+4.09139)^2$
8.3	$V=0.00065188\times(1.033708D+4.15737)^2$
8.4	$V=0.00065974\times(1.032928D+4.22352)^2$
8.5	$V=0.00066759\times(1.032141D+4.28984)^2$
8.6	$V=0.00067544\times(1.031347D+4.35633)^2$
8.7	$V=0.00068330\times(1.030548D+4.42297)^2$
8.8	$V=0.00069115\times(1.029744D+4.48976)^2$
8.9	$V=0.00069901\times(1.028936D+4.55669)^2$
9.0	$V=0.00070686\times(1.028125D+4.62375)^2$
9.1	$V=0.00071471\times(1.027311D+4.59094)^2$
9.2	$V=0.00072257\times(1.026496D+4.75824)^2$
9.3	$V=0.00073042\times(1.025680D+4.82565)^2$
9.4	$V=0.00073828\times(1.024863D+4.89317)^2$
9.5	$V=0.00074613\times(1.024047D+4.96078)^2$
9.6	$V=0.00075398\times(1.023232D+5.02848)^2$
9.7	$V=0.00076184\times(1.022419D+5.09626)^2$
9.8	$V=0.00076969\times(1.021609D+5.16411)^2$
9.9	$V=0.00077755\times(1.020802D+5.23203)^2$
10.0	$V=0.00078540\times(1.020000D+5.30000)^2$

表25　杉原条材积计算简式

检尺径/cm	材积计算公式
9	V=0.006094L+0.002925
10	V=0.007108L+0.003412
11	V=0.008200L+0.003936
12	V=0.009370L+0.004497
13	V=0.010618L+0.005097
14	V=0.011944L+0.005733
15	V=0.013348L+0.006407
16	V=0.014830L+0.007118
17	V=0.016390L+0.007867
18	V=0.018028L+0.008653
19	V=0.019744L+0.009477
20	V=0.021538L+0.010338
21	V=0.023410L+0.011237
22	V=0.025360L+0.012173
23	V=0.027388L+0.013146
24	V=0.029494L+0.014157
25	V=0.031678L+0.015205
26	V=0.033940L+0.016291

续表25

检尺径/cm	材积计算公式
27	V=0.036280L+0.017414
28	V=0.038698L+0.018575
29	V=0.041194L+0.019773
30	V=0.043768L+0.021009
31	V=0.046420L+0.022281
32	V=0.049150L+0.023592
33	V=0.051958L+0.024940
34	V=0.054844L+0.026325
35	V=0.057808L+0.027748
36	V=0.060850L+0.029208
37	V=0.063970L+0.030705
38	V=0.067168L+0.032241
39	V=0.070444L+0.033813
40	V=0.073798L+0.035423
41	V=0.077230L+0.037070
42	V=0.080740L+0.038755
43	V=0.084328L+0.040477
44	V=0.087994L+0.042237
45	V=0.091738L+0.044034

续表25

检尺径/cm	材积计算公式
46	V=0.095560L+0.045869
47	V=0.099460L+0.047741
48	V=0.103438L+0.049650
49	V=0.107494L+0.051597
50	V=0.111628L+0.053581
51	V=0.115840L+0.055603
52	V=0.120130L+0.057662
53	V=0.124498L+0.059759
54	V=0.128944L+0.061893
55	V=0.133468L+0.064065
56	V=0.138070L+0.066273
57	V=0.142750L+0.068520
58	V=0.147508L+0.070804
59	V=0.152344L+0.073125
60	V=0.157258L+0.075484
61	V=0.162250L+0.077880
62	V=0.167320L+0.080313
63	V=0.172468L+0.082785
64	V=0.177694L+0.085293

附　录

附录1　旋切、刨切单板用原木材积

检尺径/cm	检尺长/m				
	2.0	2.6	4.0	5.2	6.0
	材积/m³				
26	0.120	0.160	0.262	0.356	0.423
27	0.129	0.172	0.281	0.382	0.453
28	0.138	0.185	0.302	0.409	0.484
29	0.148	0.198	0.322	0.436	0.516
30	0.158	0.211	0.344	0.465	0.549
31	0.169	0.225	0.366	0.494	0.583
32	0.180	0.240	0.389	0.525	0.619
33	0.191	0.255	0.412	0.556	0.655
34	0.202	0.270	0.437	0.588	0.692
35	0.214	0.285	0.462	0.621	0.731
36	0.226	0.302	0.487	0.655	0.770
37	0.239	0.318	0.514	0.690	0.811
38	0.252	0.335	0.541	0.725	0.852
39	0.265	0.353	0.568	0.762	0.895
40	0.278	0.371	0.597	0.800	0.938
41	0.292	0.389	0.626	0.838	0.983

续表

检尺径/cm	检尺长/m				
	2.0	2.6	4.0	5.2	6.0
	材积/m^3				
42	0.306	0.408	0.656	0.877	1.028
43	0.321	0.427	0.686	0.917	1.075
44	0.336	0.447	0.717	0.959	1.123
45	0.351	0.467	0.749	1.001	1.172
46	0.367	0.487	0.782	1.043	1.221
47	0.383	0.508	0.815	1.087	1.272
48	0.399	0.530	0.849	1.132	1.324
49	0.415	0.552	0.883	1.178	1.377
50	0.432	0.574	0.919	1.224	1.431
51	0.450	0.597	0.955	1.272	1.486
52	0.467	0.620	0.992	1.320	1.542
53	0.485	0.644	1.029	1.369	1.599
54	0.503	0.668	1.067	1.419	1.657
55	0.522	0.692	1.106	1.470	1.716
56	0.541	0.718	1.145	1.522	1.776
57	0.560	0.743	1.186	1.575	1.837
58	0.580	0.769	1.226	1.629	1.899

续表

检尺径/cm	检尺长/m				
	2.0	2.6	4.0	5.2	6.0
	材积/m³				
59	0.600	0.795	1.268	1.683	1.962
60	0.620	0.822	1.310	1.739	2.027
61	0.641	0.849	1.353	1.795	2.092
62	0.661	0.877	1.397	1.853	2.158
63	0.683	0.905	1.441	1.911	2.226
64	0.704	0.934	1.486	1.970	2.294
65	0.726	0.963	1.532	2.030	2.363
66	0.749	0.992	1.578	2.091	2.434
67	0.771	1.022	1.625	2.153	2.505
68	0.794	1.052	1.673	2.216	2.578
69	0.818	1.083	1.722	2.279	2.652
70	0.841	1.114	1.771	2.344	2.726
71	0.865	1.146	1.821	2.409	2.802
72	0.890	1.178	1.871	2.476	2.879
73	0.914	1.211	1.923	2.543	2.956
74	0.939	1.244	1.975	2.611	3.035
75	0.965	1.277	2.027	2.680	3.115

续表

检尺径/cm	检尺长/m				
	2.0	2.6	4.0	5.2	6.0
	材积/m^3				
76	0.990	1.311	2.081	2.750	3.196
77	1.016	1.345	2.135	2.821	3.277
78	1.043	1.380	2.189	2.893	3.360
79	1.069	1.415	2.245	2.965	3.444
80	1.096	1.451	2.301	3.039	3.529
81	1.124	1.487	2.358	3.113	3.615
82	1.151	1.523	2.415	3.189	3.702
83	1.179	1.560	2.473	3.265	3.790
84	1.208	1.598	2.532	3.342	3.879
85	1.236	1.636	2.592	3.420	3.970

附录2 坑木材积

检尺径/cm	检尺长/m								
	2.2	2.4	2.6	2.8	3.0	3.2	4.0	5.0	6.0
	材积/m^3								
12	0.030	0.033	0.037	0.040	0.043	0.047	0.062	0.082	0.105
13	0.035	0.039	0.043	0.047	0.051	0.055	0.073	0.098	0.126
14	0.040	0.045	0.049	0.054	0.058	0.063	0.083	0.111	0.142
15	0.046	0.051	0.056	0.061	0.066	0.072	0.094	0.126	0.160
16	0.052	0.058	0.063	0.069	0.075	0.081	0.106	0.141	0.179
17	0.058	0.065	0.071	0.077	0.084	0.091	0.119	0.157	0.198
18	0.065	0.072	0.079	0.086	0.093	0.101	0.132	0.174	0.219
19	0.072	0.080	0.088	0.095	0.103	0.112	0.146	0.191	0.241
20	0.080	0.088	0.097	0.105	0.114	0.123	0.160	0.210	0.264
21	0.088	0.097	0.106	0.116	0.125	0.135	0.175	0.230	0.288
22	0.096	0.106	0.116	0.126	0.137	0.147	0.191	0.250	0.313
23	0.105	0.115	0.126	0.138	0.149	0.160	0.208	0.271	0.339
24	0.114	0.125	0.137	0.149	0.161	0.174	0.225	0.293	0.366

附录3　电杆材积

检尺径/cm	检尺长/m			
	6	8	9	10
	材积/m^3			
12	0.105	0.157	0.187	0.219
13	0.126	0.191	0.229	0.271
14	0.142	0.214	0.256	0.301
15	0.160	0.239	0.284	0.333
16	0.179	0.265	0.314	0.367
17	0.198	0.292	0.345	0.403
18	0.219	0.321	0.378	0.440

附录4　车立柱材积

检尺径/cm	检尺长/m		
	2.6	2.8	3
	材积/m^3		
7	0.0143	0.0157	0.0172
8	0.018	0.020	0.021
9	0.022	0.024	0.026
10	0.026	0.029	0.031
11	0.031	0.034	0.037
12	0.037	0.040	0.043

附录5　脚手杆材积

检尺径/cm	检尺长/m							
	2	4	5	6	7	8	9	10
	材积/m^3							
4	0.0041	0.0113	0.0163	0.0224	0.0297	0.0382	0.0481	0.0594
5	0.0058	0.0154	0.0218	0.0294	0.0383	0.0487	0.0605	0.0739
6	0.0079	0.0201	0.0280	0.0373	0.0481	0.0603	0.0743	0.0899
7	0.0103	0.0254	0.0351	0.0462	0.0589	0.0733	0.0895	0.1075
8	0.013	0.031	0.043	0.056	0.071	0.087	0.106	0.127
9	0.016	0.038	0.051	0.067	0.084	0.103	0.124	0.147
10	0.019	0.045	0.061	0.078	0.098	0.120	0.144	0.170

附录6　松木杆、杂木杆材积

检尺径/cm	检尺长/m							
	1.0	1.2	1.4	1.6	1.8	2.0	3.0	4.0
	材积/m^3							
2	0.0005	0.0006	0.0008	0.0010	0.0012	0.0015	0.0030	0.0050
3	0.0010	0.0012	0.0015	0.0018	0.0022	0.0026	0.0049	0.0079
4	0.0016	0.0020	0.0025	0.0029	0.0035	0.0041	0.0073	0.0113
5	0.0024	0.0030	0.0036	0.0043	0.0050	0.0058	0.0101	0.0154
6	0.0034	0.0042	0.0050	0.0059	0.0069	0.0079	0.0134	0.0201

附录7　松木杆、杂木杆1立方米折合根数

检尺径/cm	检尺长/m							
	1.0	1.2	1.4	1.6	1.8	2.0	3.0	4.0
	根　数							
2	2000	1667	1250	1000	833	667	333	200
3	1000	833	667	556	455	–	–	–
4	625	500	400	345	286	244	137	88
5	417	333	278	233	200	–	–	–
6	294	238	200	169	145	127	75	50

注：不足1根的尾数四舍五入。